中欧混凝土技术标准对比分析及应用

王 军 主编

中国建筑工业出版社

图书在版编目（CIP）数据

中欧混凝土技术标准对比分析及应用/王军主编. —
北京：中国建筑工业出版社，2020.8
ISBN 978-7-112-25152-0

Ⅰ.①中… Ⅱ.①王… Ⅲ.①混凝土-技术标准-对
比研究-中国、欧洲 Ⅳ.①TU528-65

中国版本图书馆 CIP 数据核字（2020）第 082733 号

本书以欧洲标准为重点研究对象，开展中欧混凝土技术标准对比分析及应用
研究。从混凝土技术标准架构体系、混凝土各组成材料的性能和试验方法、配合
比设计、混凝土的性能要求、混凝土生产、质量控制、合格性评价、新拌混凝土
和硬化混凝土的试验方法等方面进行系统的对比分析，适合广大建筑材料专业和
建筑施工单位的人员阅读使用。本书主要包括：第 1 章 绪论；第 2 章 欧洲混凝土
标准应用情况；第 3 章 中欧混凝土行业标准架构体系研究；第 4 章 中欧混凝土用
原材料标准对比研究；第 5 章 中欧混凝土性能、生产和合格性评价方法对比研
究；第 6 章 中欧混凝土配合比设计方法对比研究；第 7 章 中欧新拌混凝土性能测
试方法对比研究；第 8 章 中欧硬化混凝土性能测试方法对比研究；第 9 章 中欧混
凝土技术标准比对应用等内容。

责任编辑：张伯熙　曹丹丹
责任校对：焦　乐

中欧混凝土技术标准对比分析及应用
王　军　主编

*

中国建筑工业出版社出版、发行（北京海淀三里河路 9 号）
各地新华书店、建筑书店经销
霸州市顺浩图文科技发展有限公司制版
廊坊市海涛印刷有限公司印刷

*

开本：787 毫米×1092 毫米　1/16　印张：17¼　字数：431 千字
2021 年 8 月第一版　　2021 年 8 月第一次印刷
定价：**60.00** 元
ISBN 978-7-112-25152-0
（35913）

本书编委会

主　编：王　军

副主编：齐广华

编　委：李　曦　高育欣　孟书灵　赵日煦　罗作球　杨　文

　　　　张　远　刘小琴　刘　明　毕　耀　贾丽莉　罗遥凌

　　　　王　琴　白国强　黄汉洋　代　飞　李　兴　兰　聪

　　　　曾　维　苟万康　袁文韬　王　敏　徐芬莲　叶海艳

　　　　黄海珂　张海政　王　斌　吴媛媛　彭　园

组织编写单位：中建西部建设股份有限公司

序

工程建造能力是国家综合国力的重要标志，做强中国建造是新时代我国工程建设行业的历史责任。近年来，我国工程建造能力取得了显著进步，研发新材料、新工艺、新装备，推动绿色建造、智慧建造和新型建筑工业化，探索新型建造方式，推动国际化发展，在超高层建筑、大型基础设施等诸多领域取得了世界领先的重要成果。

然而，在"一带一路"沿线建设等国际工程中，我们必须要面对技术标准体系复杂多样的现实问题。欧洲国家通常采用欧洲标准或者英国标准，亚非很多国家也采用欧洲标准，因此推动中欧工程技术标准的对比与融合具有重要意义。在很多领域，由于我们对欧洲技术标准不够熟悉，使得中国的材料、设备、产品、试验标准与欧洲标准接轨困难。此外，因对欧洲标准认识不够、理解偏差造成成本增加、工期延误、质量验收不合格等情况也时有发生，甚至给某些项目带来巨大损失。因此，开展中欧技术标准的对比分析，提高中国技术标准内容结构、要素指标与欧洲标准的一致性，对于推动中国标准与国际标准接轨、促进标准融合、克服国际工程承包的技术壁垒具有迫切的现实意义。

混凝土发源于欧洲，是工程建设中最重要、应用最广泛的建筑材料之一。近年来，中国在混凝土领域也取得了许多重要创新，尤其是超高超远混凝土泵送技术、大体积混凝土技术等达到了国际领先的水平。中建西部建设股份有限公司（以下简称"中建西部建设"）是全球最大的投资建设集团——中国建筑股份有限公司在混凝土领域的专业化子企业，是中国混凝土行业最大的上市公司。中建西部建设在中国 24 个省市和阿尔及利亚、马来西亚、印度尼西亚、巴基斯坦等地形成了强大的生产供应能力，拥有完善的产业链。同时，作为国家高新技术企业，中建西部建设积极探索科技研发、生产制备、工程应用一体化的发展模式，建立"1＋N"技术创新体系，引领混凝土行业向高科技、绿色化、智能化的方向发展，参与了万里长江第一隧——武汉长江隧道、中国结构第一高楼——天津117 大厦、非洲第一高度——阿尔及利亚大清真寺等一大批国内外典范工程建设。在混凝土技术标准领域，欧洲标准是高质量、高一致性的标准，适用范围广泛，覆盖欧洲、非洲、中东、东南亚等地区，基本覆盖工业与民用建筑、公路、铁路、水利水电、港口码头等几乎所有的土木工程领域，因此中建西部建设组织开展了中欧混凝土技术标准对比分析及应用的研究。

以中国建筑股份有限公司科技计划课题《中外混凝土规范比对及应用》（编号：CSCEC-2015-Z-8）为依托，中建西部建设本着"对比分析找差距，取长补短促提升"的原则，组织多名专家和技术人员历时 3 年对中欧混凝土技术标准进行对比分析和应用研究，形成了系列研究成果。为促进行业的共同进步、助力"一带一路"沿线建设，课题研究团队将主要研究成果编著成书分享给广大的海外工程建设者和工程技术人员，以期促进中欧混凝土技术标准互通，助力中国对外承包企业发展，推进中国混凝土技术标准的体系化和国际化。本书介绍了欧洲混凝土技术标准架构体系，系统对比了中欧混凝土技术标准在原材料标准，混凝土性能、生产和合格性评价方法，配合比设计方法，新拌和硬化混凝土性能测试方法的异同，并将研究成果与工程实例结合来拓展应用研究。

该书内容是中建西部建设相关研究人员的智慧结晶，内容系统实用，语言通俗易懂，特别适合从事混凝土生产与质量控制和从事国际工程承包的技术与管理人员，对广大工程建设从业者也具有较好的参考价值。

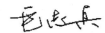

前　言

　　同事给我发来一张照片，那是一张外国货币，阿尔及利亚的新版 1000 第纳尔，我认得出上面的建筑图案，那是非洲第一、世界第三大清真寺——嘉玛大清真寺。看到这张照片，我感动、开心，甚至有些兴奋，不是因为我是货币收藏者，而是因为这座非洲第一高的建筑是我和这位同事一起参与建造的，照片让我想起了那段难忘的日子。这座建筑登上了国家货币，代表着我们的努力得到了阿尔及利亚国家的认可。

　　中建商品混凝土有限公司（以下简称中建商砼）是中建西部建设股份有限公司（以下简称中建西部建设）的子公司，是一家从事高性能混凝土生产、研究的公司，参与建设了数百个重大工程，解决了许许多多的工程技术难题，也取得了很多成绩、成果，得到了社会高度的评价。走向海外是一个很好的展示实力、拓展市场的机会，但是中建商砼首次走出国门，承接海外项目——阿尔及利亚嘉玛大清真寺时，却因为初来乍到，对海外的风俗习惯、技术标准等处在摸索了解阶段，导致项目推进之路并非一帆风顺，而是充满了坎坷与挑战。

　　伊斯兰教是阿尔及利亚（以下简称阿国）的国教，嘉玛大清真寺是阿国最大的清真寺，重要性不言而喻。作为一个举国关注的千年工程，对建造质量的要求极为严格。作为时任中建商砼总工程师的我，负责带领技术团队进行技术管理工作，对项目推进过程中遇到的一系列困难和阻碍深有体会和感触。在重重障碍中，标准差异如同一堵无形的墙，曾经深深地困扰着我们。

　　嘉玛大清真寺项目主要采用欧洲标准，辅以阿尔及利亚标准，监理方为欧洲监理。在项目开展的初期，因收集的英文版欧洲标准无现成可利用的翻译版本，需我方技术人员自行翻译，受限于我方技术人员的专业英语水平，造成标准翻译进展较慢，且翻译内容准确性有待评估，一定程度上影响了对标准内容的理解；另外，对于一些国内的习惯做法或者我们认为先进的理念、技术，容易出现我方根据经验参照中国标准进行生产施工或采用国内材料或设备，而欧洲监理及业主不认可，提出重新取样、检测或返工要求，由于指标不一致、评价方法不同，有可能会出现在国内合格的原材料，经欧洲标准检测后变成了不合格，导致项目工期严重拖延和成本增加，造成了严重的负面影响。

　　有一个让我记忆犹新的例子：阿尔及利亚当地胶凝材料仅有水泥，无粉煤灰、矿粉等矿物掺合料。为有效降低大体积混凝土的水化温升，我方从我国采购了一批粉煤灰抵达项目现场，随材料一起到达现场的还有材料质量合格证明及材质证明书。但当地监理及业主并不认可该合格证明，一方面该合格证明的依据标准是中国标准，而不是欧洲标准；另一方面，两个标准体系的检测项目也确实不一样，存在欧洲标准里有要求的检测项目而中国标准里没有的情况，如，粉煤灰中含有可溶性五氧化二磷，在欧洲标准《Fly ash for concrete-Part 1：Definition，specifications and conformity criteria》EN 450-1 里对粉煤灰中可溶性五氧化二磷含量限值有要求，中国标准《用于水泥和混凝土中的粉煤灰》GB/T 1596 中（即使是 2017 年新修订版里）确实没有对于可溶性五氧化二磷含量的要求。因此，我方提供的粉煤灰合格报告上并没有可溶性五氧化二磷含量的检测数据，当地监理及业主要求我方必须按照欧洲标准的检测项目进行检测并出具合格报告后，粉煤灰方可使用。最终项目部将该粉煤灰送到欧洲的试验室完成检测后，证实粉煤灰还是合格的。然而却因此浪费了大量时间，造成项目工期延期，增加了成本。

项目施工前期由于标准带来的理解与沟通问题曾经深深地困扰着我们，让我意识到，标准问题是中国建筑企业进军海外市场无法逾越的门槛。然而，要想熟练地了解欧洲标准非一日之功。而当时关于中欧混凝土技术标准比对的研究较少，对于中欧混凝土技术标准在技术要求、性能指标、试验方法等方面的相同和差别之处及其对成本、工期、质量的影响也鲜有研究。如能系统地开展中欧混凝土技术标准对比分析研究，并将之编写成书，将有助于我国的工程技术人员更方便、快捷地熟悉欧洲标准的内容，掌握中欧混凝土技术标准的差异，避免出现很多不必要的损失。如果能进一步促进中欧混凝土技术标准互通融合，那就是一件造福建筑行业的幸事。从那时起，写书的念头就在我脑海中萌芽了。

这项工作得到了中国建筑股份有限公司的大力支持，2015年批准由我担任课题负责人开展《中外混凝土规范比对研究》（编号：CSCEC-2015-Z-8）。课题开展过程中，我和团队成员才发现严重低估了课题的难度，恍然发现这是一项规模宏大、艰巨复杂的工程。由于海外标准均无可用的目录清单，为摸清欧洲混凝土技术标准体系的结构体系，团队成员查阅了大量文献和外文网站，从数量庞大的欧洲建筑规范目录中逐条筛选、整理出了混凝土相关技术标准，并建立了欧洲混凝土技术标准目录，分析了其间的规律，厘清了其架构体系的关系。因海外标准体系较复杂，标准更新速度也较快，且无一定的规律，为确保收集的欧洲标准为现行有效标准，团队成员又逐项进行标准有效性确认，保证了对比分析的欧洲标准现行有效。为保证翻译、对比分析内容的专业性和准确性，团队成员逐字对照、字斟句酌……，历经多年形成了系列研究成果，并将之编写成书。即便2019年下半年本书已成稿，面对成稿后更新发布的欧洲新拌混凝土标准EN 12350系列、硬化混凝土、EN 12390系列和2019年12月更新实施的中国国家标准《混凝土物理力学性能试验方法标准》GB/T 50081—2019，团队成员还是秉承严谨、细致的态度，重新梳理了中欧新标准中更新的内容，再次开展对比分析研究，保证了研究成果的时效性。

在本书编写过程中，得到了许多领导、行业专家和同事的支持与帮助，中建集团施工技术专业委员会专家张希黔教授审查了本书的内容，中国水利水电第七工程局有限公司丁建彤研究员帮助梳理了本书的框架结构，指导了修改方向和内容，提供了欧洲标准应用的工程实例和重要参考资料，并对本书进行了认真细致地审阅和修改；武汉大学刘数华教授为本书的编写提供了大量有价值的资料，并对本书的内容提出了宝贵的意见和建议；中建西部建设科技部和各二级单位技术中心的编写组成员为本书的编写付出了大量的心血和汗水，认真严谨、反复修改，保证了本书的编写质量；中建西部建设海外项目的同事为本书的编写提供了工程案例资料和实际经验，提高了本书的实用性，在此一并表示感谢。

还要特别感谢中国建筑工业出版社在本书出版过程中给予的支持和帮助。

希望通过编写人员的努力，为初次接触欧洲混凝土技术标准的人员提供一些参考。由于课题组水平有限，可能对欧洲标准的研究和理解还不够透彻，对比分析难免不够全面和准确，书中难免存在一些缺点和错误，不妥之处恳请广大读者指正。对于希望深入研究的读者，如果对本书中的一些描述理解有疑问，应当深入研读最新的对应标准。

王　军

2021年6月于成都

目　　录

第1章　绪论 ……………………………………………………………… 1

第2章　欧洲混凝土标准应用情况 …………………………………… 3

2.1　欧洲混凝土标准的发展史 ………………………………………… 3

2.2　海外市场混凝土标准应用情况 …………………………………… 4

2.3　欧洲混凝土标准的海外应用特点分析 …………………………… 5

第3章　中欧混凝土行业标准架构体系研究 ………………………… 8

3.1　欧洲混凝土行业标准架构体系研究 ……………………………… 8

3.2　中国混凝土行业标准架构体系研究 ……………………………… 15

3.3　中欧混凝土行业标准架构体系对比分析 ………………………… 16

第4章　中欧混凝土用原材料标准对比研究 ………………………… 17

4.1　中欧水泥标准对比研究 …………………………………………… 17

4.2　中欧水泥性能测试方法标准对比研究 …………………………… 23

4.3　中欧粉煤灰标准对比研究 ………………………………………… 44

4.4　中欧粒化高炉矿渣粉标准对比研究 ……………………………… 55

4.5　中欧硅灰标准对比研究 …………………………………………… 61

4.6　中欧骨料标准对比研究 …………………………………………… 66

4.7　中欧混凝土用骨料测试方法对比研究 …………………………… 77

4.8　中欧混凝土用外加剂标准对比研究 ……………………………… 94

4.9　中欧混凝土用拌合水标准对比研究 ……………………………… 107

第5章　中欧混凝土性能、生产和合格性评价方法对比研究 ……… 111

5.1　标准设置 …………………………………………………………… 111

5.2　标准适用范围 ……………………………………………………… 112

5.3　术语与定义 ………………………………………………………… 112

5.4　与环境效应对应的暴露等级 ……………………………………… 114

5.5　混凝土的分类 ……………………………………………………… 119

5.6　混凝土原材料质量控制 …………………………………………… 122

5.7　混凝土性能要求 …………………………………………………… 128

5.8　混凝土的生产与交货 ……………………………………………… 135

   5.9   混凝土合格性评定 ·· 137

   5.10 总结 ·· 143

第6章   中欧混凝土配合比设计方法对比研究 ······························ 145

   6.1   标准设置 ··· 145

   6.2   混凝土配制强度的确定 ·· 146

   6.3   用水量的确定 ·· 146

   6.4   水胶比的确定 ·· 146

   6.5   水泥用量的确定 ··· 147

   6.6   砂率的确定 ··· 147

   6.7   混凝土配合比的计算方法 ··· 147

   6.8   总结 ··· 148

第7章   中欧新拌混凝土性能测试方法对比研究 ························· 149

   7.1   标准设置 ··· 149

   7.2   混凝土取样方法 ··· 150

   7.3   坍落度试验 ··· 152

   7.4   维勃稠度试验 ·· 156

   7.5   密实度试验 ··· 160

   7.6   扩展度试验 ··· 165

   7.7   密度试验 ··· 168

   7.8   含气量试验 ··· 169

   7.9   自密实混凝土工作性能试验 ··· 173

第8章   中欧硬化混凝土性能测试方法对比研究 ························· 189

   8.1   标准设置 ··· 189

   8.2   试件与试模 ··· 190

   8.3   试件的制作和养护 ··· 192

   8.4   压力试验机 ··· 195

   8.5   试件的抗压强度 ··· 197

   8.6   试件的抗折强度 ··· 200

   8.7   试件的劈裂抗拉强度 ·· 203

   8.8   硬化混凝土的密度 ··· 205

   8.9   硬化混凝土压力渗水深度 ··· 209

   8.10 硬化混凝土中氯离子含量 ·· 212

   8.11 混凝土抗氯离子渗透性 ··· 215

   8.12 混凝土的碳化试验 ··· 219

   8.13 混凝土的收缩测定试验 ··· 224

   8.14 混凝土温升测定试验 ·· 226

第9章　中欧混凝土技术标准比对应用 ·· 231

　9.1　阿尔及利亚嘉玛大清真寺项目 ·· 231

　9.2　北马其顿肯切沃-奥赫里德高速公路项目 ································ 250

　9.3　总结 ·· 260

参考文献 ·· 262

第 1 章 绪 论

在经济全球化的背景下，随着"走出去""一带一路"等倡议的实施，国际工程市场需求日益增长，内外动力不断增强，我国越来越多的对外承包工程企业走向国际市场，涉足的国际工程领域不断拓宽，工程规模也日益增大。然而，由于国际市场涉及不同的技术标准体系，部分国家或地区甚至将某些先进的国外标准体系作为进入国际市场的"技术壁垒"。

标准规范是工程设计的灵魂，是建筑行业体现技术实力的重要指标。目前越来越多的国家将欧美标准作为其制定相关技术法规和标准的基础，甚至把欧美标准作为国际贸易和市场准入的必要条件。其中，美国的 ACI 标准和 ASTM 标准、德国的 DIN 标准、英国的 BS 标准、法国的 NF 标准和欧洲的 EN 标准应用最为广泛。目前我国海外工程承包市场主要集中在亚洲、拉美和非洲等地区，其中，亚洲地区约占中国对外承包总额的 45%，非洲地区占 35%，拉美地区占 10%。亚非国家由于历史原因使用欧洲标准居多。

然而，由于我国工程建设行业领域技术标准规范未与国际标准接轨，中国技术标准规范与国际市场采用的通行标准差异较大，削弱了国内对外承包工程企业在国际工程承包市场中的竞争力，造成不必要的经济损失。如在参与亚非国家国际工程的竞争时，招标文件规定必须采用欧洲标准，但因不熟悉欧洲标准的具体要求，不能快速了解设计意图和设计技术要求，而根据经验报价，造成投标报价出现问题，影响工程承包，造成经济损失；在工程施工阶段，因未能掌握国外技术标准规范中的技术要求、性能指标与中国标准的差异，根据经验参照中国标准进行施工，导致工程检查验收不通过，出现返工、工期延误等现象，造成巨大的经济损失。

此外，我国建筑设计、生产、施工等标准规范缺乏国际认知度，致使我国企业在一些大型项目的投标和施工过程中处于不利局面。尽管我国在高速铁路建设、市政工程、民用建筑工程等领域积累了丰富的经验，掌握了先进的技术，但因未能在国际市场中进行有效转化，未得到外界国家的认可，致使我国先进技术出口受限，影响了我国对外承包工程企业的国际竞争能力，使得我国对外承包工程企业在国际市场中处于劣势地位。

因此，尽快掌握建设行业领域欧洲标准与中国标准的异同，推动中国标准"走出去"已成为当前迫切之需。混凝土是建筑工程中使用最为广泛、最主要的材料，混凝土的质量是决定建筑工程质量的基础。因此，开展中欧混凝土技术标准对比分析及应用研究，让对外承包工程企业认识、了解欧洲混凝土行业技术标准体系，深入掌握中欧混凝土行业技术标准的异同，不仅能助力中国企业克服国内外混凝土行业标准间的"壁垒"、规避风险，"走出去"扩大海外市场，还有利于学习国外标准的先进性，推进中国标准与国际先进标准体系接轨，同时对推广我国混凝土技术标准在国际工程的应用具有重要意义。

近年来，我国的科研院所、高等院校和工程企业，出于自身需求，已经不同程度地进行了中欧标准的翻译和对比研究工作，但公开出版的系统性成果还不多，混凝土相关的系统性研究成果更是少之又少。目前已有研究主要集中在欧洲标准体系、中欧混凝土部分原材料性能差异、混凝土耐久性等方面。

(1) 中欧混凝土行业标准架构体系的研究

目前，国内学者、工程技术人员对中欧标准的结构体系、组成特点进行了一定的研究。陶洪辉对欧洲标准的发展历程、编制程序、标准组成、实施程序和技术特点进行了较详细的介绍；严建峰分析了欧洲混凝土结构技术标准的结构体系和标准的组成，并对欧洲混凝土结构技术标准与中国标准的属性、通用性以及混凝土强度等级和检验评定内容进行了简要分析；周永祥、冷发光、何更新等简要分析了欧盟混凝土工程技术标准体系的构成情况和相关标准的关系。

(2) 中欧混凝土原材料标准对比研究

国内学者、工程技术人员对中欧水泥标准的性能指标对比研究较多，对欧洲混凝土的其他原材料标准内容、试验方法及对比分析研究寥寥无几。郭万江等介绍了中国、美国和欧洲等地混凝土原材料标准名称和部分性能指标的异同；颜碧兰等对欧洲、美国、日本等发达地区和国家水泥标准与我国标准进行了对比，分析了世界水泥标准发展现状，重点介绍了欧洲水泥标准的发展历程、原则和应用情况，并对中欧水泥的分类、技术要求和检验评定规定的差异进行了对比分析；王旭方等从材料组成、命名符号、表征方法和物理化学指标等方面，对比了我国和欧美的水泥产品标准体系。

(3) 中欧混凝土的性能标准对比研究

国内学者、工程技术人员对中欧混凝土的性能标准对比研究较少，多以中欧混凝土的抗压强度、耐久性设计指标的对比研究为主。贡金鑫等开展了中美欧混凝土结构设计对比研究，对中美欧混凝土物理力学性能指标的基本规定进行了对比分析，并介绍了中欧环境作用等级划分的方式和耐久性设计指标间的区别；韩秀星和刁波在宏观上比较了中欧标准中混凝土结构耐久性设计规定条款异同，从混凝土碳化角度重点分析了混凝土强度等级和保护层厚度差异对钢筋混凝土结构碳化寿命的影响；王玉倩针对国内外混凝土桥梁耐久性相关标准，对影响混凝土耐久性的指标如水灰/胶比、水泥/胶凝材料用量、混凝土强度等级、氯离子含量、含气量等进行了详细的对比分析，提出了我国混凝土桥梁耐久性指标体系的发展方向和整体结构。

当前对中欧混凝土技术标准的对比研究基本上都是从局部方面分析中欧标准的差异，主要研究对象仅包括水泥性能指标、混凝土抗压强度和耐久性设计等部分性能指标，对于欧洲混凝土标准体系整体架构分析不够全面，对中欧混凝土技术标准在各组成材料和混凝土的性能指标要求、试验方法、混凝土生产、合格性评价等方面研究不足。因此，亟待开展系统、全面的中欧混凝土技术标准对比分析及应用研究。

本书选取欧洲标准为重点研究对象，开展中欧混凝土技术标准对比分析及应用研究，对中欧混凝土技术标准体系进行全面、系统的对比分析，包含混凝土技术标准架构体系、混凝土各组成材料的性能和试验方法、配合比设计、混凝土的性能要求、混凝土生产、质量控制、合格性评价、新拌混凝土和硬化混凝土的试验方法等内容。

本书介绍了欧洲混凝土技术标准架构体系和国际环境对混凝土标准的需求，系统分析中欧标准的异同，明确了中欧混凝土技术标准测试方法、控制点和控制指标等之间的差异，并将研究成果与工程实例结合，解决海外工程实施中因标准差异面临的技术、经济性等方面的风险与难题，并提出指导意见，以期促进中欧混凝土技术标准互通，助力我国对外承包工程企业海外市场的发展，推进我国混凝土技术标准体系的国际化。

第 2 章 欧洲混凝土标准应用情况

国际工程承包历来被认为是一项"风险事业"。随着"走出去""一带一路"倡议的不断深入，中国对外承包工程企业不仅要考虑工程所在国的政治环境、气候及经济条件，还要考虑到技术标准的应用环境及适应性，因此种种因素使得国际工程承包不可避免地遇到很多风险与挑战。

欧洲标准（European Norm，缩写为 EN）是欧盟用来统一欧洲市场、促进区域贸易、提高欧洲竞争力的一个重要政策措施。欧洲标准由欧洲标准化委员会（CEN）主导制定，是政府法规的一部分，具有强制性，欧盟成员国的标准法规必须符合欧盟强制性标准法规。

自 2010 年 4 月起，欧洲标准（EN）在欧盟范围及其相关国家或地区全面应用，取代了这些国家或地区与欧洲标准相抵触的本地规范标准。欧洲标准不仅在包括英国、法国、德国等在内的 28 个欧洲标准化委员会（CEN）成员国内颁布和执行，而且也被一些以前采用英国标准、法国标准的其他国家（马来西亚、阿尔及利亚、马尔代夫、斯里兰卡等）接受和认可。特别是"一带一路"沿线国家由于历史原因，在工程建设中仍然广泛采用欧洲标准，通常聘请欧美咨询公司对项目进行咨询。我国约有 90% 的对外承包工程在亚洲和非洲国家，这些国家大多采用欧洲标准。欧洲标准已深入欧盟国家及一些亚非、中东国家社会生活的各个层面，为法律法规提供技术支撑，成为市场准入、契约合同维护、贸易仲裁、质量评定、产品检验、质量体系认证等的基本依据。

因此，全面认识和深入分析欧洲标准在国际工程中的应用情况尤为重要。

2.1 欧洲混凝土标准的发展史

1975 年，为消除欧洲统一市场内部的贸易技术壁垒，欧洲经济共同体委员会（EEC）根据《罗马条约》第 95 条，决定在建筑和土木工程领域编制一整套适用于欧洲的工程结构的设计规范，简称欧洲规范（Eurocodes）。1989 年，为使这套欧洲规范具有法律规定的欧洲建筑和土木工程技术标准的地位，欧洲经济共同体委员会与欧洲标准化委员会（CEN）达成协议，由欧洲标准化委员会第 250 号技术委员会（简称 CEN/TC250，秘书处设在英国标准化协会 BSI）来制定及出版欧洲规范。最终发布的欧洲规范 Eurocodes 由 10 卷 58 分册构成，是包含混凝土结构设计标准等完整配套的工程结构标准体系，成为工程建设领域具有较大影响力的一套区域性国际标准。

其后，欧洲标准化委员会陆续制定和发布其他欧洲建筑和土木工程技术标准，并在欧盟各成员国应用并占主导地位，欧洲标准涵盖的内容不断完善。

目前，混凝土方面的欧洲标准主要包括：混凝土结构设计、混凝土组成材料、混凝土产品、施工、试验方法标准、混凝土结构检验、预制混凝土产品标准等方面，具体内容详见第 3 章。该标准体系偏重通用知识的系统性，适用范围广泛，基本可应用于所有的土木工程领域，包括工民建、公路、铁路、水利水电、港口码头等，具有高度的统一性。

欧洲混凝土标准体系完善、严谨而不失灵活。从技术上看，欧洲混凝土标准体系是高质量和高一致性的标准，被欧洲各国和非洲、中东、东南亚各地区广泛采用，作为一套统一的标准规范，在如何处理具体地区情况上对中国建筑企业具有很好的借鉴意义。

2.2 海外市场混凝土标准应用情况

随着中国"一带一路"倡议的深入发展，世界上已有约 65 个国家加入"一带一路"倡议，同时中国的建筑企业也积极投身参与"一带一路"沿线国家和地区的基础设施建设，在广泛的市场范围中需要面对各种类型的建筑标准需求。

根据中建西部建设股份有限公司的海外业务情况，对海外国家采用的混凝土标准体系进行调研，见表 2-2-1。

海外国家采用的混凝土标准体系调查表　　　　　　　　　表 2-2-1

国家	欧洲标准 EN	英国标准 BS	美国标准 ASTM/ACI	法国标准 NF	阿尔及利亚标准	马来西亚标准	印度尼西亚标准 SNI	中国标准 GB
阿尔及利亚	√			√	√			
马来西亚	√	√				√		√
印度尼西亚			√				√	√
缅甸	√	√						√

根据调研得知，阿尔及利亚主要采用欧洲标准、法国标准和当地标准，其中以欧洲标准应用最为广泛；马来西亚采用标准体系多样，有欧洲标准、英国标准、当地标准和中国标准等，工程项目采用何种标准由开发商、承包商、第三方顾问共同协商统一执行（部分由顾问公司直接提供混凝土执行标准），一些中国建筑企业承担的项目基本使用中国标准；缅甸目前标准体系建设水平较低，当地政府没有专门的混凝土质量和资质监管部门，也未制定具体的混凝土方面的标准规范，混凝土整体技术水平情况类似于中国 20 世纪 80、90 年代的技术水平。目前市场情况是工程建设标准由项目业主方选定，一般采用欧洲标准、英国标准和中国标准。

印度尼西亚（简称印尼）是东南亚最大经济体及 20 国集团成员国。当前印尼经济正处于复苏阶段，基础设施建设领域百废待兴。印尼国家标准 SNI 是唯一在印尼国内适用的标准，SNI 标准由印尼技术委员会制定并由印尼国家标准局批准。印尼国家标准 SNI 中，约 97％为推荐性标准，约 3％为强制性标准。涉及建筑领域 SNI 标准主要由美国标准 ASTM、ACI 衍生而来，部分标准直接引用美国标准。印尼工程建设标准的选用可由业主方选定。目前中国国家标准也随着"一带一路"项目逐渐进入印尼，被部分项目采用。

对"一带一路"沿线其他国家的标准需求进行调研，发现哈萨克斯坦、吉尔吉斯斯坦、阿富汗、菲律宾、泰国、文莱、越南、老挝、缅甸、柬埔寨、东帝汶等国，由中国建筑企业承担的项目基本采用中国标准；俄罗斯、孟加拉国、斯里兰卡、乌兹别克斯坦等国须采用当地标准；中东欧、非洲及新加坡等地区和国家，须采用欧洲标准。

随着中国对外承包工程企业"走出去"倡议的积极推行，中国标准已受到越来越多"一带一路"沿线国家的认可。然而海外市场对欧洲标准仍然有着积极而广泛的需求，以中国建筑股份有限公司等企业为例，近些年就陆续在新加坡、阿尔及利亚、保加利亚、毛里求斯等地的建设项目中遇到必须使用欧洲混凝土标准的要求，中国标准"走出去"依然任重而道远。

2.3 欧洲混凝土标准的海外应用特点分析

为帮助中国对外承包工程企业更好地适应国际工程环境，本书根据我国海外工程中欧洲混凝土标准的实际应用情况，对欧洲混凝土标准的特点总结如下：

（1）欧洲评定标准的客观性和唯一性

与我国混凝土标准体系复杂，国家标准、行业标准、地方标准并存，缺乏统一性的局面不同，欧洲标准全部由 CEN 组织制定并进行修改，避免了标准不同导致质量评定标准混乱的局面。

以阿尔及利亚嘉玛大清真寺项目为例（图 2-3-1），该项目作为非洲高度最高、规模最大的建筑，是世界第三大清真寺，是阿尔及利亚重要的宗教集会场所，同时也将成为吸引各国历史学家、艺术家、学者以及旅游者的文化中心。该项目由中国建筑集团有限公司承建，并作为阿尔及利亚"千年工程"、刷新阿尔及利亚天际线的新地标，被印刷在阿尔及利亚 1000 第纳尔新版（约合人民币 57 元）钱币上（图 2-3-2）。

图 2-3-1 阿尔及利亚嘉玛大清真寺

该项目明确要求所有的设计、施工和质量控制过程必须严格执行欧洲标准。为此，项目实施单位对涉及混凝土工程的欧洲标准进行了整理、归纳与总结，从结构设计到混凝土原材料再到产品生产工艺、质量控制与检验，形成完整的链条，以确保评定标准的客观性和唯一性。

欧洲混凝土标准体系排除了工程类型的影响，使得无论用于何种工程的混凝土，只要

图2-3-2　阿尔及利亚新版钱币上的嘉玛大清真寺

符合欧洲标准，即可对混凝土进行合法有效地全面评价，为工程技术人员开展工作以及工程质量评定带来极大的便利。

（2）欧洲标准应用的时效性和地方性

欧洲基础设施建设的高峰期早已过去，许多国家的标准均于20世纪90年代之前编制，版本跨度大。因此，在日新月异的建筑技术发展过程中，需要根据新的市场应用情况对标准进行补充完善，且在未来应用过程中还必须保持同步更新。

以新加坡为例，为了配合英国采用欧洲混凝土标准这一变化，新加坡当地针对实际情况（如气候条件的差别），编写了相应的新加坡版欧洲混凝土标准。采用了欧洲标准《混凝土—规定、性能、生产和合格性》EN 206：2013＋A1：2016提出的很多新概念，如混凝土家族、新的强度等级、工作性能等级、环境暴露等级等。

该标准还要求商品混凝土搅拌站必须建立一整套有效的生产质量管理系统，对从混凝土配合比设计、原材料质量控制、生产设备的维修保养校正、产品的质量控制到运送等一系列生产过程都必须进行严格的控制，以确保生产供应的混凝土产品质量稳定，并满足合同与规范要求。同时，还引入了对混凝土搅拌站进行第三方检验及审核的制度，对达到质量标准的搅拌站及产品颁发质量合格证书。

为了配合新加坡环球影城项目（坐落于新加坡圣淘沙岛上，是世界范围内的第四座环球影城，见图2-3-3）的实施，项目单位和商品混凝土搅拌站按照标准要求，完成了相应的认证工作，在项目实施中大幅提高商品混凝土的整体质量水平，减少了浪费，在可持续性混凝土材料使用方面积累了丰富经验。

（3）标准应用的创新性和多样性

随着科学技术的发展，新型混凝土的应用越来越广泛，如混凝土再生利用技术的研究，欧洲、美国、日本等地区和国家凭借经济实力与科技优势，发展了许多再生骨料制备技术及再生骨料混凝土应用技术，有的已制定了相应的技术标准，并得到了推广应用。

荷兰由于国土面积狭小，人口密度大，再加上天然资源相对匮乏的原因，该国对建筑废弃物的再生利用十分重视，是最早开展再生骨料混凝土研究和应用的国家之一，其建筑废物资源利用率位居欧洲第1位。荷兰制定了自身的再生骨料国家标准，其中规定了再生

图 2-3-3 新加坡环球影城

骨料取代天然骨料的最大取代率（质量计）为 20％。

德国是较早开始对废弃混凝土进行再生利用研究的国家之一。1998 年，德国钢筋混凝土委员会颁布《再生骨料混凝土应用指南》。2001 年，与欧洲标准接轨的德国钢筋混凝土设计标准 DIN 1045 颁布。2002 年，德国标准化委员会颁布《混凝土和砂浆骨料—100：再生骨料》DIN 4226-100 标准。2004 年，德国钢筋混凝土委员会颁布更新后的《再生骨料混凝土应用指南第一部分》。目前德国的再生混凝土主要用于公路路面。德国的一段双层混凝土公路采用了再生混凝土，其底层 19cm 采用再生混凝土，面层 7cm 采用天然骨料配制。德国有望将 80％的再生骨料用于 10％～15％的混凝土工程中。

此外，针对透水混凝土、清水混凝土、泡沫混凝土、自愈混凝土、智能混凝土等新型混凝土，已有多个欧洲国家制定了相应的技术标准。可以预见到这些新标准未来加入欧洲统一标准范畴的趋势，值得中国建筑企业提前介入了解，为新型混凝土的市场应用做好准备。

第 3 章　中欧混凝土行业标准架构体系研究

我国混凝土技术标准经过几十年的发展，各行业基本建立各自完善的标准体系，但行业互通性较差。本章主要针对混凝土行业欧洲现行标准和架构体系、我国混凝土行业标准架构体系，从不同的分类方式，包括不同地域、不同阶段、不同建筑领域等方面对中欧混凝土标准的组成、结构与标准间的适用范围、通用性、差异性等方面进行分析比较。通过对中欧混凝土技术标准体系的对比分析，促进我国混凝土技术标准的体系结构的进一步完善和国际化发展。

3.1　欧洲混凝土行业标准架构体系研究

欧洲标准化委员会（法文缩写为 CEN）成立于 1961 年，是一个不以营利为目的的国际性科技联合会，主管除电工技术领域以外的其他所有领域。其出版物按作用区分为：EN—欧洲标准、HD—协调文件、ENV—欧洲暂行标准。

欧洲标准是由 CEN 制定的一系列关于建筑设计、土木工程和建筑产品的欧洲标准。它凝聚了欧盟各成员国的经验，并与 CEN 第 250 号技术委员会 CEN/TC 250 和国际科技与科学组织的专家意见相结合，是代表世界水准的结构设计标准。

根据 CEN 的规则要求，欧洲标准负有必须被欧盟各成员国国家一级采用的责任，并给予其本国国家标准的合法地位，而与其相抵触的原有本国国家标准必须于 2010 年 3 月前废止。自此欧洲标准在欧盟各成员国及相关地区全面采用。欧洲标准以 3 种官方语言同时出版：英语版（BS EN）、法语版（NF EN）和德语版（DIN EN）。欧洲标准的编号体系由欧洲标准的缩写、标准编号和标准颁布的年份组成，标准编号数码在 40000 以下的为 CEN 的编号。如欧洲标准 EN 206：2013＋A1：2016 表示，该标准由 CEN 制定，标准编号为 206，2013 年颁布，2016 年又修订了一次。

欧洲规范 Eurocodes 是适用于土木基础设施的一套系统的结构工程设计规范，由 Eurocode 0～Eurocode 9 共 10 个标准组成，分别对应 EN 1990～EN 1999 标准，每个标准又包含若干分册。欧洲结构工程设计标准体系和各标准间的关系见图 3-1-1。其中，与混凝土相关的欧洲混凝土结构设计标准为 EN 1992。

随着欧洲标准体系的不断完善和发展，CEN 下设混凝土和相关产品技术委员会（CEN/TC 104）陆续制定和发布其他欧洲混凝土技术标准，并在各成员国取得应用地位。欧洲混凝土技术标准主要包括以下几类标准：

1. 欧洲混凝土结构设计标准

欧洲混凝土结构设计标准 EN 1992 共有 3 个分册：

①《混凝土结构设计—第 1-1 部分：一般规则和建筑规则》EN 1992-1-1：2004＋A1：2014，《混凝土结构设计—第 1-2 部分：一般规则—结构防火设计》EN 1992-1-2：2004＋

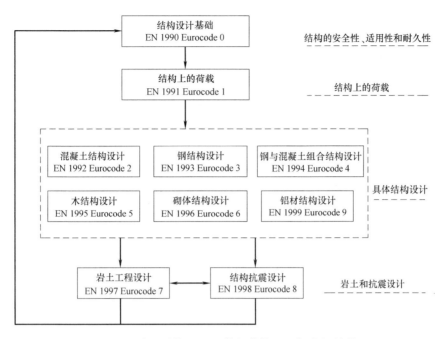

图 3-1-1　欧洲结构工程设计规范体系和标准间的关系

A1：2019；

②《混凝土结构设计—第 2 部分：混凝土桥梁—设计和细则》EN 1992-2：2005；

③《混凝土结构设计—第 3 部分：储水和挡水结构》EN 1992-3：2006。

其中，第一分册是最基本的混凝土标准，给出了混凝土结构安全性、适用性和耐久性的原则和要求，及针对建筑结构的特别规定。

2. 欧洲混凝土组成材料标准

主要包括水泥、矿物掺合料、骨料、外加剂、水和颜料标准。其中，水泥、骨料、外加剂类标准数量较多。

（1）水泥

水泥标准包含性能指标标准 EN 197 系列和试验方法标准 EN 196 系列：

《水泥—第 1 部分：通用水泥的组分、规定和合格标准》EN 197-1：2011；

《水泥—第 2 部分：合格评定》EN 197-2：2020；

《水泥试验方法—第 1 部分：强度测定》EN 196-1：2016；

《水泥试验方法—第 2 部分：水泥化学分析》EN 196-2：2013；

《水泥试验方法—第 3 部分：凝结时间和安定性测定》EN 196-3：2016；

《水泥试验方法—第 5 部分：火山灰质水泥火山灰活性测定》EN 196-5：2011；

《水泥试验方法—第 6 部分：细度测定》EN 196-6：2018；

《水泥试验方法—第 7 部分：水泥试样的取样和制备方法》EN 196-7：2007；

《水泥试验方法—第 8 部分：水化热-溶解热法》EN 196-8：2010；

《水泥试验方法—第 9 部分：水化热-半绝热法》EN 196-9：2010；

《水泥试验方法—第 10 部分：水泥中水溶性铬（Ⅵ）含量测定》EN 196-10：2016；

《水泥试验方法—第 11 部分：水化热-等温热传导热量计法》EN 196-11：2018。

（2）矿物掺合料

矿物掺合料标准包含粉煤灰、矿渣粉和硅灰标准：

《混凝土用粉煤灰—第1部分：定义、规定与合格标准》EN 450-1：2012；

《混凝土用粉煤灰—第2部分：合格评定》EN 450-2：2005；

《粉煤灰试验方法—第1部分：游离氧化钙含量测定》EN 451-1：2017；

《粉煤灰试验方法—第2部分：细度测定（湿筛法）》EN 451-2：2017；

《混凝土、砂浆和净浆中用粒化高炉矿渣粉—定义、规定和合格标准》EN 15167-1：2006；

《混凝土、砂浆和净浆中用粒化高炉矿渣粉—合格评定》EN 15167-2：2006；

《混凝土用硅灰—第1部分：定义、要求和合格标准》EN 13263-1：2005＋A1：2009；

《混凝土用硅灰—第2部分：合格评定》EN 13263-2：2005＋A1：2009。

（3）骨料

骨料标准包含性能指标标准 EN 12620、EN 13055 及力学和物理性能试验标准 EN 1097 系列、几何性能试验标准 EN 933 系列：

《混凝土骨料》EN 12620：2002＋A1：2008；

《轻骨料》EN 13055：2016；

《骨料的几何性能试验—第1部分：粒径分布测定-筛分法》EN 933-1：2012；

《骨料的几何性能试验—第2部分：粒径分布测定-试验筛》EN 933-2：2020；

《骨料的几何性能试验—第3部分：颗粒形状的测定-片状指数》EN 933-3：2012；

《骨料的几何性能试验—第4部分：颗粒形状的测定-形状指数》EN 933-4：2008；

《骨料的几何性能试验—第5部分：粗骨料颗粒中破碎和断裂表面比例的测定》EN 933-5：1998；

《骨料的几何性能试验—第6部分：表面特性评估-骨料的流动系数》EN 933-6：2014；

《骨料的几何性能试验—第7部分：贝壳含量测定-粗骨料中的贝壳百分比》EN 933-7：1998；

《骨料的几何性能试验—第8部分：微粉评价-砂当量试验》EN 933-8：2012＋A1：2015；

《骨料的几何性能试验—第9部分：微粉评价-亚甲蓝试验》EN 933-9：2009＋A1：2013；

《骨料的力学和物理性能试验—第1部分：耐磨性测定》EN 1097-1：2011；

《骨料的力学和物理性能试验—第2部分：耐碎裂性测定方法》EN 1097-2：2020；

《骨料的力学和物理性能试验—第3部分：松散堆积密度和空隙率测定》EN 1097-3：1998；

《骨料的力学和物理性能试验—第5部分：采用烘箱干燥法测定含水量》EN 1097-5：2008；

《骨料的力学和物理性能试验—第6部分：骨料密度和吸水率测定》EN 1097-6：2013；

《骨料的力学和物理性能试验—第10部分：吸水高度测定》EN 1097-10：2014。

（4）外加剂

外加剂标准包含性能指标标准 EN 934 系列和试验方法标准 EN 480 系列：

《混凝土、砂浆和水泥浆用外加剂—第1部分：一般要求》EN 934-1：2008；

《混凝土、砂浆和水泥浆用外加剂—第 2 部分：混凝土外加剂—定义、要求、合格性、标记和标签》EN 934-2：2009＋A1：2012；

《混凝土、砂浆和水泥浆用外加剂—第 3 部分：砌筑砂浆外加剂—定义、要求、合格性、标记和标签》EN 934-3：2009＋A1：2012；

《混凝土、砂浆和水泥浆用外加剂—第 4 部分：预应力筋水泥浆外加剂—定义、要求、合格性、标记和标签》EN 934-4：2009；

《混凝土、砂浆和水泥浆用外加剂—第 5 部分：喷射混凝土外加剂—定义、要求、合格性、标记和标签》EN 934-5：2007；

《混凝土、砂浆和水泥浆用外加剂—第 6 部分：取样、合格性控制及合格性评估》EN 934-6：2019；

《混凝土、砂浆和水泥浆用外加剂试验方法—第 1 部分：试验用基准混凝土和基准砂浆》EN 480-1：2014；

《混凝土、砂浆和水泥浆用外加剂试验方法—第 2 部分：凝结时间测定》EN 480-2：2006；

《混凝土、砂浆和水泥浆用外加剂试验方法—第 4 部分：混凝土泌水测定》EN 480-4：2005；

《混凝土、砂浆和水泥浆用外加剂试验方法—第 5 部分：毛细吸水率测定》EN 480-5：2005；

《混凝土、砂浆和水泥浆用外加剂试验方法—第 6 部分：红外分析》EN 480-6：2005；

《混凝土、砂浆和水泥浆用外加剂试验方法—第 8 部分：含固量测定》EN 480-8：2012；

《混凝土、砂浆和水泥浆用外加剂试验方法—第 10 部分：水溶性氯离子含量测定》EN 480-10：2009；

《混凝土、砂浆和水泥浆用外加剂试验方法—第 11 部分：硬化混凝土孔隙特性测定》EN 480-11：2005；

《混凝土、砂浆和水泥浆用外加剂试验方法—第 12 部分：外加剂碱含量测定》EN 480-12：2005；

《混凝土、砂浆和水泥浆用外加剂试验方法—第 14 部分：通过恒电位电化学试验测定钢筋对腐蚀敏感性的影响》EN 480-14：2006。

（5）其他原材料

《混凝土拌合用水—取样、试验和评价其适用性的规范，包括混凝土生产回收水用作拌合水》EN 1008：2002；

《混凝土纤维—第 1 部分：钢纤维—定义、规范和合格性》EN 14889-1：2006；

《混凝土纤维—第 2 部分：聚合纤维—定义、规范和合格性》EN 14889-2：2006；

《建筑颜料》EN 12878：2014。

3. 欧洲混凝土产品标准

《混凝土—规定、性能、生产和合格性》EN 206：2013＋A1：2016；

《喷射混凝土—第 1 部分：定义、规定和合格性》EN 14487-1：2005；

《砌块规范—第 4 部分：蒸压加气混凝土砌块》EN 771-4：2011＋A1：2015；

《蒸压加气混凝土的预制增强部件》EN 12602：2016。

4. 欧洲混凝土结构施工标准

《混凝土结构施工》EN 13670：2009；

《喷射混凝土—第 2 部分：施工》EN 14487-2：2006。

5. 欧洲混凝土试验标准

包括新拌混凝土试验标准 EN 12350 系列和硬化混凝土试验标准 EN 12390 系列。

(1) 新拌混凝土试验

《新拌混凝土试验—第 1 部分：取样和常用仪器》EN 12350-1：2019；

《新拌混凝土试验—第 2 部分：坍落度试验》EN 12350-2：2019；

《新拌混凝土试验—第 3 部分：维勃稠度试验》EN 12350-3：2019；

《新拌混凝土试验—第 4 部分：密实度》EN 12350-4：2019；

《新拌混凝土试验—第 5 部分：扩展度试验》EN 12350-5：2019；

《新拌混凝土试验—第 6 部分：密度试验》EN 12350-6：2019；

《新拌混凝土试验—第 7 部分：含气量-压力法》EN 12350-7：2019；

《新拌混凝土试验—第 8 部分：自密实混凝土-坍落扩展度试验》EN 12350-8：2019；

《新拌混凝土试验—第 9 部分：自密实混凝土-V 形漏斗试验》EN 12350-9：2010；

《新拌混凝土试验—第 10 部分：自密实混凝土-L 形箱试验》EN 12350-10：2010；

《新拌混凝土试验—第 11 部分：自密实混凝土-离析率筛析试验》EN 12350-11：2010；

《新拌混凝土试验—第 12 部分：自密实混凝土-J 环试验》EN 12350-12：2010。

(2) 硬化混凝土试验

《硬化混凝土试验—第 1 部分：试件和模具的形状、尺寸和其他要求》EN 12390-1：2012；

《硬化混凝土试验—第 2 部分：强度试验用试件的制作和养护》EN 12390-2：2019；

《硬化混凝土试验—第 3 部分：试件的抗压强度》EN 12390-3：2019；

《硬化混凝土试验—第 4 部分：抗压强度-试验机的规格》EN 12390-4：2019；

《硬化混凝土试验—第 5 部分：试件的抗折强度》EN 12390-5：2019；

《硬化混凝土试验—第 6 部分：试件的劈裂抗拉强度》EN 12390-6：2009；

《硬化混凝土试验—第 7 部分：硬化混凝土的密度》EN 12390-7：2019；

《硬化混凝土试验—第 8 部分：压力渗水深度》EN 12390-8：2019；

《硬化混凝土试验—第 10 部分：在大气 CO_2 浓度下测定混凝土的抗碳化性》EN 12390-10：2018；

《硬化混凝土试验—第 11 部分：单向扩散法测混凝土的抗氯离子渗透性》EN 12390-11：2015；

《硬化混凝土试验—第 12 部分：混凝土抗碳化性的测定-加速碳化法》EN 12390-12：2020；

《硬化混凝土试验—第 13 部分：正割压缩弹性模量测定》EN 12390-13：2013；

《硬化混凝土试验—第 14 部分：半绝热法测定混凝土硬化过程中的放热量》EN 12390-14：2018；

《硬化混凝土试验—第 15 部分：绝热法测定混凝土硬化过程中的放热量》EN 12390-15：2019；

《硬化混凝土试验—第 16 部分：混凝土收缩的测定》EN 12390-16：2019；

《硬化混凝土试验—第 18 部分：氯离子迁移系数测定》EN 12390-18：2021。

(3) 喷射混凝土试验

《喷射混凝土试验—第 1 部分：新拌混凝土和硬化混凝土的取样》EN 14488-1：2005；

《喷射混凝土试验—第 2 部分：新喷射混凝土的抗压强度》EN 14488-2：2006；

《喷射混凝土试验—第 3 部分：纤维增强梁试件的抗弯强度（第一峰，最后和残余）》EN 14488-3：2006；

《喷射混凝土试验—第 4 部分：直接拉伸法测定芯的粘结强度》EN 14488-4：2005＋A1：2008；

《喷射混凝土试验—第 5 部分：纤维增强混凝土板试件的能量吸收能力测定》EN 14488-5：2006；

《喷射混凝土试验—第 6 部分：底层混凝土的厚度》EN 14488-6：2006；

《喷射混凝土试验—第 7 部分：纤维增强混凝土的纤维含量》EN 14488-7：2006。

（4）纤维混凝土试验

《金属纤维混凝土用试验方法—弯曲拉伸强度的测量（残余比例极限）（LOP）》EN 14651：2005＋A1：2007；

《金属纤维混凝土用试验方法—新拌混凝土和硬化混凝土中纤维含量的测量》EN 14721：2005＋A1：2007。

（5）加气混凝土试验

《热压处理过的加气混凝土干密度的测定》EN 678：1994；

《高压蒸养加气混凝土抗压强度的测定》EN 679：2005；

《高压蒸养加气混凝土干燥收缩的测定》EN 680：2005；

《蒸汽强化加气混凝土的弯曲拉伸强度的测定》EN 1351：1997；

《高压蒸汽加气混凝土或开放结构轻骨料混凝土在压应力下静态弹性模量的测定》EN 1352：1997；

《高压蒸汽加气混凝土湿度的测定》EN 1353：1997；

《高压蒸汽加气混凝土或开放结构轻骨料混凝土受压徐变的测定》EN 1355：1997；

《横向荷载下高压蒸汽加气混凝土或开放结构轻骨料混凝土预制加强部件的承载性能测定》EN 1356：1997；

《高压蒸汽加气混凝土抗冻融性的测定》EN 15304：2010。

（6）轻骨料混凝土试验标准

《开放结构轻骨料混凝土抗压强度的测定》EN 1354：2005。

6. 欧洲结构和预制混凝土构件的混凝土强度评定标准

《结构和预制混凝土构件的现场抗压强度评定》EN 13791：2019。

7. 欧洲实体结构混凝土测试标准

《结构混凝土试验—第 1 部分：钻芯试样—抗压试样的取样、检验和试验》EN 12504-1：2019；

《结构混凝土试验—第 2 部分：无损检测—回弹值的测定》EN 12504-2：2012；

《结构混凝土试验—第 3 部分：拉出力的测定》EN 12504-3：2005；

《结构混凝土试验—第 4 部分：超声波脉冲速率的测定》EN 12504-4：2004。

8. 预制混凝土产品标准

《预制混凝土产品的通用规则》EN 13369：2018；

《预制混凝土产品—玻璃纤维增强混凝土特性的分类》EN 15191：2009；

《预制混凝土产品—空芯板》EN 1168：2005＋A3：2011；

《预制混凝土产品—玻璃纤维增强水泥厂进行生产控制的一般规则》EN 1169：1999；

《预制混凝土产品—玻璃纤维增强水泥试验方法—第 1 部分：基质一致性的测量-坍落试验法》EN 1170-1：1998；

《预制混凝土产品—玻璃纤维增强水泥试验方法—第 2 部分：新拌玻璃纤维增强水泥中纤维含量的测量-冲刷试验》EN 1170-2：1998；

《预制混凝土产品—玻璃纤维增强水泥试验方法—第 3 部分：喷射玻璃纤维增强水泥中纤维含量的测量》EN 1170-3：1998；

《预制混凝土产品—玻璃纤维增强水泥试验方法—第 4 部分：抗弯强度测定-简化弯曲试验法》EN 1170-4：1998；

《预制混凝土产品—玻璃纤维增强水泥试验方法—第 5 部分：抗弯强度测定-完全弯曲试验法》EN 1170-5：1998；

《预制混凝土产品—玻璃纤维增强水泥试验方法—第 6 部分：浸渍法测吸水性和干密度测定》EN 1170-6：1998；

《预制混凝土产品—玻璃纤维增强水泥试验方法—第 7 部分：湿度引起尺寸变化极限值的测量》EN 1170-7：1998；

《预制混凝土产品—玻璃纤维增强水泥试验方法—第 8 部分：循环耐气候性试验》EN 1170-8：2008；

《无钢筋和有钢筋的混凝土检修孔和检验室》EN 1917：2002。

欧洲混凝土技术标准体系中，混凝土产品标准 EN 206 是核心标准，是混凝土结构、混凝土设计、原材料质量及性能检测的基础，它贯穿并连接了众多其他混凝土相关标准。欧洲混凝土技术标准的结构体系见图 3-1-2。

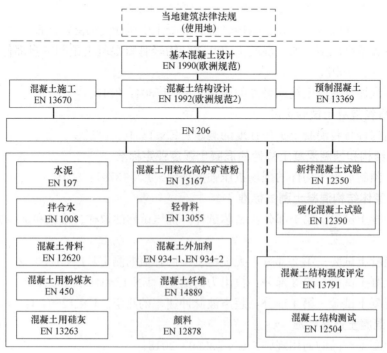

图 3-1-2 欧洲混凝土技术标准的结构体系

3.2　中国混凝土行业标准架构体系研究

中国标准化工作经过几十年建设，特别是改革开放以来的发展，初步形成了满足国民经济和社会发展需要的标准体系。中国目前对技术标准实行的是强制性标准（GB）和推荐性标准（GB/T）相结合的管理体系，强制性标准相当于欧洲国家的技术法规，必须强制执行；推荐性标准相当于欧洲国家的技术标准，无需强制执行，只需选用。但由于两类标准的制定均归属于政府机构，实际实施时大都带有强制性。

中国混凝土标准体系主要由混凝土结构设计、施工、现场检测、施工质量验收标准规范组成（图 3-2-1）。混凝土结构设计、施工技术标准是其中两个重要子标准体系，涵盖混凝土结构专业标准体系、混凝土生产技术标准体系和混凝土结构用钢技术标准体系。本书主要选取混凝土生产技术标准体系为重点研究对象。混凝土生产技术标准体系由混凝土原材料、混凝土配合比设计、预拌混凝土、混凝土性能和质量评定控制和混凝土泵送施工等标准组成，见图 3-2-2。

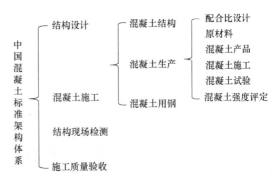

图 3-2-1　中国混凝土标准架构体系

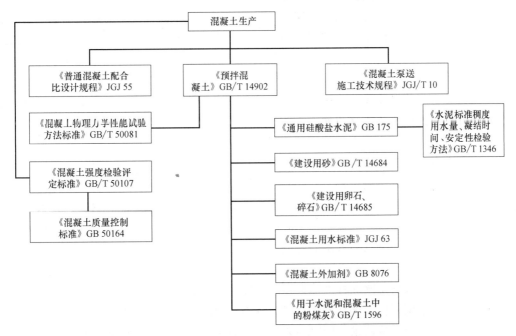

图 3-2-2　中国混凝土生产技术标准体系（标准名和标准号）

同时，中国由于过去长期受计划经济体制影响，标准体系的条块分割现象较严重，土木工程各行业（房屋建筑、水利水电、港口、公路、铁路）都有各自的混凝土结构设计和施工质量验收标准，见图 3-2-3。各行业都有各自较完善的标准体系，然而行业互通性较差。

图 3-2-3　中国混凝土结构标准体系

3.3　中欧混凝土行业标准架构体系对比分析

经对比发现，中国混凝土行业标准体系基本涵盖混凝土产品生产的各方面，能满足指导混凝土生产需要。但与欧洲技术标准体系相比，尚缺少混凝土设计、施工及混凝土生产需求等有关混凝土技术性能方面的国家统一标准。而且，中国混凝土行业技术标准是按混凝土结构设计、施工和混凝土生产等分类编制，标准间的内容衔接不够，常造成设计方、施工方和混凝土生产方对技术标准中相关联的内容掌握不全面。同时，标准体系的条块分割现象较严重，土木工程各行业（房屋建筑、水利水电、港口、公路、铁路）都有各自的混凝土结构设计和施工质量验收标准，这就难免造成一些标准内容上存在重复、矛盾、不协调的地方，给使用带来诸多不便。

欧洲混凝土结构技术标准的使用范围很广，基本覆盖所有的土木建筑工程领域（房屋建筑、水利水电、港口、公路、铁路等）以及广泛的各种结构和产品类型（一般构筑物、桥梁、高耸构筑物、地下构筑物等）。因此，欧洲混凝土结构技术标准不但具有较高的系统性，而且通用性也很强，这必然有利于促进欧盟各国间在建筑产品、材料、技术和人员等方面的交流；有利于统一欧盟各国之间的质量保证体系、施工材料和方法以及具体的技术标准等；也有利于鼓励欧盟各国的咨询、设计公司和承包商等在统一的平台上公平合理地展开竞争。

因此，中国可以借鉴欧洲标准体系发展状况，借鉴欧洲标准制定体系在建立和划分上的原则，借鉴其他国际标准创新性强、以市场为导向的特点，提高混凝土标准体系自愿性发展，促进标准适应市场需求。同时还要加强政府作用，尽快打破行业垄断，形成基础性的、统一的、通用的混凝土结构工程的设计与质量验收标准，实现标准体系统一性与多样性的平衡，以利于标准在统一性下的行业互通，促进中国混凝土结构技术的发展，提高企业在国际工程市场上的竞争力。

第4章 中欧混凝土用原材料标准对比研究

混凝土的质量与建筑物结构安全关系重大。混凝土原材料的质量是混凝土质量控制的重要因素，对混凝土的性能影响起着关键作用，是保证混凝土结构安全性、适用性和耐久性的最基本环节。中国的混凝土原材料标准种类齐全，但与欧洲相比，某些指标存在差异。因此，本章主要对中欧混凝土用原材料（水泥、矿物掺合料、骨料、外加剂和拌合用水）的性能和要求进行对比分析，找出差异，以便为工程应用提供参考和指导。

4.1 中欧水泥标准对比研究

4.1.1 标准设置

中欧硅酸盐水泥标准设置对比见表 4-1-1。欧洲标准《水泥—第 1 部分：通用水泥的组分、规定和合格标准》EN 197-1:2011 基于水泥的组成，将通用水泥分为 5 大类 27 个品种，包括普通、掺混合材、中低热和抗硫酸盐类硅酸盐水泥等品种；中国对应的硅酸盐类水泥标准包括：《通用硅酸盐水泥》GB 175—2007、《中热硅酸盐水泥、低热硅酸盐水泥》GB/T 200—2017 和《抗硫酸盐硅酸盐水泥》GB 748—2005。

中欧硅酸盐水泥标准设置对比 表 4-1-1

中国标准或欧洲标准	硅酸盐水泥类型	
	通用硅酸盐水泥类	中低热、抗硫类硅酸盐水泥类
中国标准	《通用硅酸盐水泥》GB 175—2007	《中热硅酸盐水泥、低热硅酸盐水泥》GB/T 200—2017 《抗硫酸盐硅酸盐水泥》GB 748—2005
欧洲标准	《水泥—第 1 部分：通用水泥的组分、规定和合格标准》EN 197-1:2011	

4.1.2 品种分类

EN 197-1 将通用水泥分为 5 大类：CEM Ⅰ 硅酸盐水泥、CEM Ⅱ 混合硅酸盐水泥（特点：混合材掺量较低）、CEM Ⅲ 矿渣水泥、CEM Ⅳ 火山灰水泥和 CEM Ⅴ 复合水泥。混合材涵盖了矿渣、硅灰、粉煤灰、火山灰、烧页岩、石灰石粉等。同时，欧洲标准水泥的表示方法为：标准号-水泥种类-混合材掺量等级-混合材种类-水泥强度等级，例如：矿渣硅酸盐水泥主要含有总量在 6%～20% 的矿渣（S），属于 32.5 强度等级，具有高早期强度，被表示为：EN 197-1-CEM Ⅱ/A-S 32.5R。

《通用硅酸盐水泥》GB 175—2007 同样按混合材料的品种和掺量，将通用硅酸盐水泥分为 6 大类：硅酸盐水泥 P·Ⅰ/P·Ⅱ、普通硅酸盐水泥 P·O、矿渣硅酸盐水泥 P·S、火山灰质硅酸盐水泥 P·P、粉煤灰硅酸盐水泥 P·F 和复合硅酸盐水泥 P·C，与欧洲 5 大类水泥分类、基本性能和应用范围大致相同。中欧标准常用硅酸盐水泥分类情况见表 4-1-2。

中欧标准常用硅酸盐水泥分类情况对比表　　　　　　　　表 4-1-2

中国标准			欧洲标准		
水泥类别	代号	产品	产品	代号	水泥类别
硅酸盐水泥	P·I/II (0～5%)	P·I P·II	CEM I	CEM I (0～5%)	硅酸盐水泥
普通硅酸盐水泥	P·O (6%～15%)	P·O	CEM II/A-M CEM II/B-M	CEM II(M)类 (6%～35%)	混合硅酸盐水泥
粉煤灰硅酸盐水泥	P·F (20%～40%)	P·F	CEM II/A-V(W) CEM II/B-V(W)	CEM II(V/W)类 (6%～35%)	混合粉煤灰 硅酸盐水泥
矿渣硅酸盐水泥	P·S (20%～70%)	P·S·A P·S·B	CEM III/A、B、C CEM II/A-S CEM II/B-S	CEM III (36%～95%) CEM II(S)类 (6%～35%)	矿渣水泥/ 混合矿渣硅酸 盐水泥
火山灰质硅酸盐 水泥	P·P (20%～40%)	P·P	CEM IV/A、B CEM II/A-P(Q) CEM II/B-P(Q)	CEM IV (11%～55%) CEM II(P/Q)类 (6%～35%)	火山灰水泥/混合 火山灰硅酸盐水泥
复合硅酸盐水泥	P·C (20%～50%)	P·C	CEM V/A、B	CEM V (18%～50%)	复合水泥

1. 欧洲水泥产品中，A、B、C 表示混合材掺量等级，其混合材掺量依次增加；
2. 欧洲水泥产品中，混合材种类符号表示如下：
M—复合混合材，V—硅质粉煤灰，W—钙质粉煤灰，S—矿渣，P—天然火山灰，Q—天然煅烧火山灰。

由表 4-1-2 可知，欧洲标准水泥产品系列相比中国标准更多，依据混合材种类、掺量划分为 27 种产品，且混合材的最高掺量与中国标准有所不同：矿渣最高掺量 95%；硅灰 10%；粉煤灰、石灰石、烧页岩 35%；火山灰 55%。中国标准矿渣最高掺量 70%、粉煤灰 40%、火山灰 40%。相比较，欧洲水泥标准中粉煤灰最高允许掺量较小，但其他混合材的最高允许掺量较大，这是由于水泥生产、销售、使用受地域限制，因此中欧水泥标准依据本国资源、工业废渣等情况对掺加混合材的种类和最高掺量的规定不同。值得借鉴的是，欧洲对掺混合材水泥依据掺量进行了细分，这有利于水泥使用部门根据工程需要进行选择。

4.1.3　物理力学指标

1. 力学指标

欧洲标准水泥强度等级分类及力学性能指标见表 4-1-3。由表可知，欧洲标准除 CEM III 水泥外，其他品种水泥强度等级指标相同，均分为 6 个等级，其中，早强型为 R，普通型为 N，且强度龄期一般为 2d 和 28d；同时，欧洲标准对水泥的 28d 抗压强度指标上下限值进行了规定（52.5 级的水泥除外，无上限），其中下限值与强度等级一致。例如：32.5R 级的 CEM I 硅酸盐水泥和 CEM V 复合水泥等的强度指标均相同，2d 抗压强度不低于 10.0MPa，28d 抗压强度不低于 32.5MPa 且不高于 52.5MPa。

中国标准不同等级、不同品种的水泥强度指标要求不同，如硅酸盐水泥强度等级分为 6 个等级，普通硅酸盐水泥强度等级分为 4 个等级，复合硅酸盐水泥的强度等级分为 5 个等级，且强度龄期中早期强度以 3d 抗压强度为准，28d 抗压强度指标与强度等级一致（表 4-1-4）。此外，中国标准将水泥的抗折强度也作为一项重要的力学指标。

欧洲标准水泥强度等级分类及力学性能指标　　　　　　表 4-1-3

品种	强度等级	抗压强度特征值/MPa		
		2d	7d	28d
CEM Ⅲ矿渣水泥	32.5L	—	≥12.0	≥32.5且≤52.5
	42.5L	—	≥16.0	≥42.5且≤62.5
	52.5L	≥10.0	—	≥52.5
CEM Ⅰ硅酸盐水泥 CEM Ⅱ混合硅酸盐水泥 CEM Ⅳ火山灰水泥 CEM Ⅴ复合水泥	32.5N	—	≥16.0	≥32.5且≤52.5
	32.5R	≥10.0	—	
	42.5N	≥10.0	—	≥42.5且≤62.5
	42.5R	≥20.0	—	
	52.5N	≥20.0	—	≥52.5
	52.5R	≥30.0	—	

值得注意的是，欧洲标准对水泥强度以及其他的物理、化学指标都是要求保证率为95%~90%的特征值。

中国标准水泥强度等级分类及力学性能指标　　　　　　表 4-1-4

品种	强度等级	抗压强度/MPa		抗折强度/MPa	
		3d	28d	3d	28d
硅酸盐水泥	42.5	≥17.0	≥42.5	≥3.5	≥6.5
	42.5R	≥22.0		≥4.0	
	52.5	≥23.0	≥52.5	≥4.0	≥7.0
	52.5R	≥27.0		≥5.0	
	62.5	≥28.0	≥62.5	≥5.0	≥8.0
	62.5R	≥32.0		≥5.5	
普通硅酸盐水泥	42.5	≥17.0	≥42.5	≥3.5	≥6.5
	42.5R	≥22.0		≥4.0	
	52.5	≥23.0	≥52.5	≥4.0	≥7.0
	52.5R	≥27.0		≥5.0	
矿渣硅酸盐水泥 火山灰质硅酸盐水泥 粉煤灰硅酸盐水泥 复合硅酸盐水泥	32.5	≥10.0	≥32.5	≥2.5	≥5.5
	3.25R	≥15.0		≥3.5	
	42.5	≥15.0	≥42.5	≥3.5	≥6.5
	42.5R	≥19.0		≥4.4	
	52.5	≥21.0	≥52.5	≥4.4	≥7.0
	52.5R	≥23.0		≥4.5	

经比较可知，中国标准依据水泥的品种、等级要求，对水泥的强度等级划分更细致，且强度指标选项更多样；但欧洲标准对某些等级水泥的强度上限值进行了规定，有利于保证水泥的均匀性，对保证混凝土强度的稳定性有益。

2. 物理指标

中欧标准水泥物理指标对比见表 4-1-5。

中欧标准水泥物理指标对比　　　　　　　　　　　表 4-1-5

种类	中国标准	欧洲标准
凝结时间	初凝时间:≥45min 终凝时间:硅酸盐水泥终凝时间≤390min,其他种类水泥≤600min	初凝时间:32.5 等级的水泥初凝时间≥75min,42.5 等级的水泥初凝时间≥60min,52.5 等级的水泥初凝时间≥45min
安定性	雷氏夹法:膨胀值≤5mm 沸煮法	雷氏夹法:膨胀值≤10mm
选择性指标	细度:硅酸盐水泥、普通硅酸盐水泥的比表面积≥300m^2/kg,其他种类水泥 80μm 筛余≤10% 或 45μm 筛余≤30%	—

由表 4-1-5 可知,欧洲标准中水泥的物理指标仅包括凝结时间和安定性,且凝结时间指标仅包括初凝时间。不同强度等级的水泥初凝时间要求不同,强度越低,初凝时间越长。中国标准水泥的凝结时间指标包括初凝和终凝时间,任何品种、等级的水泥初凝时间均要求≥45min,但不同类别的水泥终凝时间要求不同。此指标较欧洲标准的要求更严格,能防止因水泥长时间不凝结硬化进而影响工程质量等问题。

中欧水泥安定性测试方法相同,均采用雷氏夹法测定膨胀值,但中欧标准雷氏夹膨胀值要求不同,此外中国标准还可用沸煮法检测安定性合格与否,不仅可定量分析水泥的膨胀量,还能半定量分析水泥的环向膨胀量,能更好地反映水泥的安定性。

此外,中国标准提出将细度作为选择性指标,硅酸盐水泥、普通硅酸盐水泥的比表面积≥300m^2/kg,其他种类水泥 80μm 筛余≤10% 或 45μm 筛余≤30%。

综上,欧洲标准规定的水泥的物理指标与中国标准较接近。但中欧水泥凝结时间指标的分类依据不同,欧洲标准根据强度等级,中国标准根据水泥类别,中国标准的凝结时间要求更严格。中国标准的安定性方法及评价指标更严格,在应用时,可参照中国标准的指标控制水泥质量。

4.1.4 化学指标

中欧水泥标准均对不溶物、烧失量、SO_3、Cl^- 含量等化学成分进行了限制,但不完全相同,见表 4-1-6。欧洲标准上规定的数值都是保证率为 90% 的特征值。

中欧水泥标准化学指标对比　　　　　　　　　　　表 4-1-6

中国标准或欧洲标准	水泥种类	分类	不溶物/%	烧失量/%	SO_3/%	MgO/%	Cl^-/%
中国标准	硅酸盐水泥	P·Ⅰ	≤0.75	≤3.0	≤3.5	≤5.0	≤0.06
		P·Ⅱ	≤1.50	≤3.5			
	普通硅酸盐水泥	P·O	—	≤5.0			
	矿渣硅酸盐水泥	P·S·A	—	—	≤4.0	≤6.0	
		P·S·B	—	—			

中国标准或欧洲标准	水泥种类	分类	不溶物/%	烧失量/%	SO_3/%	MgO/%	Cl^-/%
中国标准	火山灰质硅酸盐水泥	P·P	—	—	≤3.5	≤6.0	≤0.06
	粉煤灰硅酸盐水泥	P·F	—	—			
	复合硅酸盐水泥	P·C	—	—			
欧洲标准	CEM Ⅰ硅酸盐水泥	32.5N 32.5R 42.5N	≤5.0	≤5.0	≤3.5	—	≤0.1
		42.5R 52.5N 52.5R	≤5.0	≤5.0	≤4.0		
	CEM Ⅱ混合硅酸盐水泥	32.5N 32.5R 42.5N	—	—	≤3.5		
		42.5R 52.5N 52.5R	—	—	≤4.0		
	CEM Ⅲ矿渣水泥	CEM Ⅲ/A CEM Ⅲ/B	≤5.0	≤5.0	≤4.0		
		CEM Ⅲ/C	≤5.0	≤5.0	≤4.5		
	CEM Ⅳ火山灰水泥	32.5N 32.5R 42.5N	—	—	≤3.5		
		42.5R 52.5N 52.5R	—	—	≤4.0		

1. 不溶物含量和烧失量

欧洲标准规定了 CEM Ⅰ 型和 CEM Ⅲ 型水泥的不溶物含量、烧失量限值，且限值均应≤5.0%，比中国标准 P·Ⅰ、P·Ⅱ 水泥的不溶物含量（分别为≤0.75%，≤1.0%）和烧失量（分别为≤3%，≤3.5%）均高许多；中国标准普通硅酸盐水泥的烧失量指标与欧洲标准相同，均为≤5%。综合而言，中国标准要求更严格。

2. MgO 含量

欧洲标准没有限制水泥中 MgO 含量，中国标准将 MgO 含量作为必要指标，规定普通硅酸盐水泥 MgO 含量≤5%，相比较中国标准较为严格。

3. Cl^- 及其他成分含量

中欧标准均将 Cl^- 含量作为所有类别水泥的重要化学性能指标，规定了限值，中国标准要求相对更严格，中国标准规定 Cl^- 含量应≤0.06%，欧洲标准规定 Cl^- 含量应≤0.1%。

中欧标准均将 SO_3 含量作为所有类别水泥的重要化学性能指标，差别不大。但中国标准还将碱含量小于 0.60% 作为选择性指标，而欧洲标准没有限制。

综上，化学指标方面，中国水泥标准较欧洲标准更严格，不仅共有指标要求更高，还限制了 MgO 含量、碱含量，能更好地控制水泥质量。

4.1.5 耐久性要求

欧洲标准对抗硫酸盐水泥的附加指标进行了特别规定，限制了熟料中 C_3A 含量、硫酸盐含量的上限（表 4-1-7）。抗硫酸盐水泥与同类型普通水泥相比，同一强度等级的 SO_3 质量分数较普通水泥低。

欧洲标准抗硫酸盐水泥附加指标与合格性最高限值   表 4-1-7

水泥种类	分类	熟料中 C_3A 含量/%		硫酸盐含量质量分数/% （如 SO_3）/（最高限值）	火山灰活性
		要求值	合格性最高限值		
CEM Ⅰ抗硫酸盐水泥	CEM Ⅰ-SR 0	0	1	(32.5N,32.5R,42.5N)≤3.0(3.5) {42.5R,52.5N,52.5R}≤3.5(4.0)	—
	CEM Ⅰ-SR 3	≤3	4		
	CEM Ⅰ-SR 5	≤5	6		
CEM Ⅳ火山灰水泥	CEM Ⅳ/A-SR	≤9	10	(32.5N,32.5R,42.5N)≤3.0(3.5) (42.5R,52.5N,52.5R)≤3.5(4.0)	28d 强度符合要求
	CEM Ⅳ/B-SR	≤9	10		

4.1.6 合格性评定

欧洲标准对水泥合格评定准则作了详细规定，该部分内容主要针对水泥生产企业，不作为验收准则，且欧洲标准对水泥的各项性能指标检测频率进行了分类详述；中国标准则将检验内容既用于生产企业组织生产，又作为采购依据，规定了许多双方的强制条款，但中国标准未对水泥的各项性能指标检测频率进行分类详述，仅规定"正常生产情况下，生产者应至少每月对水泥组分进行校核"，要求较笼统，欧洲标准规定更具有指导性，有利于水泥生产商对水泥质量的控制。

欧洲标准的合格性评定全部采用了统计学方法，并对最低值进行了限定。

对合格性评定项目进行比较，发现欧洲标准水泥出厂检验项目与中国标准相同，但中国标准检验项目较欧洲标准多 1 项：化学指标中 MgO 含量，且规定了判定产品合格与否的强制性指标，较欧洲标准更严格。

4.1.7 总结

中国标准中水泥性能的技术要求与欧洲标准中水泥的技术要求有许多相同或相近之处，具有良好的互通性。但中国水泥标准更为详尽，一些技术指标严于欧洲标准，如欧洲标准规定了 CEM Ⅰ型和 CEM Ⅲ型水泥的不溶物含量、烧失量限值均应≤5.0%，比中国标准 P·Ⅰ、P·Ⅱ水泥的不溶物含量（分别为≤0.75%，≤1.0%）和烧失量（分别为≤3%，≤3.5%）均高许多；欧洲标准没有限制水泥中 MgO 含量，中国标准规定普通硅酸盐水泥 MgO 含量≤5%；欧洲标准对抗硫酸盐水泥的附加指标有特殊规定。这些指标的不同将会对中国企业进入国际市场的招投标产生一定的影响。在国际市场，也可以参照中国标准的技术要求来更好的控制水泥质量。但同时，也应该借鉴欧洲标准在某些方面的先进之处，如限制某些等级水泥的强度上限值以保证水泥的均匀性等，以制定出与国际市场接轨的水泥标准，保证建筑工程质量。

4.2　中欧水泥性能测试方法标准对比研究

中欧水泥性能测试标准设置对比见表 4-2-1。

中欧水泥性能测试标准设置对比　　　　　　　　　　　　表 4-2-1

项目	中国	欧洲
标准名及标准号	《通用硅酸盐水泥》GB 175	《水泥试验方法—第 1 部分：强度测定》EN 196-1
	《水泥胶砂强度检验方法(ISO 法)》GB/T 17671	
	《水泥标准稠度用水量、凝结时间、安定性检验方法》GB/T 1346	《水泥试验方法—第 3 部分：凝结时间和安定性测定》EN 196-3
	《用于水泥中的火山灰质混合材料》GB/T 2847	《水泥试验方法—第 5 部分：火山灰质水泥火山灰活性测定》EN 196-5
	《水泥细度检验方法　筛析法》GB/T 1345	《水泥试验方法—第 6 部分：细度测定》EN 196-6
	《水泥比表面积测定方法　勃氏法》GB/T 8074	
	《水泥取样方法》GB/T 12573	《水泥试验方法—第 7 部分：水泥试样的取样和制备方法》EN 196-7
	《水泥水化热测定方法》GB/T 12959	《水泥试验方法—第 8 部分：水化热-溶解热法》EN 196-8

欧洲标准水泥性能测试方法主要为 EN 196 系列，包括水泥的取样方法、细度测试方法、胶砂强度测试方法、凝结时间与安定性试验、火山灰质水泥火山灰活性测试方法、水泥水化热测试方法等。中国标准涉及水泥性能测试方法的标准主要有《通用硅酸盐水泥》GB 175—2007、《水泥取样方法》GB/T 12573—2008、《水泥胶砂强度检验方法（ISO法）》GB/T 17671—1999、《水泥标准稠度用水量、凝结时间、安定性检验方法》GB/T 1346—2011、《用于水泥中的火山灰质混合材料》GB/T 2847—2005、《水泥细度检验方法　筛析法》GB/T 1345—2005、《水泥比表面积测定方法　勃氏法》GB/T 8074—2008、《水泥水化热测定方法》GB/T 12959—2008。

4.2.1　水泥胶砂强度测试

欧洲水泥胶砂强度试验标准为《水泥试验方法—第 1 部分：强度测定》EN 196-1：2016，包括试验原理、胶砂成分、试件制备、试件养护、试验程序等。中国标准《水泥胶砂强度检验方法（ISO 法）》GB/T 17671—1999 规定了水泥胶砂检验基准方法所用的仪器、材料、胶砂组成、试验条件、操作步骤和结果计算。

1. 仪器设备

(1) 试验室及养护箱

中欧标准对于试验室的要求基本一致，环境温度为 20℃±2℃，相对湿度不低于

50%；雾室和养护箱的温度应保持在 20℃±1℃，相对湿度不低于 90%；养护池的水温应保持在 20℃±1℃；对于试验室的温湿度每天至少记录一次，对养护箱和雾室的温度和相对湿度至少每 4h 记录一次。但中国标准提出在自动控制的情况下可酌减至一天记录两次。

(2) 试验筛

中欧标准对于筛网的要求是一致的，网眼尺寸依次为 2.0mm、1.6mm、1.0mm、0.50mm、0.16mm、0.08mm。

(3) 搅拌机与搅拌叶片

中欧标准使用的搅拌机都是由两部分构成：不锈钢搅拌锅和不锈钢搅拌叶片，中欧标准规定水泥胶砂搅拌锅与叶片之间的间隙均为 3mm±1mm。对于搅拌锅，欧洲标准规定深度约 180mm，内径约 200mm，中国标准规定深度 180mm±2mm，内径 202mm±1mm。对于搅拌叶片，中欧标准的相同之处在于搅拌叶片的自转速度高速为 285r/min±10r/min、低速为 140r/min±5r/min，公转速度高速为 125r/min±10r/min、低速为 62r/min±5r/min。对于搅拌叶片的结构，中欧标准有较大差异，对比结果见表 4-2-2。

中欧标准水泥胶砂搅拌叶片的区别

表 4-2-2

构造及尺寸	中国标准	欧洲标准
叶片总长度/mm	198±1	180
搅拌有效长度/mm	130±2	130
搅拌叶片/mm	总宽 135～135.5	—
	翅宽 8±1，翅厚 5±1	翅宽 8±1，翅厚 6±2
叶片轴外径/mm	27.0±0.5	30
定位孔直径/mm	—	16

(4) 试模

中欧标准都使用由三个水平模槽组成，可同时成型三条 40mm×40mm、长度为 160mm 棱形试体的试模。对于试模内部尺寸及公差要求，欧洲标准中长度为 160mm±1mm、宽度为 40mm±0.2mm、深度为 40mm±0.1mm；中国标准则是长度为 160mm±0.8mm、宽度为 40mm±0.2mm、深度为 40mm±0.1mm，对于试模尺寸精度要求更加严格。为方便装填试模，欧洲标准规定应在试模上配装一壁高 20mm～40mm 的金属材质送料斗，中国标准中对这个装置描述为金属模套，尺寸则为 20mm。欧洲标准相比中国标准，还规定了天平和定时器的精度，天平的称量精度为±1g，定时器的定时精度为±1s。

(5) 播料器和刮平尺

中欧标准对于播料器和刮平尺的要求基本相同，播料器和刮平尺的结构及尺寸见图 4-2-1。

(6) 振实台

欧洲标准《水泥试验方法—第 1 部分：强度测定》EN 196-1：2016 中规定了水泥胶砂振实台的基本结构及要求。中国标准《水泥胶砂试体成型振实台》JC/T 682—2005 对振实台的基本结构和技术要求进行了单独的规定。中欧标准对水泥振实台要求的不同之处见表 4-2-3。

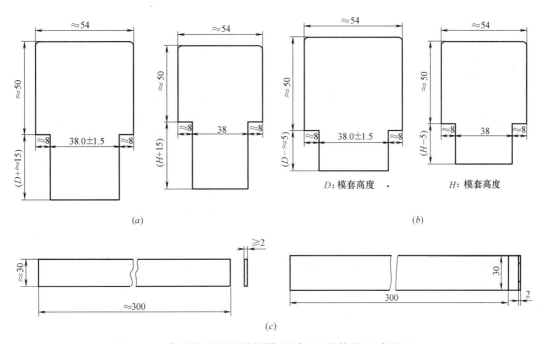

(a)

(b)

D：模套高度 H：模套高度

(c)

图 4-2-1 中欧标准所用播料器和刮平尺结构及尺寸图（mm）

（*a*）大播料器（左为欧洲用，右为中国用）；（*b*）小播料器（左为欧洲用，右为中国用）；

（*c*）刮平直尺（左为欧洲用，右为中国用）

中欧标准振实台对比   表 4-2-3

对比内容	中国标准	欧洲标准
安装	振实台应安装在长方形的混凝土基座上，混凝土体积约为 0.25m³，重约 600kg，为防止外部振动影响，需在基座下放厚约 5mm 的天然橡胶弹性衬垫	振实台应安装在长方形的混凝土基座上，混凝土体积约为 0.25m³，重约 600kg，为防止外部振动影响，需在基座下放弹性垫台，以天然橡胶为宜
振幅/mm	15.0±0.3	15.0±0.3
振动 60 次时间/s	60±2	60±3
臂杆、模套和卡具总质量/kg	13.75±0.25	20.0±0.5
台盘中心到臂杆轴心的距离/mm	800±1	800

（7）抗折强度试验机

中欧标准对于加荷弯曲装置的距离、尺寸的要求基本一致。欧洲标准《水泥试验方法—第 1 部分：强度测定》EN 196-1：2016 对抗折试验机的载荷及承压方式进行了明确规定，抗折试验设备能加载至 10kN，至五分之四时载荷精度应为±1.0%、加荷速度为 50N/s±10N/s。中国标准《水泥胶砂电动抗折试验机》JC/T 724—2005 对胶砂抗折试验机的结构、技术要求等进行了明确要求，示值相对误差不超过±1%、加荷速度为 50N/s±10N/s。

（8）抗压强度试验机

中欧标准对于抗压强度试验机的要求基本相似，在五分之四量程范围使用时的载荷精度为±1%、加荷速度为2400N/s±200N/s，压力机压板最好是由碳化钨制成，尺寸要求均为：厚度至少10mm、宽度为40mm±0.1mm、长度不小于40mm。

2. 试验步骤

（1）胶砂成分

欧洲标准使用CEN标准砂，是一种滚圆颗粒形的天然硅质砂，硅含量至少98％。中国标准使用中国产的ISO标准砂，其鉴定、质量验证与质量控制以德国标准砂公司的ISO基准砂为基准材料。ISO基准砂是由德国标准砂公司制备的SiO_2含量不低于98％的天然的圆形硅质砂组成。中欧标准采用的标准砂颗粒分布见表4-2-4。中欧标准对于水泥试样、胶砂用水的要求一致。

中欧标准所用标准砂累计筛余对比 表4-2-4

方孔网眼尺寸/mm	2.00	1.6	1.00	0.50	0.16	0.08
累计筛余/%	0	7±5	33±5	67±5	87±5	99±1

（2）试验步骤

中欧标准对于水泥胶砂组成的规定一致，试验步骤基本相同，在下列几项操作中有细微差别。

欧洲标准要求在10s内将水、水泥加入搅拌锅中，中国标准未限制时间。

在搅拌过程中，欧洲标准在关停搅拌机90s后，在第一个30s内用橡胶或塑料铲将粘附于锅壁和锅底的胶砂刮至搅拌锅中间；中国标准在第一个15s内用胶皮刮具将叶片和锅壁上的胶砂，刮入锅中间。另外，中国标准还提到了当使用代用的振动台成型时的具体操作。

在脱模前的处置与储存过程中，欧洲标准在试模放入湿气室或养护箱前，还需将一块规格为210mm×185mm×6mm、与水泥不发生反应的磨边玻璃板或钢板或其他防渗材料板盖于试模上；中国标准无此项说明。

在水中养护时，欧洲标准特别规定除非可以确认水泥成分不会交叉影响水泥强度的发展，否则试件在水中养护时必须单独存放，氯离子含量超过0.1%的水泥试件必须单独存放。

在试件养护期间，欧洲标准规定一次性换水的换水量不得超过总养护水量的50％；中国标准规定不允许在养护期间全部换水。

3. 试验结果处理

中欧标准在水泥胶砂抗折、抗压强度测试结果处理的对比见表4-2-5。

中欧标准胶砂试块抗折、抗压强度对比 表4-2-5

对比内容	中国标准	欧洲标准
抗折强度	以一组3个棱柱抗折强度的平均值作为试验结果。当3个值中有超出平均值±10%时，应剔除后再取平均值为抗折强度试验结果。 精度为0.1MPa	以一组3个棱柱抗折强度的算数平均值作为试验结果。 精度为0.1MPa
抗压强度	以一组3个棱柱体上得到的6个抗压强度测定值的算术平均值为试验结果。如6个测定值中有1个超出6个平均值的±10%，就应剔除这个结果，而以剩下5个的平均数为结果。如果5个测定值中再有超过它们平均数±10%的，则此组结果作废。 精度为0.1MPa	

4.2.2　水泥凝结时间和安定性测试

欧洲水泥凝结时间和安定性测试方法标准为《水泥试验方法—第 3 部分：凝结时间和安定性测定》EN 196-3：2016；中国涉及水泥凝结时间和安定性检验方法的标准为《水泥标准稠度用水量、凝结时间、安定性检验方法》GB/T 1346—2011。

1. 仪器设备

(1) 试验室条件

中欧标准对于试验室条件的要求相同，均为温度保持在 20℃±2℃，相对湿度不低于 50％。

(2) 搅拌机

欧洲标准《水泥试验方法—第 1 部分：强度测定》EN 196-1：2016 中规定水泥用搅拌机与水泥胶砂搅拌机一致；中国标准《水泥净浆搅拌机》JC/T 729—2005 对水泥净浆搅拌机进行了单独的规定，与水泥胶砂搅拌机差别较大。中欧标准使用的搅拌机均由两部分构成：不锈钢搅拌锅和不锈钢搅拌叶片，欧洲标准规定水泥胶砂搅拌锅与叶片之间的间隙为 3mm±1mm，中国标准规定水泥净浆搅拌锅与叶片之间的间隙为 2mm±1mm，其结构见图 4-2-2。

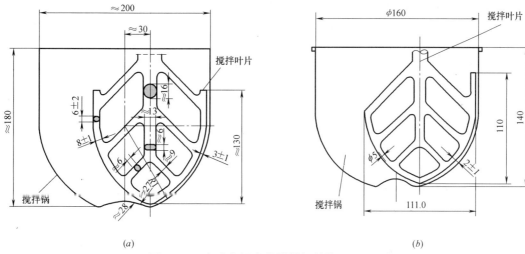

(a)　　　　　　　　　　　　　　　*(b)*

图 4-2-2　中欧水泥净浆搅拌锅结构图（mm）

（*a*）欧洲标准对搅拌锅的要求；（*b*）中国标准对搅拌锅的要求

对于搅拌锅，欧洲标准规定深度约 180mm，内径约 200mm，中国标准规定深度约 140mm，内径约 160mm。对于搅拌叶片，中欧标准中的相同之处在于搅拌叶片的自转速度高速为 285r/min±10r/min、低速为 140r/min±5r/min，公转速度高速为 125r/min±10r/min、低速为 62r/min±5r/min。对于搅拌叶片的结构，中欧标准有较大差异，见表 4-2-6。

中欧标准水泥净浆搅拌叶片的区别　　　　　　　　　　表 4-2-6

构造及尺寸	中国标准	欧洲标准
叶片总长度/mm	165±1	180
搅拌有效长度/mm	110±2	130

构造及尺寸	中国标准	欧洲标准
搅拌叶片翅/mm	厚5±1	宽8±1,厚6±2
叶片轴外径/mm	20.0±0.5	30
定位孔直径/mm	12	16

(3) 维卡仪

中欧标准采用标准法测试水泥标准稠度用水量的仪器均为维卡仪。对于凝结时间测试用维卡仪，中欧标准的整体结构要求比较相似，都是由滑杆、试模和玻璃板组成。对于试模，欧洲标准使用硬质橡胶、塑料或黄铜制作的有足够硬度的圆柱形或截锥形模具，深40.0mm±0.2mm、顶内径65mm≤ϕ≤85mm、底内径为75mm±10mm；中国标准使用耐腐蚀、有足够硬度的金属制作的截锥形模具，深40.0mm±0.2mm、顶内径65mm±0.5mm、底内径为75mm±0.5mm；对于底板，欧洲标准使用尺寸大于模具的底板，厚度至少为2.5mm，并由抗水泥浆侵蚀的防渗材料（如平面玻璃）制成，中国标准使用边长或直径约为100mm、厚度为4mm~5mm的平板玻璃或金属底板。

(4) 标准稠度试杆

中欧标准对于标准稠度测试杆都使用由耐腐蚀金属制成的圆柱形标准稠度测试杆，直径为10.00mm±0.05mm，不同之处在于欧洲标准规定其有效长度至少为45mm，中国标准规定其有效长度为50mm±1mm。

(5) 养护设备

对于养护设备和条件，中欧标准有很大差别。欧洲标准采用盛水容器，直接将试模养护在20℃±1℃的水中；中国标准则采用湿气养护箱，温度为20℃±1℃，相对湿度不低于90%。

(6) 初凝针

中欧标准均采用直径为1.13mm±0.05mm的钢针为初凝针，且活动零件的总质量为300g±1g。不同之处在于欧洲标准规定其有效长度至少为45mm，中国标准规定其有效长度为50mm±1mm。

(7) 终凝针

中欧标准均采用直径为1.13mm±0.05mm的钢针，带有直径为5mm的圆环附件的针为终凝针，且圆环附件距离针底端为0.5mm±0.1mm，活动零件的总质量为300g±1g。不同之处在于欧洲标准规定其有效长度大约为30mm，中国标准规定其有效长度为30mm±1mm。

(8) 雷氏夹

中欧标准对于雷氏夹的材质、尺寸要求基本一致，不同之处在于，在指针上挂300g砝码时，欧洲标准要求两指针的距离增加不小于15.0mm，中国标准则要求两指针的距离增加在17.5mm±2.5mm范围内。

(9) 沸煮箱

欧洲标准对于沸煮箱的规定为具有加热能力，能容纳浸没的雷氏夹样品，并在30min±5min内将水温从20℃±2℃升高至沸腾状态；中国标准《水泥安定性试验用沸煮箱》JC/T 955—2005 对沸煮箱的结构、技术指标等作出了明确的要求。

（10）湿度室或湿度箱

中欧标准所用湿度箱的温度要求为 20℃±1℃，相对湿度不小于 90％。

（11）其他仪器设备

中欧标准对于仪器设备的规定还有天平、量筒，对于精度的要求度相同。此外，欧洲标准还对定时器、标尺作出了要求，规定定时器的精度为±1s、标尺精度为±0.5mm。

2. 试验步骤

（1）水泥净浆拌制

中欧标准的水泥净浆拌制过程中，中国标准 5s～10s 内加入 500g 水泥、低速搅拌 120s、停 15s、高速搅拌 120s；欧洲标准 10s 内加入 500g 水泥、低速搅拌 90s、停 30s、低速搅拌 90s，且欧洲标准明确标明湿润水泥浆具有高碱性，会灼伤皮肤，手动操作时，应戴防护手套，避免与皮肤直接接触。

（2）标准稠度用水量测试

中欧标准水泥标准稠度用水量测试过程对比见表 4-2-7。

中欧标准水泥标准稠度用水量测试过程对比　　　　表 4-2-7

中国标准	欧洲标准
适量水泥浆一次性装入，过量填充	适量水泥浆，过量填充
轻轻拍打 5 次，排除空隙	轻轻拍打，排除空隙
收光浆体表面	收光浆体表面
试模转移至维卡仪固定中心	试模转移至维卡仪固定中心
拧紧螺丝 1s～2s 后，使试杆垂直沉入	拧紧螺丝 1s～2s 后，使试杆垂直插入
试杆沉入或释放 30s 时，记录试杆距底板之间的距离	贯入后 5s 或松开螺丝 30s 时，记录试杆距底板之间的距离
操作在搅拌后 1.5min 内完成	操作在搅拌后 4min±10s 内完成
距离为 6mm±1mm 时的用水量为标准净浆稠度用水量	距离为 6mm±2mm 时的用水量（精确到 0.5％）为标准净浆稠度用水量

（3）初凝时间测试过程

中欧标准水泥初凝时间测试过程对比见表 4-2-8。

中欧标准水泥初凝时间测试过程对比　　　　表 4-2-8

中国标准	欧洲标准
标准稠度用水量下制备水泥浆试件	标准稠度用水量下制备水泥浆试件
在湿气养护箱中养护 30min 后，开始第一次测量	盛水容器中加水养护，水面高于水泥浆表面至少 5mm
试模转移至维卡仪固定中心	试模转移至维卡仪固定中心
拧紧螺丝 1s～2s 后，使试针垂直沉入	拧紧螺丝 1s～2s 后，使试针垂直插入
试针沉入或释放 30s 时，记录试针距底板之间的距离	停止贯入或松开螺丝 30s 时，记录试针距底板之间的距离
临近初凝时间时，每隔 5min 测定一次，每次贯入距离模具边缘不少于 10mm	每次贯入距离模具边缘不少于 8mm 或两次相互间隔不小于 5mm 处
距离为 4mm±1 mm 时达到初凝状态	距离为 6mm±3mm 时达到初凝状态
记录初凝时间单位为 min	记录初凝时间单位为 min，精度为 5min

（4）终凝时间测试过程

中欧标准水泥终凝时间测试过程见表 4-2-9。

中欧标准水泥终凝时间测试过程对比 表 4-2-9

中国标准	欧洲标准
初凝时间测试后的试件，翻转 180°	初凝时间测试后的试件，倒置
在湿气养护箱中养护	盛水容器中加水养护
试模转移至维卡仪固定中心	试模转移至维卡仪固定中心
拧紧螺丝 1s～2s 后，使试针垂直沉入	拧紧螺丝 1s～2s 后，使试针垂直插入
试针沉入试体 0.5mm 时，为终凝状态	停止贯入或松开螺丝 30s 时，记录距离
临近终凝时间时，每隔 15min 测定一次；每次贯入距离模具边缘不少于 10mm	每次贯入距离模具边缘不少于 8mm 或两次相互间隔不小于 5mm 处，最后一次测试间隔不小于 10mm；试针沉入试体 0.5mm 时，为终凝状态
记录终凝时间，单位为 min	记录终凝时间，单位为 min，精度为 15min

（5）安定性测试过程

中欧标准安定性测试过程有些许差别，中国标准湿气养护箱养护时间 24h±2h；欧洲标准湿气养护箱养护时间 24h±30min，且在试验过程中提示试验人员在处理热样品时应小心，防止烫伤。

3. 试验结果处理

欧洲标准规定试杆距离底板的距离为 6mm±2mm 时的用水量（精确到 0.5%）为标准净浆稠度用水量。中国标准规定，试杆距离玻璃底板的距离为 6mm±1mm 时的用水量为标准净浆稠度用水量。

对于初凝状态的判断，中欧标准出现了明显的差别，欧洲标准规定初凝针距离底板的距离为 6mm±3mm 时为初凝状态，中国标准则规定初凝针距离底板的距离为 4mm±1mm 时为初凝状态。对于终凝状态的判断，中欧标准均以终凝试针沉入试体 0.5mm 时为终凝状态。

欧洲标准规定不同水泥的雷氏夹法 C-A 值不同，若膨胀超出水泥的规格限制，则应重新测定。中国标准规定 C-A 值不大于 5.0mm，则认为该水泥安定性合格。

4.2.3 火山灰质水泥火山灰活性测定

中国标准对于火山灰质水泥火山灰活性测定方法的标准为《用于水泥中的火山灰质混合材料》GB/T 2847—2005，该标准主要规定了火山灰质混合材料的术语和定义、分类、技术要求、试验方法、检验规则、运输和贮存等。欧洲标准火山灰质水泥火山灰活性测定方法为《水泥试验方法—第 5 部分：火山灰质水泥火山灰活性测定》EN 196-5：2011，该标准主要包括火山灰活性测试原理、试验要求、水泥试样制备、试剂、仪器、溶液标定、试验步骤、试验结果分析等一系列规定，并特别注明该标准不适用于波特兰火山灰水泥或火山灰的测定试验。

1. 仪器设备

表 4-2-10 为中欧标准中火山灰活性测试所用设备。欧洲标准中加入测试吸光度的仪器、搅拌器和 pH 计，且对称量玻璃器皿的容量进行了详细的规定。

中欧标准试验仪器设备对比　　　　　　　　表 4-2-10

中国标准	欧洲标准
500mL 塑料瓶、粗颈漏斗、25mL 和 50mL 移液管、洗耳球、300mL 磨口锥形瓶、400mL 烧杯、250mL 容量瓶、50mL 酸式滴定管、50mL 碱式滴定管、天平、恒温箱	500mL 圆筒形聚乙烯容器、宽颈漏斗、陶瓷布氏漏斗、滤纸、250mL 真空瓶、250mL 和 400mL 的烧杯、50mL 和 100mL 移液管、50mL 量管、恒温设备、500mL 和 1000mL 容量瓶、250mL 锥形瓶、天平、测量吸光度的仪器、搅拌器、pH 计、量筒

2. 试验步骤

中欧标准火山灰活性测试方法的试验步骤基本相同，均为溶解过滤待测样品、测试滤液中 OH^- 含量、测试滤液中氧化钙浓度。

对于溶解过滤待测样品，中欧标准略有不同，其一，中国标准称取的待测样品为 20g，欧洲标准称取的待测样品为 $20g\pm0.01g$；其二，中国标准将装有待测样品的塑料瓶放入 $40℃\pm1℃$ 的恒温箱中恒温 1h，欧洲标准只是将装有待测样品的塑料瓶放入恒温箱大约 1h，并未提及恒温箱温度。

(1) 测定 OH^- 浓度

关于 OH^- 含量测试方法，中欧标准略有不同。

中国标准：吸取 25.00mL 滤液并放入 300mL 锥形瓶中，加水稀释至约 100mL，加入甲基橙溶液 1 滴，用 0.1mol/L 盐酸溶液滴定至溶液呈橙红色。

欧洲标准：将 50mL 的滤液移至 250mL 的烧杯中，加入 5 滴甲基橙指示剂并使用 0.1mol/L 稀盐酸测定 pH，溶液由黄变橙时为滴定终点。

关于计算 OH^- 浓度的公式，中欧标准有不同之处：

中国标准 OH^- 含量计算：

$$X_{OH^-}=40\times C(HCl)\times V_4 \tag{4-2-1}$$

式中：X_{OH^-}——OH^- 含量，单位为 mmol/L；

　　　$C(HCl)$——盐酸溶液浓度，单位为 mol/L；

　　　V_4——盐酸溶液消耗的体积，单位为 mL；

　　　40——25mL 滤液换算为 1000mL 的比值。

欧洲标准 OH^- 含量计算：

$$[OH]^-=\frac{1000\times0.1\times V_3\times f_2}{50}=2\times V_3\times f_2 \tag{4-2-2}$$

式中：V_3——用于滴定 0.1mol/L 盐酸溶液的体积，单位为 mL；

　　　f_2——0.1mol/L 盐酸溶液的因子。

(2) 测定氧化钙浓度

中欧标准关于氧化钙浓度的测定方法也不相同。

中国标准：吸取 25.00mL 溶液并放入 400mL 烧杯中，滴加盐酸溶液（1+1）（此处代表盐酸与水的体积比为 1∶1）使溶液呈酸性（用广范围试纸检验），加水稀释到约 250mL，加入三乙醇胺（1+2）（此处代表三乙醇胺与水的体积比为 1∶2）1mL，再加入适当的 CMP 混合指示剂，在搅拌下加入氢氧化钾溶液（200g/L）至出现绿色荧光后，再过量5mL～8mL，用0.015mol/L乙二胺四乙酸二钠（EDTA）标准溶液滴定至绿色荧光消失并呈现红色。

欧洲标准：使用NaOH溶液调整上一步测定OH^-浓度的剩余溶液，使其pH值至12.5±0.2，使用pH计测定。使用0.3mol/L的EDTA溶液滴定，滴定方法为吸光度测定指示滴定终点法或目视确定终点指标法。

以下为中欧标准中关于氧化钙浓度计算方法的不同之处：

中国标准氧化钙浓度计算：

$$X_{CaO}=\frac{40\times T_{CaO}\times V_5}{56.08}$$ （4-2-3）

式中：X_{CaO}——氧化钙含量，单位为mmol/L；

T_{CaO}——EDTA标准溶液对氧化钙的滴定度，单位为mg/mL；

V_5——EDTA标准溶液消耗的体积，单位为mL；

56.08——氧化钙的摩尔质量，单位为g/mol；

40——25mL滤液换算为1000mL的比值。

欧洲标准氧化钙浓度计算：

$$[CaO]=\frac{1000\times 0.03\times V_4\times f_1}{50}=0.6\times V_4\times f_1$$ （4-2-4）

式中：V_4——用于滴定的EDTA溶液体积，单位为mL；

f_1——EDTA溶液的因子。

3. 试验结果处理

中欧标准的试验结果均以OH^-含量为横坐标、以氧化钙浓度为纵坐标绘制曲线图，见图4-2-3和图4-2-4。结果分析相同：当绘制的点低于图中氧化钙离子的饱和浓度时，则认为该混合材料火山灰活性试验合格，当绘制点落于图中曲线上方或曲线上，则需要重做试验。

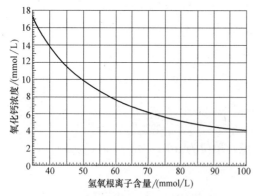

图4-2-3 中国标准中火山灰活性测试
结果分析图（GB/T 2847 图 A.1）

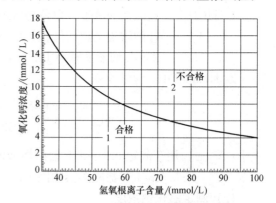

图4-2-4 欧洲标准中火山灰活性
测试结果分析图（EN 196-5 图1）

4.2.4 水泥细度测定

欧洲标准对水泥的细度测定标准为《水泥试验方法—第6部分：细度测定》EN 196-

6：2018 给出了三种测定水泥细度的方法：筛分法、喷气式筛分法、透气法（勃氏法）。筛分法仅用于存在粗颗粒的水泥，主要适用于检查和控制生产过程；喷气式筛分法测量筛余物，适用于能通过 2.0mm 试验筛的颗粒，可用于测定精细颗粒团聚体的粒径分布，可使用一系列筛孔尺寸的试验筛，如 $63\mu m$ 和 $90\mu m$；透气法（勃氏法）通过与参考水泥样品比较，测量比表面积，主要目的是检查同一家工厂粉磨加工的一致性，仅能有限地评估所用水泥的特性。

中国标准对水泥细度的测定标准为《水泥细度检验方法　筛析法》GB/T 1345—2005 和《水泥比表面积测定方法　勃氏法》GB/T 8074—2008。《水泥细度检验方法　筛析法》GB/T 1345—2005 给出了水泥细度测定方法：筛析法，其中包括手工筛析法、水筛法、负压筛析法。《水泥比表面积测定方法　勃氏法》GB/T 8074—2008 给出了水泥细度测定方法：勃氏法。中欧标准水泥细度检验方法基本相同，适用的范围也大致相同，无明显差别。

1. 仪器设备

（1）试验筛

中欧标准筛分法试验筛结构要求基本相同，但试验筛尺寸存在细微差别。欧洲标准规定使用的试验筛公称直径 150mm～200mm，深 40mm～100mm，配有编织不锈钢网筛布（如 $90\mu m$）或其他耐磨抗腐蚀金属丝。中国标准则分为负压筛、水筛和手工筛三种，对于三种筛子的尺寸要求也不同。

（2）筛析仪

中欧标准用筛析仪对比见表 4-2-11。

中欧标准用筛析仪对比　　　　　　　　　　　　　　表 4-2-11

对比内容	中国标准	欧洲标准
仪器	负压筛析仪	喷气式筛分仪
仪器组成	筛座、负压筛、负压源和收尘器	外罩、筛盘、筛筒、筛、盖子、空气喷嘴、狭缝喷头、带除尘罩的压力表插座
压力范围	4kPa～6kPa	2kPa～2.5kPa
试验筛	外径为 160mm，内径为 150mm，底为 142mm，高为 25mm，筛孔为 $45\mu m$ 和 $80\mu m$	直径 200mm，筛孔尺寸 $63\mu m$ 和 $90\mu m$

（3）勃氏比表面积测定仪

中欧标准所用勃氏比表面积测定仪均由穿孔板、捣器、透气圆筒、U 型压力计组成，结构和尺寸基本相同，但中国标准对尺寸的精度要求更高，欧洲标准中 U 型压力计有四条刻度线，且多了一节橡胶管和吸引器气囊作为抽吸装置，中国标准 U 型压力计只有三条刻度线。

2. 试验步骤

（1）细度

中国标准手工筛析法与欧洲标准筛分法的试验步骤基本相同，中国标准对手工筛分法的步骤要求得更加详细，$80\mu m$ 筛析试验称取水泥 25g；$45\mu m$ 筛析试验称取水泥 10g，精确到 0.01g，欧洲标准对步骤要求得比较笼统，不详细，称取水泥 25g±0.5g，精确到 0.01g。

中国标准负压筛析法与欧洲标准喷气式筛分法的试验步骤基本相同，中国标准采用筛析仪筛析 2min 后称取筛余物，精确至 0.01g。欧洲标准筛分 5min 后称取筛余物，然后将筛重新装配至仪器中，并将所有残余物转移回筛网。重复称量和筛分阶段，直到达到筛分终点为止，并记录终点处的质量，精确至 0.01g。筛分终点定义为在 3min 内过筛物的质量不超过原始试验部分质量的 0.2%。

(2) 比表面积

中欧标准勃氏法的试验步骤基本相同，但中国标准的时间记录为第一条刻度线到第二条刻度线的时间，记录时间 T，精确到 0.5s，记录温度，精确到 1℃。试验进行 2 次，P·Ⅰ、P·Ⅱ 水泥的空隙率采用 0.500±0.005，其他水泥或粉料的空隙率选用 0.530±0.005；欧洲标准的时间记录为第二条刻度线到第三条刻度线的时间，记录时间 t，精确到 0.2s，记录温度，精确到 1℃。试验进行 4 次，在温度 20℃±2℃ 且相对湿度不超过 65% 的室内进行试验，指定孔隙度 $e=0.500$。此外，欧洲标准注明应注意避免汞溢出或飞溅，并且避免汞接触操作员皮肤和眼睛。

3. 试验结果处理

中欧筛分法或筛析法的结果值都计算至 0.1%，最终结果乘以筛子的修正系数，以两个样品筛析的平均值作为最终结果。

中欧勃氏法的结果值保留至 $10cm^2/g$，中国标准取 2 次试验的平均值作为最终结果，欧洲标准取 4 次试验的平均值作为最终结果。

4.2.5 水泥水化热测定

欧洲标准《水泥试验方法—第 8 部分：水化热-溶解热法》EN 196-8：2010 描述了一种通过溶解热法测定水泥水化热的方法，用每克水泥的焦耳热来表示水化热。该标准适用于任何化学成分组成的水泥和水硬性胶凝材料。

中国涉及水泥水化热测定方法的标准主要为《水泥水化热测定方法》GB/T 12959—2008，分为溶解热法（基准法）和直接法（代用法）两种测试方法，适用于中热硅酸盐水泥、低热硅酸盐水泥、低热矿渣硅酸盐水泥、硅酸盐水泥、普通硅酸盐水泥、矿渣硅酸盐水泥、火山灰硅酸盐水泥、粉煤灰硅酸盐水泥。其中，以溶解热法测定结果更为准确。

中欧标准溶解热法测定水泥水化热的方法原理相同，均为在热量计周围温度一定的条件下，测定未水化的水泥与一定龄期的水化水泥分别在一定浓度的标准酸溶液中的溶解热之差，作为该水泥在该龄期内所放出的水化热。水化水泥的标准水化条件均为：W/C 为 0.40，使用水泥净浆，整个水化过程在 20.0℃±0.1℃（或±0.2℃）恒温水槽条件下进行。

1. 仪器设备和试剂

(1) 试验试剂

中欧标准溶解热法测定水泥水化热所用试验试剂对比见表 4-2-12。

中欧标准溶解热法测定水泥水化热所用试验试剂对比　　　　表 4-2-12

试剂	中国标准要求	欧洲标准要求	异同
氧化锌	在 900℃～950℃ 下灼烧 1h，冷却、研磨至通过 0.15mm 方孔筛。用于热容量标定前，称取约 50g，再在 900℃～950℃ 下灼烧 5min，冷却至室温	在 950℃±25℃ 下灼烧 1h，研磨至通过 0.125mm 筛，干燥器中储存。用于热容量标定前，称取 40g～50g，再在 900℃～950℃ 下灼烧 5min，冷却至室温	基本相同，欧洲标准方孔筛尺寸略小。欧洲标准灼烧温度上限略高

试剂	中国标准要求	欧洲标准要求	异同
水泥	未水化水泥:应通过 0.9mm 方孔筛	未水化水泥:用磁铁将金属铁屑从未水化水泥中移除	中欧标准未水化水泥的处理方式不同
	水化水泥:应通过 0.9mm 方孔筛。由 100g 未水化水泥和 40mL 蒸馏水搅拌 3min 制成,密封后在 20℃±1℃水中养护	水化水泥:由 100.0g±0.1g 未水化水泥和 40.0g±0.1g 蒸馏水或去离子水搅拌 3min 制成,密封后在 20℃±0.2℃水中养护	中欧标准水化水泥的制备方法相同。但中国标准对水泥细度有要求,更细致
硝酸	浓度 2.00mol/L±0.01mol/L	浓度 2.00mol/L±0.01mol/L	相同
氢氟酸	浓度 40%(质量分数)或密度为 1.15g/cm³~1.18g/cm³	浓度 40%(质量分数)	相同
水	符合国标三级水要求,即蒸馏水或去离子水	蒸馏水或去离子水	相同
混合酸	向约 410g 浓度 2.00mol/L±0.01mol/L 的硝酸中添加 8mL 浓度 40%的氢氟酸,使溶液总质量达到 425g±0.1g	向每 100.0g 浓度 2.00mol/L±0.01mol/L 的硝酸中添加 2.760g 浓度 40%的氢氟酸或向 100.0mL 硝酸中添加 2.600mL 氢氟酸	浓度本质相同,表达方式不同

由表 4-2-12 可知,中欧标准溶解热法测定水泥水化热所用的试验试剂种类和浓度均相同,均为氧化锌、水泥、水、硝酸和氢氟酸制备的混合酸。此外,中国标准对水泥进行了过筛预处理,试验操作更精细,欧洲标准未要求水泥过筛处理,但对于未水化水泥,欧洲标准则要求除铁操作。

(2) 仪器设备

中欧标准均采用溶解热法测定仪测定水泥水化热,其主要部件相同(图 4-2-5、

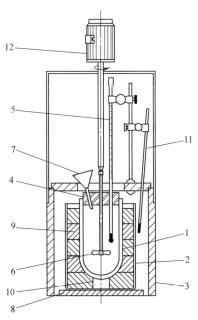

图 4-2-5　欧洲标准溶解热法测定仪组成

1—保温瓶;2—容器;3—盒子;4—塞子;5—温度计;6—搅拌器;7—漏斗;

8—支撑物;9—隔热材料;10—瓶支架;11—环境温度计;12—搅拌器电机

图 4-2-6），均由保温瓶、温度计、搅拌装置、恒温水槽、漏斗等组成，但在细微的组成方面有差别，中国标准溶解热法测定仪设计更为复杂，功能更加全面，操作方便简单。

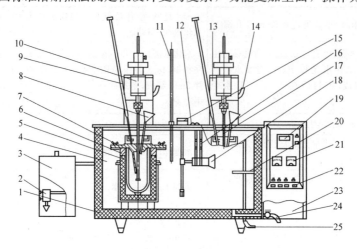

图 4-2-6　中国标准溶解热法测定仪组成

1—水槽壳体；2—电机冷却水泵；3—电机冷却水箱；4—恒温水槽；5—试验内筒；6—广口保温瓶；
7—筒盖；8—加料漏斗；9—贝氏温度计或量热温度计；10—轴承；11—标准温度计；
12—电机冷却水管；13—电机横梁；14—锁紧手柄；15—循环水泵；16—支架；
17—酸液搅拌棒；18—加热管；19—控温仪；20—温度传感器；21—控制箱面板；
22—自锁按钮开关；23—电气控制箱；24—水槽进排水管；25—水槽溢流管

中欧标准溶解热法测定水泥水化热的仪器设备及参数对比见表 4-2-13。

中欧标准溶解热法测定水泥水化热的仪器设备及参数对比　　　表 4-2-13

仪器设备	中国标准要求	欧洲标准要求	异同
天平	2 台：量程不小于 200g，分度值为 0.001g；量程不小于 600g，分度值为 0.1g	2 台：量程为 2kg，精确到 ±0.2g；分析天平，精确到 ±0.0001g	精度略有区别
试验筛	2 个：筛孔尺寸 0.15mm、0.60mm	2 个：筛孔尺寸 0.125mm、0.60mm	基本相同，欧洲标准方孔筛尺寸略小
漏斗	2 个：曲颈玻璃加料漏斗和直颈加酸漏斗，漏斗尺寸有具体说明	耐混合酸的塑料制成，尺寸未具体说明	中国标准分别针对氧化锌和混合酸有单独的漏斗，欧洲标准中仅有 1 个漏斗，中国要求更精细
研磨设备	钢或铜材研钵、玛瑙研钵各一个	研磨机或电磨机	欧洲标准侧重机器研磨，中国标准侧重手工研磨，欧洲标准研磨方式更先进
量热温度计	量程为 14℃～20℃，精度为 0.01℃	量程为 5℃～6℃，精度为 0.01℃	精度相同，中国标准量程更大
搅拌装置	搅拌棒直径 6.0mm～6.5mm，总长约 280mm，下端装有两片略带轴向推进作用的叶片，插入酸液部分由耐氢氟酸材料制成	耐氢氟酸材料制成，下端两片叶片，转速为 450r/min ± 50r/min，电机额定功率低	中国标准对搅拌棒尺寸有明确规定，但未规定转速。欧洲标准未对搅拌棒尺寸作说明

续表

仪器设备	中国标准要求	欧洲标准要求	异同
水泥水化试样瓶	容量约 15mL	容量约 20mL	欧洲标准容量略大
计时表	秒表	秒表	相同
铂金坩埚	2个:容量约 30mL	2个:容量约为 20mL	材质相同,中国标准的容量略大
高温炉	900℃～950℃	950℃±25℃	基本相同,欧洲标准高温炉温度上限略高
水浴槽	20.0℃±0.1℃	20.0℃±0.2℃	基本相同,精度略微不同
其他	磨口称量瓶、分度值为 0.1℃的温度计、放大镜、时钟、干燥器、容量瓶、吸液管、石蜡、量杯、量筒等	—	中国标准辅助装置或工具更多

由表 4-2-13 可知,中欧标准溶解热法测定水泥水化热的仪器设备基本相同,但中国的仪器设备种类更多、规定更明确,与欧洲标准区别较大之处在于研磨设备。欧洲标准要求采用研磨机或电磨机进行研磨,中国采用研钵进行研磨,欧洲侧重的机器研磨较中国的手工研磨更能保障水泥试样的细度,且有利于提高试验效率。

2. 试验步骤

中欧标准溶解热法测定水泥水化热的试验步骤对比见表 4-2-14。

中欧标准溶解热法测定水泥水化热的试验步骤对比 表 4-2-14

试验步骤	中国标准要求	欧洲标准要求	异同
热量计标定	1. 完成设备准备工作,制备混合酸,总质量 425g±0.1g。 2. 搅拌混合酸 20min,读取酸液温度,此后每隔 5min 读一次酸液温度,直至连续 15min,每 5min 上升的温度差值相等时为止。记录最后一次酸液温度,即初测读数 θ_0。 3. 之后立即加入 7g±0.001g 灼烧过筛后的氧化锌,加料过程须在 2min 内完成。 4. 记录初测读数起 20min、40min、60min、80min、90min、120min 时贝氏温度计或热量温度计的读数。 5. 计算校正温升、热容量	1. 完成设备准备工作,制备混合酸,混合酸/氧化锌的质量比为 60±1。 2. 先搅拌混合酸 40min～50min。当升温速率恒定时,开始计时,并记录初始温度 $\overline{T}_{-15}$。15min 后记录温度 $\overline{T}_0$。 3. 之后加入灼烧过筛后的氧化锌,加料过程须在 1min 内完成。 4. 搅拌 30min,记录温度 $\overline{T}_{30}$ 和环境温度 $\overline{T}_a$(如果 $\overline{T}_a$ 和 $\overline{T}_{30}$ 之差小于 0.5℃,则重复试验)。在试验完毕 15min 后记录最终温度 $\overline{T}_{45}$。(注:每个规定的时间需读取前后 2min 的 5 个读数) 5. 计算校正温升、热漏泄系数、热容量	基本相同。中欧标准混合酸的浓度、氧化锌的加料量本质相同,仅表达方式不同,中国标准更具体,可操作性更强。但中欧标准搅拌时间不同,且欧洲标准多了热漏泄系数计算

续表

试验步骤	中国标准要求	欧洲标准要求	异同
未水化水泥溶解热测定	1. 先完成设备准备工作和初测期试验,记录初测温度 θ'_0。 2. 准备 4 份 3g±0.001g 未水化水泥,其中 2 份分别加入混合酸液,按水泥品种确定的距初测温度的第一次和结束时读数的相隔时间 a 和 b(即溶解期测读温度的时间),读取贝氏温度计读数 θ_a 和 θ_b。 3. 剩余 2 份于 900℃～950℃下灼烧 90min 后冷却,称重,取平均值,如质量差大于 0.0003g,应补做。 4. 计算校正温升、溶解热,取两次溶解热测定结果的平均值。结果保留至 0.1J/g。 5. 当两次测定值相差大于 10J/g,应再做一次,如仍不满足要求,应重做试验	1. 先完成设备准备工作和初测期试验,记录初测温度 $\overline{T}_{-15}$。15min 后记录温度 $\overline{T}_0$。 2. 按混合酸/试样的质量比为 140±2 来称量未水化水泥用量,精确至 ±0.0001g。 3. 加入未水化水泥试样,搅拌 30min,记录温度 $\overline{T}_{30}$。试验完毕 15min 后记录最终温度 $\overline{T}_{45}$。 4. 计算校正温升、溶解热,取两次溶解热测定结果的平均值。结果保留至 0.1J/g。 5. 当两次测定值相差大于 14J/g,应再做一次,如仍不满足要求,应重做试验	基本相同,但中国标准不同品种的水泥溶解期测读温度的时间不同,且较欧洲标准多准备了灼烧试样,对试验可重复性的要求也较高
水化水泥溶解热测定	1. 制备水化水泥试样:由 100.0g±0.1g 未水化水泥和 40.0g±0.1g 蒸馏水或去离子水搅拌 3min 制成,分两等份或更多份装入试样瓶,密封后在 20℃±0.2℃水中养护。 2. 完成设备准备工作和初测期试验,记录初测温度 θ'_0。 3. 从养护水中取出 1 份达到龄期的水化水泥试样,捣碎研磨至全部通过 0.6mm 方孔筛,放入称量瓶。捣碎至放入称量瓶不超过 10min。 4. 称出 4 份质量为 4.2g±0.05g 试样,放在湿度大于 50% 的密闭容器中,于 20min 内进行试验。2 份测溶解热、2 份灼烧,后续操作同未水化水泥	1. 制备水化水泥试样:由 100.0g±0.1g 未水化水泥和 40.0g±0.1g 蒸馏水或去离子水搅拌 3min 制成,装入试样瓶,密封后在 20℃±0.2℃水中养护。 2. 完成设备准备工作和初测期试验,记录初测温度。 3. 从养护水中取出试样瓶中达到龄期的水化水泥试样,捣碎(快速压碎机操作 45s±15s 压碎)、研磨至全部通过 0.6mm 方孔筛,放入称量瓶。从取出捣碎不超过 15min。 4. 称取 3 份试样,用于热量测定和化合水测定。测定溶解热的水化水泥试样数量要比未水化试样的量多 40%,具体数量由化合水校正步骤测得(即灼烧,也可为化学分析或 X 射线分析测氧化钙含量来校正化合水)。后续操作同未水化水泥	基本相同,但中欧标准水化水泥试样的破碎研磨方式和时间不同,欧洲的方式更先进。且欧洲标准化合水校正的方法较中国更多
水化热结果计算	$$q=q_1-q_2+0.4(20-t'_a)$$ q_1——未水化水泥的溶解热; q_2——水化水泥的溶解热; t'_a——未水化水泥溶解期第一次测读数 θ'_0 加贝氏温度计 0℃时相应的温度; 0.4——溶解热的负温比热容。 水化热计算结果保留至 1J/g。	$$H_i=\overline{Q}_a-\overline{Q}_i$$ $\overline{Q}_a$——未水化水泥的溶解热; $\overline{Q}_i$——水化水泥的溶解热。 水化热计算结果修约至 1J/g。 在同一试验室中相同水泥试样的两次试验结果相差不得超过 22J/g	基本相同,欧洲标准对试验结果的可重复性有要求

由表 4-2-14 可知,中欧标准溶解热法测定水泥水化热的试验步骤基本相同,但也存在少量不同之处。

相同之处：

1）均需依次进行热量计标定、未水化水泥溶解热测定、水化水泥溶解热测定等步骤，且溶解热测定步骤均为先测定初测温度，再加入试样，测定溶解期温度，最后计算校正温升和溶解热。

2）中欧标准中热量计标定用氧化锌、混合酸、未水泥水化试样、水泥水化试样的质量本质上相同，仅表达方式不同。中国标准直接规定物质的质量，欧洲标准则规定的不同物质间的质量比，如混合酸/氧化锌的质量比为 60±1，混合酸/试样质量的比值为 140±2 等，中国标准更直接、明确，可操作性更强。

不同之处：

1）在热量计标定时，中欧标准中混合酸的搅拌时间不同，中国标准要求搅拌 20min，欧洲标准要求搅拌 40min～50min；氧化锌溶解期测读时间间隔不同，中国标准要求需记录初测读数起 20min、40min、60min、80min、90min、120min 时温度计的温度，欧洲标准要求则仅需记录初测读数起 30min、45min 时温度计的读数，但每个规定的时间需读取前后 2min 的 5 个读数取平均值。此外，欧洲标准考虑了热量损失问题，多了热泄漏系数计算。

2）中国标准中对不同品种的水泥溶解期测读温度的时间间隔作了规定，见表 4-2-15，欧洲标准中未区分水泥品种，且水泥溶解期测读时间均为 30min 和 45min 时。

中国标准中不同品种水泥测读温度的时间　　　　表 4-2-15

水泥品种	距初测期温度的相隔时间/min	
	溶解期第一次测读	溶解期结束时测读
硅酸盐水泥 中热硅酸盐水泥 低热硅酸盐水泥 普通硅酸盐水泥	20	40
矿渣硅酸盐水泥 低热矿渣硅酸盐水泥	40	60
火山灰硅酸盐水泥	60	90
粉煤灰硅酸盐水泥	80	120

注：在普通水泥、矿渣水泥、低热矿渣水泥中掺有大于 10%（质量分数）火山灰质或粉煤灰时，可按火山灰质水泥或粉煤灰水泥规定的测读期。

3）未水化水泥溶解热测定中，中国标准要求称取 2 份未水化水泥试样用作灼烧，欧洲标准未要求；且中国标准对试验可重复性的要求也较高，当两次测定值相差大于 10J/g，应再做一次试验验证，欧洲标准则要求当两次测定值相差大于 14J/g，应再做一次试验。

4）水化水泥溶解热测定中，中欧水化水泥试样的破碎研磨方式和时间不同，欧洲标准要求采用快速压碎机操作 45s±15s 压碎后研磨，中国标准要求采用研钵进行手工研磨。欧洲标准的方式更先进，更能保障水泥试样的细度，且有利于提高试验效率。此外，欧洲标准化合水校正的方法较中国标准更多，可通过灼烧或采用化学分析或 X 射线分析测氧化钙含量来校正。

3. 试验结果处理

中欧标准中水泥水化热结果计算均为未水化水泥与水化水泥试样的溶解热之差，且水化热计算结果保留至1J/g。但中国标准中还考虑了有无热量损失的因素,见表4-2-14。欧洲标准则对水泥水化热计算结果的准确性和可重复性进行了规定,在同一试验室中相同水泥试样的两次试验结果相差不得超过22J/g。

综上所述,中欧标准溶解热法测定水泥水化热的原理相同,仪器设备、试剂和试验步骤基本相同,但也存在少量区别,如混合酸的搅拌时间、水化水泥试样的破碎研磨方式和时间、不同品种的水泥溶解期测读温度的时间不同等。中国标准在参照了欧洲标准的基础上进行了改进,仪器设备种类更多,试剂用量规定更具体,试验可操作性更强。

4.2.6 水泥的取样和制备方法

欧洲水泥试样的取样方法标准为《水泥试验方法—第7部分:水泥试样的取样和制备方法》EN 196-7:2007,其内容包括:水泥试样取样所遵循的规定,水泥试样的取样设备、取样方法,以及检验评估水泥试样的品质等。适用于以下几种水泥样品:①要求随时评估水泥是否符合标准的要求;②根据同一种标准规定检查同一批次的水泥样品。该标准适用于欧洲水泥标准定义的所有类型的水泥取样:①装在筒仓中的样品;②装在袋子、罐、桶或任何其他包装中的样品;③用道路车辆、铁路车皮、船舶等成批运输的样品。

中国水泥试样的取样方法涉及的主要标准为《水泥取样方法》GB/T 12573—2008,主要规定了出厂水泥取样的方法和定义、取样工具、取样部位、取样步骤、取样量和样品制备与试验等,适用于出厂水泥的取样。与此同时,《通用硅酸盐水泥》GB 175—2007规定了通用硅酸盐的术语和定义、分类、组分与材料、强度等级、技术要求、试验方法、检验规则和包装、标志、运输与贮存等。中欧标准水泥术语定义对比见表4-2-16。

中欧标准水泥术语定义对比

表4-2-16

欧洲标准的要求	定义	中国标准的要求	定义
批次	在设定统一的条件下生产一定量的水泥	检查批	为实施抽样检查而汇集起来的一批同一条件下生产的单位产品
子样	所用取样设备单次操作所取的水泥量	单样	由某一个部位取出的适量的水泥样品
试样	随机或按照取样计划从有关拟定试验的大量水泥(筒仓、库存箱包、货车、卡车等)或固定批次水泥中所取的水泥量。一个试样可能包括一个或多个子样	试验样	从混合样中取出,用于出厂水泥质量检验的一份称为试验样
复合试样	这些试样取自:①不同位置;②不同时间;取自大量相同的水泥,通过充分混合复合的局部试样,必要时还应减少所得混合物的体积,依次制得复合试样	混合样	从一个编号内不同部位取得的全部单样,经充分混匀后得到的样品
试验室试样	通过充分混合制得的试样,必要时通过减少较大试样(局部试样或复合试样)的体积获得,并用于试验室进行试验	试验样	从混合样中取出,用于出厂水泥质量检验的一份称为试验样
重复试验试样	在试验室样品中存在怀疑或有争议的试验结果时,要保存样品以便以后进行测试	分割样	在一个编号内按1/10编号取得的单样,用于匀质性试验的样品
留样	定期从交付的水泥中系统性抽样并进行留存试样,必要时应当着所有相关方的面进行取样,以便在存有疑问或争议的后续问题上进行测试	封存样	从混合样中取出,用于出厂水泥质量检验的一份试验样

由表 4-2-16 可知,欧洲标准与中国标准对于取样的方法存在着不同术语和定义,而取样的目的在于从大量水泥(筒仓、库存箱包、卡车中或指定批次)获取相关方认为能代表水泥量进行质量评估的一份或多份少量水泥。此外,欧洲标准对订单、交运、局部试样进行了定义,这些在中国标准未曾出现,而中国标准增加了自动取样、手动取样、编号、通用水泥等术语和定义。

1. 仪器设备

欧洲标准中取样设备有便携式(长柄勺、管、螺旋取样器等)或永久安装类型(螺杆旋出器或永久固定至容器中的其他设备)。在选择和使用设备时,设备应满足以下要求:①经过各方批准;②采用抗腐蚀的材料,不易与水泥发生反应;③始终保持正常工作状态和干净状态,也应注意确保设备不被其他设备使用的润滑油污染。

对于水泥的取样,欧洲标准通常采用取样管、长柄勺、螺旋取样器,而中国标准通常采用取样管、螺旋取样器和自动取样器。

2. 试验步骤

(1)取样方法

欧洲标准采用的取样方法通常是手工取样法,使用的仪器设备是取样管、长柄勺、螺旋取样器等;而中国标准除了使用以上仪器设备,另外增加了自动取样器和自动取样法。中欧标准水泥取样方法对比见表 4-2-17。

中欧标准水泥取样方法对比

表 4-2-17

中国标准或	取样方法		取样量
欧洲标准	散装水泥	袋装水泥	
中国标准	当所取水泥深度不超过 2m 时,每一个编号内采用散装水泥取样器随机取样,通过转动取样器内管控制开关,在适当位置插入水泥一定深度,关闭控制开关后小心抽出,且每次抽样的单样量应尽量一致	每一个编号内随机抽取不少于 20 袋水泥,采用袋装水泥取样器取样,将取样器沿对角线方向插入水泥包装袋中,用大拇指按住气孔,小心抽出取样管,每次抽取的单样量尽量一致	散装水泥:每 1/10 编号在 5min 内取至少 6kg 袋装水泥:每 1/10 编号从一袋中取至少 6kg
欧洲标准	不能从水泥的顶层或底层取水泥,考虑的层厚至少为 15cm。不在灰尘或污染环境中操作且将收集的水泥转移至干净干燥的密封容器中	试样应从大量袋、桶或容器盛装的水泥中随机选择一个或多个袋、桶或容器盛装的水泥进行检测	保证每份水泥的取样质量达到 5kg,取两份,另一份留样

无论是中国标准还是欧洲标准对于水泥的取样环境作了同样要求,取样不应在污染严重的环境中取样,应在具有代表性的部位进行取样,并且欧洲标准对取样环境做了特殊要求:①环境相对湿度小于 85%;②避免在风、雨、雪或灰尘的影响。此外,中国标准比欧洲标准多出了自动取样法,该方法采用自动取样器取样,该装置一般安装在尽量接近于水泥包装机或散装容器的管路中,从流动的水泥流中取出样品。

(2)取样部位

欧洲标准未注明取样部位,而中国标准则对取样部位作出了要求,一般在以下部位取样:①水泥输送管路中;②散装水泥堆场;③散装水泥卸料处或水泥运输机具上。

(3)水泥的均化

欧洲标准对水泥的均化步骤作出了明确规定,水泥均化需要采用不易与水泥反应的干净、干燥的器具，并且操作时要小心谨慎地使试样均化（最好在试验室中进行）。样品均化应使用合适的搅拌设备。在没有搅拌设备的情况下，采用以下程序对水泥进行均化：将一定量的水泥倾斜倒在干净干燥的织物（或塑料板）上，接着使用铲子小心混合。而中国标准则是在样品制备时过 0.9mm 方孔筛后混合均匀，并未对混合用设备和方法作出明确要求。

(4) 均化试样的划分

欧洲标准对均化后的样品进行了试样划分，通过以下两种程序中的一种划分为要求数量的试验室试样：①使用搅拌机的情况下，可用均化试样直接填充要求数量的容器；②未使用搅拌机的情况下，应通过使用样品缩分器或对拟分配数量四等分后用手勺从每等份中取大约 0.5kg 子样，并连续转移至准备接受试验室试样的容器中，从而制备出要求数量的试验室试样。该操作应持续进行，直到每个容器中获得所需质量的水泥。制作过程中每份试验室试样分配顺序见图 4-2-7。

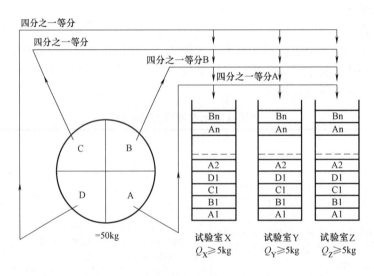

图 4-2-7　欧洲试验室试样制作（EN 196-7 图 1）

首先从 A 取满满一勺，接着从 B 取满满一勺，再从 C 取满满一勺，然后从 D 取满满一勺，依次向 X、Y、Z 等试验室容器分配。这代表了一次分配顺序；重复多次相同的顺序，直到得到所需取样的数量。而中国标准未作出此类要求。

(5) 水泥试样的包装与贮存

欧洲标准与中国标准都要求取得的水泥样品应贮存在密闭容器中，封存样（留样）要加封条。容器应洁净、干燥、防潮、密闭、不易破损并且不影响水泥性能。存放封存样的容器应至少在一处加盖清晰、不易擦掉的标有编号、取样时间、取样地点和取样人的密封印。封存样应密封贮存，贮存期应符合相应水泥标准的规定。试验样与分割样亦应妥善贮存。封存样应贮存于干燥通风的环境中。

除此之外，欧洲标准还要求对于放置在塑料材质容器或袋子中的水泥试样容器须满足以下条件：①制作容器的板材至少 100μm 厚；②任何情况下塑料材料均不得使水泥"掺气"，无论是材料损失或表面处理所致，必要时应通过适当的试验检查是否存在该风险；

③必要时也应提供密封。同时，试样应储存在温度低于 30℃ 的环境中。

　　(6) 样品取样单要求

　　欧洲标准要求样品取样单需注明：①取样负责人的姓名和地址；②客户的姓名和地址（如需收货）；③相关欧洲标准中规定的水泥的完整标准名称；④生产作业的特性；⑤取样地点、日期和时间；⑥试样类型（局部试样或包括 "n" 个局部试样的复合试样）；⑦试样容器上的识别标记。

　　中国标准要求负责取样人员需填写以下内容：①水泥编号；②水泥品种；③强度等级；④取样日期；⑤取样地点；⑥取样人。

4.2.7　总结

　　通过对比分析欧洲 EN 196 系列标准和中国与之相对应的系列标准，发现它们之间有许多相通之处，比如：仪器设备、测试方法以及试验原理，但在仪器设备尺寸、精度、试验操作的细节以及结果判定上存在些许差异。

　　1) 对于水泥胶砂强度测试，除在试验室温度记录、试验用标准砂、胶砂抗折强度的判定上存在较大差别外，其余部分内容基本相同。欧洲标准对于试验操作过程要求得更细致，而中国标准则是对于仪器设备的精度和结果计算处理要求更高。

　　2) 对于水泥标准稠度用水量、凝结时间和安定性的测试方法，其不同之处在于：①对于搅拌机，欧洲标准沿用水泥胶砂搅拌机，中国标准则使用水泥净浆搅拌机；②水泥净浆的拌制步骤存在较大差异，中国标准为 5s～10s 内加入 500g 水泥，低速搅拌 120s、停 15s、高速搅拌 120s，欧洲标准为 10s 内加入 500g 水泥，低速搅拌 90s、停 30s、低速搅拌 90s；③在水泥初凝时间的测定试验中，欧洲标准为 20℃±1℃ 的水中养护，中国标准则使用温度为 20℃±1℃，相对湿度不低于 90% 的湿气养护箱养护；④对于初凝状态的判断，欧洲标准规定初凝针距底板的距离为 6mm±3mm 时为初凝状态，中国标准则规定距底板的距离为 4mm±1mm 时为初凝状态，对于终凝状态的判断，中欧标准均为试针沉入试体 0.5mm 时为终凝状态，单位为 min。

　　3) 对于火山灰水泥的火山灰活性测试标准中，欧洲标准中加入测试吸光度的仪器、搅拌器和 pH 计；对于测定 OH^- 浓度、氧化钙浓度的测试方法和结果计算，中欧标准存在较大差别。

　　4) 水泥细度的测试方法中，欧洲标准主要采用筛分法、喷气式筛分法、透气法（勃氏法），中国标准则采用筛析法（包括手工筛析法、水筛法、负压筛析法）和勃氏法，且勃式法所用仪器存在些微差别。对于试验用筛，欧洲标准只采用一种试验筛，而中国标准则包含负压筛、水筛和手工筛。对于细度测试，欧洲标准主要采用喷气式筛分仪，而中国标准则采用负压筛析仪。在比表面积测试时的时间记录方面也存在一定差别，中国标准的时间记录为第一条刻度线到第二条刻度线的时间，欧洲标准则为第二条刻度线到第三条刻度线的时间。

　　5) 中欧标准溶解热法测定水泥水化热的原理相同，仪器设备、试剂和试验步骤基本相同，但也存在少量差别，如混合酸的搅拌时间、水化水泥试样的破碎研磨、水泥溶解期测读温度的时间不同等。在水化水泥试样的破碎研磨方面，欧洲标准采用快速压碎机操作 45s±15s 压碎后研磨，中国标准采用研钵进行手工研磨，欧洲标准的方式更先进，更能保障水泥试样的细度，且有利于提高试验效率。在水泥溶解期测读温度的时间方面，中国标准对不同品种的水泥溶解期测读温度的时间间隔有不同的规定，欧洲标准则未做区分。综合来看，中国标准在参照了欧洲标准的基础上进行了改进，仪器设备种类更多，试剂用量规定更具体，试验可操作性更强。

6）在水泥试样的取样方法中，中欧标准取样设备、取样量、不同类型（散装或袋装）水泥的取样方法差别较大，欧洲标准以手动取样为主，中国标准还附加有自动取样，且欧洲标准对于取样人员的防护措施作了明确要求。此外，欧洲标准对于盛装水泥的容器材质、水泥类型、铭牌的基本信息规定更具体。

综上所述，中国标准与欧洲标准对于水泥性能的测试方法均具有各自独特的优势和侧重点，但是欧洲标准对于试验操作的严谨性值得中国借鉴。

4.3 中欧粉煤灰标准对比研究

4.3.1 标准设置

欧洲标准中涉及粉煤灰定义和要求的标准为：《混凝土用粉煤灰—第 1 部分：定义、规定和合格标准》EN 450-1：2012，粉煤灰试验方法标准为：《粉煤灰试验方法—第 1 部分：游离氧化钙含量测定》EN 451-1：2017，《粉煤灰试验方法—第 2 部分：细度测定（湿筛法）》EN 451-2：2017。欧洲标准中粉煤灰的定义为：煤燃烧的烟气中采集的细灰，主要为球状玻璃体，含或不含混合燃烧物，具有一定的火山灰活性，主要成分为 SiO_2 和 Al_2O_3，其中活性 SiO_2 不少于 25%。

中国对应的粉煤灰标准为《用于水泥和混凝土中的粉煤灰》GB/T 1596—2017 和《粉煤灰混凝土应用技术规范》GB/T 50146—2014，其主要参考美国标准《用于波特兰水泥混凝土中的矿物掺合料—粉煤灰、未煅烧或煅烧天然火山灰》ASTM C618—2003 和日本标准《混凝土用粉煤灰》JIS A 6201—1999。中国标准中粉煤灰的定义为：电厂煤粉炉烟道气体中收集的粉末。中欧粉煤灰标准设置对比见表 4-3-1。

中欧粉煤灰标准设置对比　　　　　　　　　　　　　　表 4-3-1

中国标准或欧洲标准	粉煤灰	
	定义和要求标准	试验方法标准
中国标准	《用于水泥和混凝土中的粉煤灰》GB/T 1596—2017　《粉煤灰混凝土应用技术规范》GB/T 50146—2014	《水泥标准稠度用水量、凝结时间、安定性检验方法》GB/T 1346—2011　《水泥胶砂流动度测定方法》GB/T 2419—2005　《水泥化学分析方法》GB/T 176—2017　《水泥胶砂强度检验方法（ISO 法）》GB/T 17671—1999
欧洲标准	《混凝土用粉煤灰—第 1 部分：定义、规定和合格标准》EN 450-1：2012	《水泥试验方法—第 1 部分：强度的测定》EN 196-1：2016　《水泥试验方法—第 2 部分：水泥化学分析》EN 196-2：2013　《粉煤灰试验方法—第 1 部分：游离氧化钙含量测定》EN 451-1：2017　《粉煤灰试验方法—第 2 部分：细度测定（湿筛法）》EN 451-2：2017

由上可知，中欧粉煤灰标准设置的不同之处有：

1）中国标准主要参考美国标准和日本标准，与欧洲标准存在一定的差异；

2）中国标准只阐述了粉煤灰的来源，并未作其他说明，欧洲标准对粉煤灰的定义更为详细，阐述了其来源、成分及所具有的特性，具有较好的指导意义；

3）欧洲标准体系结构分明，有一定的规律性，如试验方法标准均包含在 EN 196 系列和 EN 451 系列中；中国标准体系结构较零散，标准号大相径庭且无一定的规律，使得难以掌握标准总体框架体系，如粉煤灰安定性、胶砂流动度、化学分析等检验分别参考标准《水泥标准稠度用水量、凝结时间、安定性检验方法》GB/T 1346—2011、《水泥胶砂流动度测定方法》GB/T 2419—2005、《水泥化学分析方法》GB/T 176—2017，标准号间的关联性不强。

4.3.2　标准适用范围

欧洲标准《混凝土用粉煤灰—第 1 部分：定义、规定和合格标准》EN 450-1：2012 包括粉煤灰应用于砂浆、混凝土、预制结构混凝土时的应用规范；

中国标准《用于水泥和混凝土中的粉煤灰》GB/T 1596—2017 则包括粉煤灰用于制备水泥、砂浆及混凝土的应用规范。

不同之处为：中国标准的适用范围更广，不仅包括粉煤灰应用于砂浆、混凝土的应用规范，还包括粉煤灰用于水泥生产中混合材料的应用规范。

4.3.3　粉煤灰分类

中欧标准粉煤灰的分类依据和分类方式存在较大的差异，见表 4-3-2。

中欧标准粉煤灰的分类依据和分类方式对比　　　　表 4-3-2

分类依据	中国标准		欧洲标准	
	等级	指标要求	等级	指标要求
烧失量	Ⅰ	≤5%	A	≤5%
	Ⅱ	≤8%	B	≤7%
	Ⅲ	≤15%	C	≤9%
细度	—		N 类	筛余不超过 40%，且误差范围在 10% 以内
	—		S 类	筛余不超过 12%
含钙量	F 类	无烟煤/烟煤煅烧收集的粉煤灰（即低钙灰）	V 类（硅质粉煤灰）	CaO<10%
	C 类	褐煤/次烟煤收集的粉煤灰 CaO>10%（即高钙灰）	W 类（钙质粉煤灰）	CaO>10%

欧洲标准中，当粉煤灰用于混凝土和砂浆中时，根据其烧失量，将粉煤灰分为三类：A 类、B 类、C 类，其技术指标要求详见本节 4.3.4；根据细度，将粉煤灰分为两类：N 类和 S 类。当粉煤灰用作水泥活性混合材时，根据其含钙量，将粉煤灰分为两类：V 类（硅质粉煤灰）和 W 类（钙质粉煤灰）。

中国标准中，根据技术要求，将粉煤灰分为三个等级：Ⅰ级、Ⅱ级、Ⅲ级，其技术指标要求详见本节 4.3.4；根据来源煤种（即含钙量），将粉煤灰分为两类：F 类和 C 类。

综上所述，中欧粉煤灰标准中，相同之处为：当粉煤灰用作水泥活性混合材时，粉煤灰均应按含钙量分类，欧洲标准中的 V 类（硅质）粉煤灰对应中国标准中的 F 类粉煤灰（低钙灰）；W 类（钙质）粉煤灰对应中国标准中的 C 类粉煤灰（高钙灰）。

不同之处为：分类依据不同，欧洲标准中分类依据为具体技术要求，如烧失量、细度，中国标准中分类依据为含钙量和技术等级。类别用途不同，有的欧洲标准中粉煤灰类别仅适用于混凝土中的粉煤灰，有的欧洲标准中粉煤灰类别仅适用于水泥活性混合材，中国标准中粉煤灰按含钙量分类，既适用于混凝土中的粉煤灰，也适用于水泥活性混合材用粉煤灰。

4.3.4 混凝土和砂浆用粉煤灰化学性能要求

中欧标准混凝土和砂浆用粉煤灰化学性能指标对比见表 4-3-3。

中欧标准混凝土和砂浆用粉煤灰化学性能指标对比　　　　表 4-3-3

项目		中国标准			欧洲标准			异同
		Ⅰ级	Ⅱ级	Ⅲ级	A类	B类	C类	
烧失量/%	F类	≤5.0	≤8.0	≤10.0	≤5.0	≤7.0%	≤9.0%	分类方式不同，见表4-3-2
	C类							
Cl⁻含量/%	F类		≤0.1			≤0.1		—
	C类							
SO₃含量/%	F类		≤3.0			≤3.0		
	C类							
游离CaO/%	F类		≤1.0		当≥1.5时,需进行安定性测试			中国标准要求更明确
	C类		≤4.0					
SiO₂、Al₂O₃和Fe₂O₃总质量分数/%	F类		≥70.0			≥70.0		欧洲标准粉煤灰总类对其含量不区分
	C类		≥50.0					
总碱含量/%	F类		需根据要求确定			≤5.0		中国标准需根据具体情况而定
	C类							
MgO含量/%	F类		—			≤4.0		中国标准均未作出相应的规定
	C类							
活性CaO/%	F类		—			≤10.0		
	C类							
活性SiO₂/%	F类		—			≥25.0		
	C类							
P₂O₅/%	F类					≤10.0		
	C类		—			总含量≤100mg/kg		

(1) 相同之处为：

1) 中国标准中Ⅰ级粉煤灰与欧洲标准中 A 类粉煤灰烧失量要求一致，中国标准中Ⅱ级、Ⅲ级粉煤灰烧失量上限值与欧洲标准中 B 类、C 类粉煤灰较为接近，即中欧标准中对粉煤灰烧失量要求基本相同。

2) 中欧标准对粉煤灰中 Cl^-、SO_3 含量要求完全一致。

3) 在 SiO_2、Al_2O_3 和 Fe_2O_3 总质量分数方面，中国标准中 F 类粉煤灰与欧洲标准要求一致，均要求在 70% 以上。

(2) 不同之处为：

1) 两者在烧失量测定方法上存在一定差异，中国标准中要求灼烧至恒重或灼烧约 1h，当有争议时应以恒重为准，而欧洲标准中要求灼烧 1h，烧失量测定方面，中国标准显得更为严谨。

2) 欧洲标准中明确指出粉煤灰的烧失量会影响混凝土防冻用引气剂的效果，在使用过程中应根据当地相关标准和规范选择合适的粉煤灰种类。

3) 对于粉煤灰中游离 CaO 含量，欧洲标准要求当游离 CaO 含量超过 1.5% 时，应对其进行安定性测试，中国标准要求更明确。

4) 欧洲标准中对粉煤灰中的其他化学成分指标也有具体的要求，如总碱含量、MgO、活性 CaO、活性 SiO_2 和 P_2O_5 含量等都给出了明确的范围，即欧洲标准对于粉煤灰中化学成分指标要求更为严格。

4.3.5　混凝土和砂浆用粉煤灰物理性能

中欧标准混凝土和砂浆用粉煤灰物理指标对比见表 4-3-4。

中欧标准混凝土和砂浆用粉煤灰物理指标对比　　　　　表 4-3-4

项目		中国标准			欧洲标准	
		Ⅰ级	Ⅱ级	Ⅲ级	S 类	N 类
细度/%	F 类	≤12.0	≤30.0	≤45.0	≤12.0	≤40.0
	C 类					
需水量比/%	F 类	≤95	≤105	≤115	≤95	—
	C 类					
活性指数/%	F 类	28d ≥ 70			28d ≥75	
	C 类				90d ≥85	
安定性/mm	C 类	≤5.0			≤10.0	
密度/(g/cm³)	F 类	≤2.6			厂家提供结果 ±0.2	
	C 类					
含水量/%	F 类	≤1.0			—	
	C 类					

相同之处为：中国标准中Ⅰ级粉煤灰与欧洲标准中 S 类粉煤灰细度、需水量指标范围一致。

不同之处为：

1) 中国标准中将细度划分为 3 个等级，欧洲标准中仅划分为 2 个等级；中国标准中

Ⅲ级粉煤灰与欧洲标准中 N 类粉煤灰细度指标接近，但 N 类粉煤灰要求更严格；两者在细度测定方法上也有差异，中国标准中细度检验方法为负压筛析法，欧洲标准中则为湿筛法。

2）活性指数方面，中国标准仅要求 28d 达 70％以上，欧洲标准中对粉煤灰 28d、90d 活性指数都有相应的要求，这对于混凝土和砂浆的后期强度有更好的保障。

3）安定性方面，中国标准中的限定值远低于欧洲标准，对于粉煤灰的安定性要求更为严格。除此之外，中国标准对粉煤灰的密度和含水率有明确的要求，欧洲标准中对颗粒密度作了相应要求，含水率未见相关说明。

4.3.6　水泥活性混合材料用粉煤灰理化性能要求

在中国标准中，对水泥活性混合材料用粉煤灰的理化性能提出了相关要求，具体内容见表 4-3-5。欧洲标准中并未对水泥活性混合材料用粉煤灰做相关说明。

中国标准水泥活性混合材料用粉煤灰理化性能要求　　　　　　表 4-3-5

项　　目		理化性能要求
烧失量/%	F 类	≤8.0
	C 类	
含水量/%	F 类	≤1.0
	C 类	
SO_3 质量分数/%	F 类	≤3.5
	C 类	
游离 CaO 质量分数	F 类	≤1.0
	C 类	≤4.0
SiO_2、Al_2O_3 和 Fe_2O_3 总质量分数/%	F 类	≥70.0
	C 类	≥50.0
密度/（g/cm³）	F 类	≤2.6
	C 类	
安定性（雷氏法）/mm	F 类	≤5.0
	C 类	
强度活性指数/%	F 类	≥70.0
	C 类	

中国标准中，水泥活性混合材料用粉煤灰理化性能要求，SO_3 含量不高于 3.5％质量百分比，高于混凝土和砂浆用粉煤灰的 SO_3 含量，其烧失量要求与混凝土和砂浆用Ⅱ级粉煤灰要求一致；其他理化性能要求方面与混凝土和砂浆用粉煤灰要求完全一致。

4.3.7　取样和标记

（1）取样

欧洲标准中规定，同生产时间间隔的局部取样，应在散装运输前或装包前进行，或者直接在散装运输系统中取样。取样用于作分析及测试时，至少需要 0.5kg 的试验室代表样品。可用四分法取样，局部取样样品至少 2kg。试验室样品应在 105℃±5℃温度下干燥至恒重并冷却至室温。

中国标准中规定，取样应有代表性，可连续取样，也可从 10 个以上不同部位取等量样品，总量至少 3kg（对于拌制混凝土和砂浆用粉煤灰，必要时买方可对其进行随机抽样检验）。

不同之处：欧洲标准中对试验室代表样品规定更详细，且取样数量与中国标准存在差异。

（2）标记

欧洲标准中规定，粉煤灰生产商应提供测试用水泥特性、粉煤灰来源、成分、碱含量、细度、颗粒密度、标准稠度用水量、需水量。

中国标准中规定，粉煤灰生产商应提供产品名称（F/C 类粉煤灰）、等级、分选或磨细、净含量、批号、执行标准号、生产厂名称和地址、包装日期。

不同之处：欧洲标准中生产商提供的信息主要为具体的性能指标信息；中国标准中生产商在包装袋上提供的为总体信息。

4.3.8　试验原材料及方法

1. 试验水泥

欧洲标准中规定，粉煤灰试验所用水泥为符合《水泥—第 1 部分：通用水泥的组分、规定和合格标准》EN 197-1：2004 规定的 CEM Ⅰ 型硅酸盐水泥，强度等级为 42.5 级或更高等级，且由粉煤灰生产商选择测试用水泥，并需确定其细度、铝酸三钙含量和碱含量；中国标准中规定，粉煤灰试验所用水泥为符合《通用硅酸盐水泥》GB 175—2007 规定的强度等级为 42.5 级的硅酸盐水泥（P·Ⅰ、P·Ⅱ）或普通硅酸盐水泥（P·O）。中欧标准粉煤灰试验用水泥组分对比见表 4-3-6。

中欧标准粉煤灰试验用水泥组分对比　　　　　　　　　表 4-3-6

中国标准				欧洲标准	
组分种类	组分的百分比/%			组分的百分比/%	组分种类
	P·Ⅰ	P·Ⅱ	P·O	CEM Ⅰ	
熟料＋石膏	100	≥95	≥80 且<95	95～100	熟料
粒化高炉矿渣	—	≤5		—	高炉矿渣
火山灰质混合材料	—	—	>5 且≤20	—	天然火山灰
粉煤灰	—	—		—	硅质粉煤灰
石灰石	—	≤5		0～5	其他成分

由表 4-3-6 可知，欧洲标准中符合要求的硅酸盐水泥 CEM Ⅰ 熟料组分占比达 95％及以上，这与中国标准中的硅酸盐水泥 P·Ⅱ 要求一致；但在中国标准中，试验水泥还有硅酸盐水泥 P·Ⅰ 和普通硅酸盐水泥 P·O，三者在组成上都存在一定的差异。中国标准和欧洲标准对试验水泥的化学指标也作了相关要求，具体要求见表 4-3-7。

中欧标准粉煤灰试验用水泥化学指标对比   表 4-3-7

项目	中国标准			欧洲标准			
	P·Ⅰ	P·Ⅱ	P·O	42.5N	42.5R	52.5N	52.5R
烧失量/%	≤3.0	≤3.5	≤5.0	≤5.0	≤5.0	≤5.0	≤5.0
不溶物/%	≤0.75	≤1.50	—	≤5.0	≤5.0	≤5.0	≤5.0
三氧化硫/%	≤3.5	≤3.5	≤3.5	≤3.5	≤4.0	≤4.0	≤4.0
氯离子含量/%	≤0.06	≤0.06	≤0.06	≤0.10	≤0.10	≤0.10	≤0.10
氧化镁/%	≤5.0	≤5.0	≤5.0	—	—	—	—

由表 4-3-7 可知，在试验用水泥的化学指标方面，中国标准中各项化学指标的上限值均小于或等于欧洲标准中化学指标的上限值，另外中国标准中对容易引起安定性不良的氧化镁含量进行了要求，欧洲标准中未有相关说明；即中国标准对粉煤灰试验用水泥中有害化学指标含量要求更为严格，能够进一步保障试验结果的准确性。

2. 细度

欧洲标准《粉煤灰试验方法—第 2 部分：细度测定（湿筛法）》EN 451-2：2017 中规定，粉煤灰的细度检测采用湿法筛分，湿法筛分设备示意图见图 4-3-1。中国标准《用于水泥和混凝土中的粉煤灰》GB/T 1596—2017 中规定，粉煤灰的细度检测采用负压筛析法，负压筛析法设备示意图见图 4-3-2。中欧标准粉煤灰细度检测试验方法对比见表 4-3-8。

中欧标准粉煤灰细度检测试验方法对比   表 4-3-8

项目	中国标准	欧洲标准	异同
试验方法	负压筛析法	湿法筛分	试验方法不同
试验设备	见图 4-3-2	见图 4-3-1	设备不同
试验内容	试验前应保持 45μm 筛清洁干燥，将负压筛放置在筛座上，盖上筛盖，接通电源，检查控制系统，调节负压至 4000Pa～6000Pa 范围内；称取 10g 样品（精确至 0.01g）置于负压筛中，放在筛座中，盖上筛盖，接通电源，开动筛析仪连续筛析 3min，在此期间应使负压保持在 4000Pa～6000Pa 范围内，如有样品附着在筛盖上，可轻轻敲击筛盖使其落下。筛毕，用天平称量全部筛余物	称取 1.0g 以上的样品放至 105℃±5℃ 的烘箱中干燥至恒重，将约 1.0g（精确至 0.001g）干燥后的 m_0 样品放入清洁干燥的筛子中，通过温和的水流将样品充分润湿，水压设置到 80kPa±5kPa 后，将筛子置于喷嘴下洗涤 60s±10s，过程中保持喷嘴低于筛格顶部 10mm～15mm，并以 1r/s 的速度水平转动筛子；洗涤结束后从喷嘴下取出筛子，用约 50ml 酒精或蒸馏水冲洗，随后将筛布底部的水分吸干，将筛子和筛余物一起放至 105℃±5℃ 的烘箱中烘至恒重，取出筛子放入干燥器中冷却后称取筛余物质量 m_s 精确到 0.001g	试样称取质量不同，精度也不同；欧洲标准中试样经过烘干处理。湿法筛分较为复杂
结果计算	$$F=\frac{f\times R}{W}\times 100$$ F——样品细度，用筛余百分数表示； R——样品筛余物的质量，单位为 g； W——样品的质量，单位为 g； f——筛子的修正系数。 结果计算至 0.1%	$$r=\frac{f\times m_s}{m_0}\times 100$$ r——样品细度，用 0.045mm 筛余百分数表示； m_s——筛余物的质量，单位为 g； m_0——样品的质量，单位为 g； f——筛子的修正系数。 结果计算至 0.1%	计算方法和表达都相同

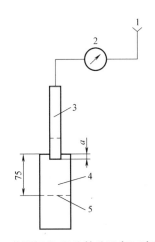

图 4-3-1 欧洲标准-湿法筛分设备示意图（mm）

1—水龙头；2—压力表；3—水雾喷嘴；
4—筛格；5—筛布

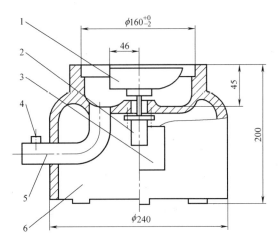

图 4-3-2 中国标准-负压筛析法设备示意图（mm）

1—喷气嘴；2—微电机；3—控制板开口；
4—负压表接口；5—负压源及收尘器接口；6—壳体

由上可知，中欧标准中，粉煤灰的细度均以筛余物的质量百分数表示，且试验筛规格均为 45μm；但两者试验方法不同，因而可能存在结果方面的差异；另外，由于欧洲标准中称量的试样质量为 1.0g 左右，其要求精度为 0.001g，中国标准中称量的试验质量为 10.0g 左右，精度为 0.01；从试验精度上来说，欧洲标准中使用的湿法筛分结果更为准确。

3. 需水量比测定

欧洲标准《混凝土用粉煤灰—第 1 部分：定义、规定和合格标准》EN 450-1：2012 和中国标准《用于水泥和混凝土中的粉煤灰》GB/T 1596—2017 中详细列出了粉煤灰需水量的试验方法，两者的具体方法步骤见表 4-3-9。

中欧标准粉煤灰需水量比试验方法对比 表 4-3-9

项目	中国标准	欧洲标准	异同
原理	测定试验胶砂和对比胶砂的流动度，两者达到规定流动度范围时的加水量之比	当胶砂中加入粉煤灰后所用需水量的减少量可与空白样进行对比测定	原理相同
试验用胶砂配合比	见表 4-3-10	见表 4-3-10	配合比不同
试验内容	对比胶砂和试验胶砂按规定进行搅拌，搅拌后测定流动度。当试验胶砂流动度达到对比胶砂流动度的 ±2mm 时，记录此时的加水量；从胶砂加水开始到测量扩散直径结束，时间应在 6min 内；跳桌应在 25s±1s 内振动 25 次，然后测定流动度	按照规定进行搅拌，搅拌后立即测定扩展度。在 60s±5s 内将胶砂模具放在流动度跳桌上进行测试。跳桌应在 15s±2s 内振动 15 次，然后测定扩展度。调整试验胶砂的需水量，使其与对比胶砂的流动度相差 ±10mm 以内	试验规定用时不同；试验胶砂需水量判断标准不同；跳桌振动时间和次数不同
结果计算	$$X=\frac{m}{125}\times100$$ X——需水量比，%； m——试验胶砂加水量，单位为 g。 结果计算至 1%	$$W=\frac{M}{225}\times100$$ W——需水比，%； M——试验胶砂用水量，单位为 g。 结果计算至 1%	计算方法相同

由表 4-3-9 可知，中欧标准粉煤灰需水量比测定的相同之处有：

1）粉煤灰需水量比试验配合比的比例相同；

对比胶砂中，水泥∶胶砂∶水＝2∶6∶1；试验胶砂中，水泥∶粉煤灰＝7∶3，（水泥＋粉煤灰）∶胶砂∶水＝2∶6∶1。

2）流动度均采用跳桌法进行测定，且跳桌跳动频率相同，均为 1 次/s。

不同之处有：

1）欧洲标准胶砂配合比中，原材料用量是中国标准中对应量的 1.8 倍；且中国标准用标准砂为满足 ISO 基准砂要求的 0.5mm～1.0mm 中级砂。

2）跳桌跳动次数不同，欧洲标准为 15 次，中国标准为 25 次。

3）试验用水方面，欧洲标准明确提出试验用水为去离子水或蒸馏水，中国标准未作明确说明。

4）试验胶砂的需水量比的评定方式不同：

欧洲标准中，以达到对比胶砂的流动度±10mm 时的用水量/225 为准；中国标准中，以达到对比胶砂流动度相差±2mm 时的用水量/125 为准。见表 4-3-10。

综上所述，中欧标准规定的粉煤灰需水量比试验中各原材料之间的比例相同，测试方法也大致相同，欧洲标准中胶砂所需材料总量较多，且级配不同，流动度测试时跳桌跳动次数较少；中国标准在结果评定方面准确度更高，而欧洲标准对试验用水要求更为严格，避免了水中其他物质对试验结果的影响。

中欧标准混凝土和砂浆用粉煤灰需水量比试验胶砂配合比对比　　　　表 4-3-10

国别	胶砂种类	水泥/g	粉煤灰/g	标准砂/g	加水量/g
中国	对比胶砂	250	—	750	125
	试验胶砂	175	75	750	按对比胶砂流动度±2mm 调整
欧洲	对比胶砂	450±1	—	1350±5	225±1
	试验胶砂	315±1	135±1	1350±5	按对比胶砂流动度±10mm 调整

4. 活性指数测定

欧洲标准《水泥—第 1 部分：通用水泥组分、规范和合格标准》EN 450-1：2012 与中国标准《用于水泥和混凝土中的粉煤灰》GB/T 1596—2017 中详细列出了粉煤灰活性指数试验方法，两者的具体方法步骤见表 4-3-11。

中欧标准粉煤灰活性指数试验方法对比　　　　表 4-3-11

项目	中国标准	欧洲标准	异同
试验胶砂配合比	见表 4-3-12	见表 4-3-12	粉煤灰取代比例不同
试验内容	采用胶砂试块抗压强度进行测试，测定含有 30% 粉煤灰与 70% 对比水泥的胶砂试块和 100% 对比水泥胶砂试块 28d 抗压强度，以两者之比确定粉煤灰的强度活性指数	采用胶砂试块抗压强度进行测试，用同龄期（28d、90d）含有 25% 粉煤灰与 75% 对比水泥的胶砂试块强度与 100% 对比水泥胶砂试块抗压强度之比表示其活性指数	欧洲标准中要求测定粉煤灰 90d 活性指数，中国标准中无要求
结果计算	$H_{28}=\dfrac{R_{28}}{R_0}\times100$ H_{28}——强度活性指数，%； R——试验胶砂 28d 强度，单位为 MPa R_0——对比胶砂 28d 强度，单位为 MPa	$H=\dfrac{R}{R_0}\times100$ H——28d、90d 强度活性指数，%； R——试验胶砂 28d、90d 强度，单位为 MPa R_0——对比胶砂 28d、90d 强度，单位为 MPa	计算方法相同

由表 4-3-12 可知，中欧标准均以试验胶砂与对比胶砂抗压强度比表示粉煤灰的活性指数，然而两者粉煤灰取代比例有所不同，因此结果存在差异；欧洲标准中要求测定粉煤灰 90d 活性指数，中国标准中未有相关要求。

中欧标准混凝土和砂浆用粉煤灰活性指数试验胶砂配合比对比　　　　表 4-3-12

中国标准或欧洲标准	胶砂种类	对比水泥/g	粉煤灰/g	标准砂/g	水/g
中国标准	对比胶砂	450	—	1350	225
	试验胶砂	315	135	1350	225
欧洲标准	对比胶砂	450	—	1350	225
	试验胶砂	337.5	112.5	1350	225

5. 烧失量

欧洲标准《水泥试验方法—第 2 部分：水泥化学分析》EN 196-2：2013 与中国标准《水泥化学分析方法》GB/T 176—2017 中详细列出了粉煤灰烧失量的测定方法，两者的具体方法步骤见表 4-3-13。

中欧标准粉煤灰烧失量试验方法对比　　　　表 4-3-13

项目	中国标准	欧洲标准	异同
准备及称料	称取约 1g 试样，精确至 0.0001g，放入已灼烧恒量的坩埚中	称取 1.0g±0.05g(精确到 0.0005g)粉煤灰放入干燥后的坩埚中	中国标准规定坩埚为烧至恒重
过程操作及温度设定	盖上坩埚盖并留有缝隙，放在高温炉内；从低温开始逐渐升高温度后，有两种处理方式。 方法 A：在 950℃±25℃ 下灼烧 15min～20min； 方法 B：在 950℃±25℃下灼烧约 1h	盖上坩埚盖子放入温度为 950℃±25℃ 的高温炉中；5min 后取下盖子继续煅烧 1h	欧洲标准仅一种方式可选择，且需将盖子取下
冷却处理	取出坩埚，置于干燥器中冷却至室温，称量	煅烧结束后取出放入干燥器中冷却称重	相同
数据处理	反复灼烧直至恒重(当连续两次称重之差小于 0.0005g 时，即达到恒重)或者方法 B(有争议时，以反复灼烧直至恒重的结果为准)，置于干燥器中冷却至室温后称重	当连续两次称重之差小于 0.0005g 时表示样品烧至恒重	中国标准中明确指出了对有争议时的处理方法
结果计算	$$W_{LOI} = \frac{m_7 - m_8}{m_7} \times 100$$ W_{LOI}——烧失量的质量分数，%； m_7——试样的质量，单位为 g； m_8——灼烧后试样的质量，单位为 g		计算方法相同

由表 4-3-13 可知，中欧标准在烧失量测试过程存在细微差异，中国标准中称量精度更高，精确到 0.0001g；中国标准中提供了两种煅烧方法；且明确指出了对有争议时的处理方法。综上所述，两者粉煤灰烧失量测试方法基本相同，对恒重评价标准以及结果表达方式均完全一致，中国标准中描述更加详细。

4.3.9　CE 标志和标签

CE 标志是一种安全认证标志，是生产商打开并进入欧洲市场的护照。生产商如想将其产品在欧盟市场流通，必须保证其产品贴有 CE 标志。贴有的 CE 标志应与 98/68/EC 要求一致，而且应附在相应的商业文件上，例如运输标签上或包装上。CE 标志应包含以下信息：

——认证机构身份识别号

——名称或识别标记，生产商注册地址

——贴有标识上含有年份的最后两位数

——CE 合格证号

——参考的欧洲标准

——产品描述：例如，混凝土用粉煤灰

——应标明的 ZA.1 表中相关要求的信息：（ZA.1 表中的相应要求达标否、级别或等级、"未经性能测试"的相关性、所有或相关的性能特性的补充标准说明。）

CE 标志信息模板见图 4-3-3。

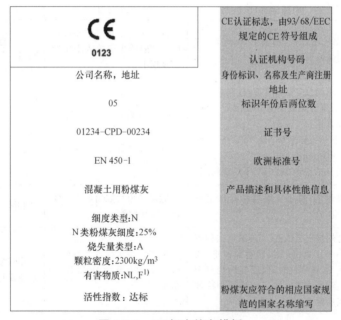

CE 0123	CE认证标志，由93/68/EEC 规定的CE符号组成
公司名称，地址	认证机构号码 身份标识、名称及生产商注册地址
05	标识年份后两位数
01234-CPD-00234	证书号
EN 450-1	欧洲标准号
混凝土用粉煤灰	产品描述和具体性能信息
细度类型:N N 类粉煤灰细度:25% 烧失量类型:A 颗粒密度:2300kg/m³ 有害物质:NL,F[1]	
活性指数：达标	粉煤灰应符合的相应国家规范的国家名称缩写

图 4-3-3　CE 标志信息模板

4.3.10　总结

综上所述，中欧标准关于粉煤灰的物化性质要求及分类存在一定的差异，粉煤灰试验方法大体一致。主要有以下几点结论：

1) 对于粉煤灰标准的设置，中国标准主要参照美国标准和日本标准，与欧洲标准存在一定的差异。但是欧洲标准体系结构分明，有一定的规律性。

2) 对于粉煤灰分类，欧洲标准分类依据为具体技术要求，如烧失量、细度；中国标准分类依据为含钙量和技术等级。

3）对于粉煤灰化学性质，中欧标准对烧失量分类依据不同；中国标准明确了游离 CaO 含量限值，但欧洲标准对于粉煤灰中其他化学成分指标要求更为严格。

4）对于粉煤灰物理性质，中欧标准依据细度的等级划分不同，需水量比、活性指数、安定性及密度的要求都存在差别。

5）对于粉煤灰细度试验，欧洲标准采用湿法筛分，中国标准采用负压筛析法。

6）对于粉煤灰需水量比试验，中欧标准规定的试验方法基本相同，但在试验配比用量和跳桌振动时间次数上存在一定差异，并且欧洲标准明确提出试验用水为去离子水或蒸馏水，中国标准未作明确说明。

7）对于粉煤灰活性指数，中欧标准规定的试验方法基本相同，但试验胶砂的粉煤灰取代比例有所不同，且欧洲标准中要求测定粉煤灰 90d 活性指数。比较而言，欧洲标准更加详细全面。

8）对于粉煤灰烧失量，中欧标准规定的试验方法基本相同，对恒重评价标准以及结果表达方式均完全一致，但中国标准要求的称量精度更高，并且提供了两种煅烧方法，也明确指出了对有争议时的处理方法，因此描述更加详细、严谨。

4.4　中欧粒化高炉矿渣粉标准对比研究

中国是钢铁大国，矿渣资源丰富。根据矿渣粉的国家标准要求及产品性能特点，中国的矿渣粉主要应用于水泥厂作为混合材料以及混凝土搅拌站作为掺合料。此外，还有部分矿渣粉实现了出口。

欧洲矿渣应用非常广泛，目前矿渣可以作为水泥混合材料以及混凝土掺合料应用于水泥、混凝土产业，或制成骨料应用于公路基层，或作为骨料加入混凝土中，或作为肥料改善土壤等。

矿渣按处理方式可分为粒化高炉矿渣粉、气冷渣和造粒渣。其中，粒化高炉矿渣粉（以下简称"矿渣粉"）是占比例最高的产品，其产出的流程图见图 4-4-1。

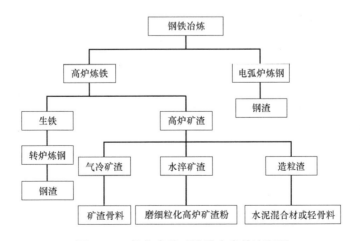

图 4-4-1　粒化高炉矿渣粉产出的流程图

虽然中国与欧洲均采用矿渣粉作为水泥混合材料和混凝土搅拌站的混凝土掺合料，但是，由于生产技术、产业发展和标准制定等方面的情况不同，各国矿渣粉应用的现状也不同。欧洲是传统的高炉矿渣应用地区，其本土产量不能完全满足市场需求。而中国是生铁、水泥和矿渣粉生产大国，在"一带一路"经济的大背景下，中国企业积极"走出去"进行产业转移，协同、合理开拓海外市场对中国的矿渣粉企业是个不错的选择。

4.4.1 标准设置

欧洲标准中矿渣粉定义和要求标准为：《混凝土、砂浆和净浆中用粒化高炉矿渣粉定义、规定和合格标准》EN 15167-1：2006，该标准规定了粒化高炉矿渣粉的定义、组分、技术指标要求、试验方法、合格性评定等内容。

中国对应的标准是《高强高性能混凝土用矿物外加剂》GB/T 18736—2017、《用于水泥、砂浆和混凝土中的粒化高炉矿渣粉》GB/T 18046—2017，规定了粒化高炉矿渣粉的定义、组分、要求、试验方法、检验规则、包装、标识、运输和储存。

4.4.2 矿渣分类

中国标准中矿渣粉的定义与欧洲标准基本相同，但玻璃体的质量比例≥85％与欧洲标准中 2/3 以上比例要求有所区别；此外，欧洲标准中，矿渣粉中助磨剂的总量应不超过矿渣粉质量的 1.0％；中国标准中，助磨剂的总量应不超过 0.5％，比较而言，中国标准对矿渣粉的成分要求更高。

中国标准根据活性指数将矿渣粉分为三级，S105、S95 和 S75，欧洲标准未划分矿渣粉的等级，且中国标准中矿渣的物理性能指标的下限值较欧洲标准高，可见中国标准对矿渣的活性要求更高，且分等级有利于保证矿渣的生产质量，便于用户根据用途选择矿渣，更好地满足用户不同的使用要求。

4.4.3 化学性能

将中欧标准矿渣粉的 SO_3、烧失量、Cl^-、含水量等化学指标进行对比，见表 4-4-1。

中欧标准矿渣粉化学指标对比　　　　表 4-4-1

化学指标	中国标准要求	欧洲标准要求
烧失量/％	≤1	≤3
含水量/％	≤1	≤1
Cl^-/％	≤0.06	≤0.06
SO_3/％	≤4	≤2.5
玻璃体/％	≥85	≥67
不溶物/％	≤3	/
放射性	IR_a≤1.0 且 I_r≤1.0	/
硫化物/％	/	≤2
MgO/％	/	≤18

由表 4-4-1 可知，中欧标准中，矿渣粉化学指标均包含烧失量、含水量、Cl^-、SO_3、玻璃体项目指标；且中欧标准对矿渣粉的含水量、Cl^- 含量的要求相同。

中国标准与欧洲标准对比有以下几点差异：

1）中国标准对不溶物、放射性有明确规定，而欧洲标准未作规定。不溶物的测定有助于判断矿渣粉杂质含量是否足够低，是否达到了足够纯度，能否满足进一步加工的原料质量要求。放射性的严格规定，说明中国标准从卫生安全角度也作出规定，使矿渣粉完全达到绿色产品的范围，保证人体健康和安全。

2）欧洲标准对矿渣粉的化学指标要求更详尽，对 MgO、硫化物等指标进行了明确规定，要求氧化镁含量不大于 18%，中国标准中未对这些指标作要求。从产业角度来讲，以中国市场为例，生产活动中由于多种原因和条件驱使，多种其他类型和来源的冶金废渣的引入已经成为可能，尤其是在各种矿渣、钢渣资源化利用的今天，已经出现了矿渣和钢渣双掺粉应用于混凝土中的案例。而钢渣中氧化镁对混凝土安定性的影响如何，矿渣和钢渣双掺粉是否还适用于矿渣粉的标准等，都需谨慎对待。从这个角度来讲，氧化镁的限制性指标还是有其实际意义的。

因此，中欧标准中矿渣粉的部分化学性能指标要求较一致。但中国标准与欧洲标准根据本国矿渣粉的实际又提出了不一样的指标，中国标准对矿渣粉的安全使用提出放射性的新要求，使用者可减轻建筑材料放射性的心理负担，有利于人体健康。

4.4.4　物理性能

中欧标准矿渣粉物理指标对比见表 4-4-2。

中欧标准矿渣粉物理指标对比　　　　　　　　　　　　　表 4-4-2

物理指标	中国标准			欧洲标准
	不同等级矿渣粉的技术要求			技术要求
	S105	S95	S75	
比表面积/(m^2/kg)	≥500	≥400	≥300	≥275
活性指数/%	7d≥95	7d≥70	7d≥55	7d≥45
	28d≥105	28d≥95	28d≥75	28d≥70
初凝时间比/%	≤200			≤2 倍对比水泥初凝时间
流动度比/%	≥95			
密度/(g/cm^3)	≥2.8			—
放射性	合格			

1. 比表面积指标

中国标准对不同等级的矿渣粉的比表面积下限值均有规定，活性越高的矿渣粉，其比表面积越大，细度更细；同时，中国标准中活性最低、比表面积最小的 S75 矿渣粉与欧洲标准相比，其比表面积较欧洲标准中规定值大，说明中国标准对矿渣的比表面积指标要求更严格。

2. 活性指数

中国标准中，不同等级的矿渣粉的活性指数要求不同，矿渣粉的等级分类与其 28d 活性指数值一致；等级越高的矿渣粉，其 7d、28d 活性指数越大。

欧洲标准中，未划分矿渣粉的等级，其活性指数均以 7d、28d 龄期强度比表示。

中国标准与欧洲标准矿渣粉活性指数对比有以下几点异同：

1）中欧标准矿渣粉的活性指数试验方法相同，均采用矿渣：水泥＝1：1 比例的胶砂试块，测试其胶砂试块强度与 100％对比水泥的胶砂对比强度之比。

2）活性指数的龄期指标相同，均以 7d 和 28d 活性指数作为指标。

3）中国标准中，不同等级的矿渣粉活性指数要求不同，且活性最低的 S75 级矿渣活性指数较欧洲标准更高，说明中国标准对矿渣粉的活性指数指标要求更严格。

3. 其他物理指标

欧洲标准对初凝时间进行了规定，不得超过对比水泥的初凝时间的 2 倍；中国标准对初凝时间比进行了规定，初凝时间比是对比净浆和试验净浆初凝时间的比值，两者要求相同。中国标准对矿渣粉的密度、流动度有明确的范围规定，而欧洲标准未对该类指标作要求。

4.4.5 取样和标记

1. 取样和贮存

欧洲标准中规定，取样时的点样均匀分布在生产期间，应在出厂装袋或装载至散装运输系统，或者直接从散装运输系统或包装袋取样。取样时，用于作分析及测试时，至少需要 1kg 的试验室代表样品。可用四分法取样，局部取样样品至少 5kg。

中国标准中规定，取样时，应有代表性，可连续取，也可从 20 个以上不同部位取等量样品，总量至少 20kg，按四分法取样时所需量比试验所需量大一倍。

相比之下，欧洲标准中取样量较中国标准小，欧洲标准中试验室样品所需量至少为 1kg，局部取样所需量至少为 5kg；中国标准中取样量至少为 20kg。

2. 运输与贮存

中国标准要求矿渣粉运输与贮存时不得受潮和混入杂物。欧洲标准对矿渣粉贮存无说明。

3. 标记

欧洲标准中规定，矿渣粉可以用适当的包装运输或使用适当的散装运输系统方法。矿渣粉生产商应提供产品名称、生产方名称和地址、特殊性能、氯离子含量（超过 0.1％时标记）、标准号及年号。

中国标准中规定，矿渣粉可以袋装或者散装。矿渣粉生产商应提供产品名称、级别、生产方名称、包装日期和批号，对掺石膏的矿渣粉应标有"掺石膏"字样。

相比之下，欧洲标准标识中，生产商提供在包装袋上的矿渣粉产品的信息较中国标准具体，包含特殊性能、氯离子含量和标准号信息。

4.4.6 试验方法对比

1. 含水量测试

欧洲标准中，取 10g±1g 矿渣粉试样（精确至 0.001g），在 110℃±5℃烘箱中干燥至恒重（两次连续的称量值之差小于 0.005g）后，测定干燥后的试样质量，将干燥前后质量差/干燥后的质量，得到含水量，计算结果精确至 0.1%。

中国标准中，取 50g 矿渣粉试样（精确至 0.01g），在 105℃～110℃ 烘箱中干燥至恒重后，测定干燥后的试样质量，将干燥前后质量差/干燥前的质量，得到含水量，计算结果精确至 0.1%。

相同之处：测试方法大致相同，测试结果精确度相同。

不同之处：

1）试样取样量

中国标准中矿渣粉取样质量范围较欧洲标准更广，更易于试验操作，实用性更高。

2）称量精确度

欧洲标准要求称量精确至 0.001g，中国标准要求精确至 0.01g，欧洲标准称量精确度要求更高。

3）计算方式

欧洲标准中含水量用干燥前后质量差/干燥后的质量表示，中国标准中则用干燥前后质量差/干燥前的质量，因此，相同质量变化的试样，其欧洲标准计算结果将大于中国标准计算结果。

2. 比表面积

中欧标准所用勃氏比表面积测定仪均由穿孔板、捣器、透气圆筒、U 型压力计组成，结构和尺寸基本相同，但中国标准对尺寸的精度要求更高。欧洲标准中 U 型压力计有四条刻度线，且多了一节橡胶管和吸引器气囊作为抽吸装置，中国标准中 U 型压力计只有三条刻度线。

中欧标准勃氏法的试验步骤基本相同，但中国标准的时间记录为第一条刻度线到第二条刻度线的时间，记录时间 T，精确到 0.5s，记录温度，精确到 1℃。试验进行两次。温湿度无要求，粉料的孔隙率选用 0.530 ± 0.005。

欧洲标准的时间记录为第二条刻度线到第三条刻度线的时间，记录时间 t，精确到 0.2s，记录温度，精确到 1℃。试验进行四次，在温度 20℃±2℃ 且相对湿度不超过 65% 的室内进行试验，指定孔隙度 e 为 0.500。

3. 活性指数试验

中欧标准矿渣粉活性指数试验方法对比见表 4-4-3。

中欧标准矿渣粉活性指数试验方法对比　　　　　　　　表 4-4-3

对比内容	中国标准要求	欧洲标准要求
活性指数定义	50%（质量）矿渣粉和 50% 对比水泥混合样的 7d、28d 胶砂抗压强度与纯对比水泥的 7d、28d 胶砂抗压强度之比	
对比水泥	强度等级为 42.5 的硅酸盐水泥或者普通硅酸盐水泥（比表面积 350m²/kg～400m²/kg，SO₃ 含量 2.3%～2.8%，碱含量为 0.5%～0.9%）	强度等级为 42.5 或者更高的 CEM Ⅰ水泥（细度≥300m²/kg，铝酸三钙含量为 6%～12%，碱含量为 0.5%～1.2%）
试验样品	水泥与矿渣粉按质量比 1∶1	水泥与矿渣粉按质量比 1∶1（且两者水灰比为 0.5）

对比内容	中国标准要求	欧洲标准要求
标准砂	中国 ISO 标准砂,是以德国标准砂公司制备的 ISO 基准砂为基准,由天然的圆形硅质砂组成,SiO_2 含量不低于 98%	CEN 标准砂,是一种滚圆颗粒形的天然硅质砂,硅含量至少 98%
抗压强度	以一组 3 个棱柱体上得到的 6 个抗压强度测定值的算术平均值为试验结果。如 6 个测定值中有一个超出 6 个平均值的 ±10%,就应剔除这个结果,而以剩下 5 个的平均数为结果。如果 5 个测定值中再有超过它们平均数 ±10%的,则此组结果作废。 精度为 0.1MPa	以一组 3 个棱柱体上得到的 6 个抗压强度测定值的算术平均值为试验结果。如 6 个测定值中有 1 个超出 6 个平均值的 ±10%,就应剔除这个结果,而以剩下 5 个的平均数为结果。如果 5 个测定值中再超过它们平均数 ±10%的,则此组结果作废。 精度为 0.1MPa

中欧标准对于水泥胶砂组成的规定一致,试验步骤基本相同,但有以下几点不同之处:

1)搅拌过程差异,欧洲标准在关停搅拌机 90s 后,在首个 30s 里用橡胶或塑料铲将粘附于锅壁和锅底的胶砂刮至搅拌锅中间,而中国标准是在第一个 15s 内用胶皮刮具将叶片和锅壁上的胶砂,刮入锅中间。

2)养护差异,在试件养护期间,欧洲标准规定一次性换水的换水量不得超过总养护水量的 50%,而中国标准规定不允许在养护期间全部换水。

4.4.7 合格性评定

欧洲标准中对合格性评定作了详细规定,该部分内容主要针对矿渣粉生产企业,不作为验收准则。且欧洲标准对矿渣粉的各项性能指标检测频率进行了详细的分类详述。中国标准中则是将检验内容既用于生产企业组织生产,又作为采购依据,规定了许多双方的强制条款。中国标准中未对矿渣粉的各项性能指标检测频率进行分类详述,仅规定出厂检验和型式检验,要求较笼统,该点欧洲标准规定更具有指导性,有利于矿渣粉生产商对质量的控制。

对合格性评定指标项进行比较,发现欧洲标准对 MgO 含量、硫化物含量、硫酸盐含量都有界定值规定,而中国标准未作要求。但中国标准规定矿渣粉物理指标和化学指标任何一项不满足要求为不合格品,中国标准在合格性评定上更加严格。

4.4.8 总结

综上所述,通过对比分析发现,中欧标准在矿渣粉定义、部分化学性能指标、物理性能指标、试验方法等方面有很多相同之处,但在矿渣粉分类、一些化学性能指标、试验操作的细节等方面也存在差异。主要体现在:

1)对于矿渣粉分类,中国标准根据活性指数将矿渣粉分为 S105、S95 和 S75 三个等级,且活性要求均高于欧洲标准。欧洲标准未划分矿渣粉的等级,只规定最低限额,如比表面积不能小于 275m²/kg、28d 活性指数不能小于 70%等。中国标准将矿渣粉分等级有利于保证矿渣粉的生产质量,有利于用户根据用途选择矿渣粉,能更好地满足用户的不同需求。

2）对于矿渣粉物理性能，中国标准的物理指标要求更详尽，对密度、流动度比、放射性等指标均进行了明确规定，欧洲标准中未对这些指标作要求。中国 S75 级矿渣粉的物理指标即可满足欧洲标准的要求。

3）对于矿渣粉化学性能，欧洲标准的化学指标要求更多，对 MgO、硫化物等指标进行了明确规定，较中国标准更注重化学成分的限制。

4）对于矿渣粉含水量试验，欧洲标准的试样取样量较中国标准少，称量精度要求更高，计算结果大于中国标准。

5）对于矿渣粉的比表面积测试，中欧标准均采用勃氏透气法，采用的仪器和试验步骤基本相同，仅部分细节方面存在差别，如 U 型压力计的刻度线、抽吸装置、时间记录、试验室温度要求等不同。

6）对于矿渣粉的活性测试，中欧标准仅胶砂搅拌和养护环节存在细微区别。

4.5 中欧硅灰标准对比研究

4.5.1 标准设置

欧洲标准中硅灰定义和要求标准为：《混凝土用硅灰—第 1 部分：定义、分类与合格标准》EN 13263-1：2005＋A1：2009 和《混凝土用硅灰—第 2 部分：合格评定》EN 13263-2：2005＋A1：2009，主要针对混凝土用硅灰进行了定义、分类、性能指标要求、试验方法、合格性评定等规定。

中国对应的标准是《砂浆和混凝土用硅灰》GB/T 27690—2011 以及《高强高性能混凝土用矿物外加剂》GB/T 18736—2017，规定了砂浆和混凝土用硅灰的术语和定义、分类和标记、要求、试验方法、检验规则、包装、标识、运输和储存。

4.5.2 硅灰定义和分类

欧洲标准《混凝土用硅灰—第 1 部分：定义、分类与合格标准》EN 13263-1：2005＋A1：2009 中，硅灰的定义为：由含硅金属和铁硅合金熔融过程中产生的工业副产品收集而得，主要由颗粒粒径小于 10^{-6} m 的无定形二氧化硅球状颗粒组成，具有较高的火山灰活性。

根据体积密度，将硅灰分为两类：加密硅灰和不加密硅灰。加密硅灰：经颗粒团聚处理，体积密度一般＞500kg/m³ 的硅灰；不加密硅灰：直接从收集过滤装置中获得，体积密度为 150kg/m³～350kg/m³ 的硅灰。

根据固液态，将硅灰分为两类：硅灰、硅灰浆。硅灰浆：由硅灰制成的，固体含量为 50％的液体悬浮液，每 1m³ 浆体中约含 700kg 硅灰。

根据 SiO_2 含量，分为 1 级、2 级硅灰。1 级：$SiO_2 \geq 85％$，2 级：$SiO_2 \geq 80％$。

中国标准《砂浆和混凝土用硅灰》GB/T 27690—2011 根据使用时的状态（即固液态），将硅灰分为 2 类：硅灰（SF 类）和硅灰浆（SF-S 类）。

由上可知，中欧硅灰标准中相同之处为：均根据固液态将硅灰分为两类：硅灰和硅灰浆。

不同之处为：欧洲标准中硅灰类别设置更多，除固液态外，还根据体积密度、SiO_2含量将硅灰进行了分类和等级设置。

4.5.3 硅灰化学性能

将中欧标准硅灰中的 SiO_2、烧失量、Cl^-、总碱含量等化学指标进行对比，见表 4-5-1。

中欧标准硅灰化学指标对比

表 4-5-1

技术要求	中国标准	欧洲标准	异同
SiO_2/%	≥85	1 级≥85	欧洲标准硅灰适用面更广
		2 级≥80	
烧失量/%	≤4	≤4	相同
Cl^-/%	≤0.1	≤0.3（当>0.1时应标明上限值）	中国标准对 Cl^- 含量的要求较欧洲标准更严格，此外，还对总碱含量进行了限定
总碱含量/%	≤1.5	—	
SO_3/%	—	≤2	欧洲标准对硅灰安定性以及对环境、安全、健康的影响更为注重
结晶硅/%	—	≤0.4	
游离 CaO/%	—	≤1.0	

由表 4-5-1 可知，中欧标准中，硅灰化学性能指标相同之处为：

1）欧洲标准中 1 级硅灰与中国标准中硅灰的 SiO_2 含量要求相同。

2）中欧标准对硅灰的烧失量要求相同。

不同之处：

1）中国标准对 Cl^- 含量的要求较欧洲标准更严格。此外，中国标准还对总碱含量进行了限定，有利于保证掺硅灰混凝土的质量。

2）欧洲标准对硅灰的化学指标要求更详尽，对游离 CaO、结晶硅、SO_3 等指标进行了明确规定，中国标准中未对这些指标作要求。

以上分析表明：中国标准对硅灰的化学性能指标要求没有欧洲标准严格，且限制了80%～85% SiO_2 含量硅灰的使用。硅灰中无定型 SiO_2 的含量是硅灰具有火山灰活性的基础，这种火山灰活性可以使得混凝土产生二次水化反应，从而增加后期混凝土的强度。另外由于硅灰的颗粒粒径小，可以有效地填补水泥颗粒、粉煤灰及矿粉颗粒间的空隙，增加胶凝材料的堆积密度，从而提高混凝土体系的稳定性与致密性。目前国内在普通强度等级混凝土中也会掺入适量硅灰来提高混凝土拌合物的稳定性，同时增加强度，因此在 SiO_2 含量上可以适当放宽，这样有助于提高工业副产品硅灰的利用率。

欧洲标准中规定了 SO_3 以及游离氧化钙的含量，过多的 SO_3 及游离氧化钙会严重影响水泥及水泥制品的安定性，产生膨胀、开裂等不良后果，中国标准中忽视了这一点，建议修订时予以充分考虑。

中国标准明确了硅灰中碱含量的限值，欧洲标准注明了不同的国家采用不同的原理进行碱含量的试验，但 CEN 报告中指出仅有少量碱含量的硅灰不会导致碱-硅酸反应的发生，同时相关文献资料表明，掺入硅灰对混凝土抑制碱骨料反应有较大的提高。因此，对于硅灰中碱含量的限制是否有必要作出具体要求可以进一步商讨。

欧洲标准中提出了一个特殊指标—结晶硅。结晶硅是单质硅的一种形态，熔融的单质硅在过冷条件下凝固时，硅原子以金刚石晶格形态排列成许多晶核，如这些晶核长成晶面取向不同的晶粒，则这些晶粒结合起来，就成为结晶硅。结晶硅粉尘是空气中最常见的悬浮污染物，如不注意防护致结晶硅粉尘吸入肺中，就很难排出，时间长了会对人的身体造成危害，甚至会得硅肺病。因此，出于职业健康安全的考虑，欧洲标准规定了结晶硅含量的上限值，不应超过 0.4%。

结晶硅含量的检测依据标准《磨料颗粒与粗粒—碳化硅的化学分析》ISO 9286。标准里介绍了光谱化学分析以及分光光度法。其中，分光光度法测定硅含量的方法原理为：在硝酸和氢氟酸溶液中硅以正硅酸形式存在，加入钼酸铵使硅酸离子形成硅钼杂多酸并显色，在 660nm 波长处测吸光度，由此来判定硅元素的含量。

从以上分析可以得知，欧洲标准更重视硅灰对环境、安全、健康的影响，这类要求是中国标准所欠缺的，也是中国标准在编制以及修订时应该考虑的问题。

4.5.4　硅灰物理性能

中欧标准硅灰物理指标对比见表 4-5-2。

中欧标准硅灰物理指标对比　　　　　　　　　　表 4-5-2

技术要求	中国标准	欧洲标准	异同
比表面积/(m²/kg)	≥15000	≥15000 且≤35000	欧洲标准限定了硅灰的适用范围
浆体固含量	生产控制值的±2%	生产控制值的±2%	相同
活性指数/%	7d≥105(热水养护)	28d>100	中国标准选择性更多，且要求较高
	28d≥115(标准养护)		
含水率(粉料)/%	≤3	—	中国标准对硅灰的物理指标要求更详尽
需水量比/%	≤125	—	
放射性	IR_a≤3% 或 I_r≤1.0%	有相关规定，但无量化指标	
抑制碱骨料反应性	14d 膨胀率降低值≥35%	—	
抗氯离子渗透性	28d 电通量之比≤40%	—	

1. 比表面积指标

相同之处：中欧硅灰标准的比表面积下限值相同；

不同之处：欧洲标准对硅灰的比表面积上限值亦有规定，有利于保证硅灰质量的稳定性，但也限定了标准适用的范围，使微硅灰、纳米硅灰等比表面积更大、粒度更细的产品的使用将受到无标准依据的限制。

2. 浆体固含量指标

中欧硅灰标准的浆体固含量指标相同，均为生产控制值的±2%。

欧洲标准中，取 5g 浆体在 105℃±5℃烘箱中干燥至恒重后，测定其中浆体固含量。

中国标准中，取 5g～10g 浆体在 100℃～105℃烘箱中干燥至恒重后，测定其中浆体固含量。

中欧硅灰浆体固含量测试方法大致相同，但中国标准中浆体取样质量范围较欧洲标准更广，更易于试验操作，可操作性更高。

3. 活性指数

相同之处：活性指数均为对比水泥：硅灰＝9∶1 的胶砂试块强度与 100％对比水泥的胶砂试块强度之比。且对比胶砂试块均为同龄期试块。

不同之处：

1）中国标准对硅灰的 28d 活性指数作了规定，28d 活性指数≥115％；并规定 7d 快速活性指数≥105％。欧洲标准则对硅灰的 28d 活性指数作了规定，28d 活性指数＞100％。中国标准快速法以及常规法测定硅灰活性指数，其评判标准均要高于欧洲标准，这与中国标准对 SiO_2 含量限定高于欧洲标准有必然的联系。在掺有硅灰的混凝土配合比设计时，应考虑到中欧两国硅灰对混凝土的影响因素；在招投标时，应考虑到中欧两国硅灰 SiO_2 含量和活性指数的差异。

2）欧洲标准规定，"掺硅灰的受检砂浆应掺高效减水剂，以保证受检砂浆与基准砂浆两者的扩展度相同。"但并未说明到底何种程度算相同；而中国标准中对两者的扩展度相同规定为误差范围在 5mm 内。欧洲标准只是笼而统之，有定性的要求；而中国标准比欧洲标准更为严格、严谨，因此，在国外测试该指标时，可以按照中国标准来操作。

3）中国标准规定受检胶砂中应加入高效减水剂，但规定采用的是减水率大于 18％的萘系减水剂。相比于欧洲标准所规定的高效减水剂，中国标准限定的范围更窄。目前，国内市场以聚羧酸高性能减水剂为主，中国标准在修订时应予以考虑。

4. 放射性

一般情况下，建筑物的放射性大部分来自建筑材料中的天然放射性核素，这些放射性物质对公众造成附加照射，一般表现为全身外照射及其衰变子体的内照射。对建筑材料放射性物质含量的限值是基于辐射防护基本安全标准而确定的，并以常见的放射性核素 226Ra、232Th 和 40K 的比活度表征。为保障公众及其后代的健康与安全，促进建筑材料的合理利用和建材工业的合理发展，中国标准对硅灰的放射性指标进行相应的规定，其内照指数不大于 3％或外照指数不大于 1％。欧洲标准有单独提出放射性要求，要求符合使用地的有害物质相关的法律法规，具有环境相容性，但无量化指标。

5. 其他物理指标

中国标准对硅灰的物理指标要求更详尽，对含水率、需水量比、抗氯离子渗透性等指标均进行了明确规定，欧洲标准中未对这些指标作要求。硅灰作为混凝土生产的原材料之一，这些指标是有必要保留的。含水率及需水量指标是直接影响混凝土拌合物和易性以及强度的重要因素；抑制碱骨料反应以及抗氯离子渗透性是影响混凝土耐久性的重要因素。

4.5.5 合格性评定

欧洲标准对硅灰的合格性评定分为统计结果合格标准和单次结果合格标准。若两者都满足要求，则可判定该硅灰的物理或化学性能指标达到了《混凝土用硅灰—第 1 部分：定义、分类与合格标准》EN 13263-1 的规定。

中国标准对硅灰的合格性评定有两种,分为出厂检验和型式检验。《砂浆和混凝土用硅灰》GB/T 27690—2011 中出厂检验包括 SiO_2 含量、含水率(固含量)、需水量比、烧失量;型式检验包括 GB/T 27690 中全部性能指标。《高强高性能混凝土用矿物外加剂》GB/T 18736—2017 中出厂检验包括 SiO_2 含量、含水率(固含量)、烧失量、细度以及活性指数,型式检验包括 GB/T 18736 中全部性能指标。两个中国标准规定不论是出厂检验或是型式检验,所检验项目的检验结果应全部符合,若有一项检验结果不符合要求,则为不合格品。

对合格性评定项目进行比较,发现欧洲标准中硅灰出厂检验比中国标准更为合理。欧洲标准中对全年测试结果进行统计分析,检查测试结果应呈现正态分布;另外在控制时期内,总自动控制测试结果的算术平均值 x,标准方差 s,接受性常数 k(k 为根据特征值的百分位数 P_k,可允许接受概率 CR 和测试数 n 得出,CR 可接受为 5% 时,测试数 n 越大,k 值越低)。在数据分析中,若 $x-k\times s\geqslant$ 最低下限值或者 $x+k\times s\leqslant$ 最高上限值时,则评判合格。欧洲标准中的单次结果的限制要比规范要求指标宽松,如活性指标的活性下限值为 95%,结晶硅的上限值为 0.5% 等。

欧洲标准对硅灰的评定类似于中国对混凝土强度的评定标准,单次不合格不代表批次不合格,允许出现 5% 的不合格品。因此,在国外有硅灰进场检测时应注意此点,避免出现将批次合格的硅灰当成不合格品处理。

4.5.6　取样和标记

1. 取样和贮存

1)中国标准中规定,取样时,应有代表性,可连续取,也可从 10 个以上不同部位取等量样品,总量至少 5kg,硅灰浆至少 15kg;欧洲标准中规定,生产商应在硅灰排放口某一固定位置连续采样,取样量为 1kg;且针对不同性能,规定了每次取样量。

2)中国标准中贮存期从生产期起计算为 6 个月,欧洲标准中样品合格有效期为 12 个月。

2. 标记

欧洲标准中规定,硅灰生产商应提供产品种类和等级(1、2 级)、运输方式、净含量、生产方名称和地址、包装/运输日期、(氯离子含量)、标准号及年号。

中国标准中规定,硅灰生产商应提供产品名称、产品标记、净含量、生产方名称和地址、批号和生产日期。

相同之处:中欧生产商提供在包装袋上的硅灰产品的总体信息大致相同。

4.5.7　总结

中欧硅灰标准在制定上有较为明显的差异,主要体现在以下几个方面:检测指标范围、检测指标要求、合格性评定。

1)从检测指标范围来看,除了常规的 SiO_2 含量、Cl^- 含量、烧失量、比表面积以及活性指数外,中国标准还规定了含水率、需水量比以及耐久性相关指标,在实际生产应用中有利于混凝土质量的控制,但在安定性指标如游离 CaO 以及 SO_3 含量上并未作要求,建议修订时予以考虑。在对环境、安全、健康要求的条款里，欧洲标准规定了结晶硅的含量，对放射性无量化指标；中国标准规定了放射性指标数值，对结晶硅含量未作要求。

2）从检测指标要求来看，主要是 SiO_2 含量及活性指数的指标有差异，中国标准要求得更为严格。在配合比设计中，当胶凝材料 28d 胶砂抗压强度值无实测值时，其计算公式应考虑到硅灰的影响系数，即硅灰的活性指数。因此，在国外进行硅灰混凝土配合比设计时应予以考虑。

3）从合格性评定来看，欧洲标准显得更为合理，要求硅灰质量波动全年应呈现正态分布。以正态分布的评定方式，允许出现低于标准值但高于限值的硅灰产品，并利用全年均值及标准差来判定硅灰质量的合格与否，值得中国标准借鉴。

4.6 中欧骨料标准对比研究

4.6.1 标准设置

欧洲标准中骨料定义和要求标准为：《混凝土骨料》EN 12620：2002＋A1：2008，该标准主要规定了天然骨料、人造骨料、再生骨料的性能及如何根据骨料性能在应用中进行选择，主要包括术语和定义、几何要求、物理性能要求、化学性能要求、耐久性、合格性评价和标志方法等。

中国标准中对应的标准《建设用砂》GB/T 14684—2011、《建设用卵石、碎石》GB/T 14685—2011，规定了建设用砂、建设用卵石/碎石的术语和定义、分类与规格、技术要求、试验方法、检验规则、标志、储存和运输等。

中欧骨料标准设置对比见表 4-6-1。

中欧骨料标准设置对比 表 4-6-1

中国或欧洲	标准
中国	《建设用砂》GB/T 14684—2011；《建设用卵石、碎石》GB/T 14685—2011
欧洲	《混凝土骨料》EN 12620：2002＋A1：2008

4.6.2 标准适用范围

欧洲标准《混凝土骨料》EN 12620：2002＋A1：2008 适用于各类混凝土（符合欧洲标准 EN 206 的混凝土、道路和其他路面施工用混凝土和预制混凝土产品）中烘干颗粒密度大于 $2000kg/m^3$ 的骨料和具有适当证明文件的颗粒密度为 $1500kg/m^3 \sim 2000kg/m^3$ 的再生粗细骨料。该标准不适用于用作水泥成分的填充骨料。

中国标准《建设用砂》GB/T 14684—2011、《建设用卵石、碎石》GB/T 14685—2011 分别适用于建设工程中混凝土及其制品和普通砂浆用砂、建设工程（除水工建筑物）中水泥混凝土及其制品用卵石/碎石。

不同之处：欧洲标准的适用范围更广，将砂、石统一归类为骨料，除划分为细骨料、粗骨料外，还介绍了天然骨料、人造骨料、再生骨料的定义和相关性能要求。

4.6.3　术语和定义

欧洲标准中根据产地和制造方式，将骨料分为：天然骨料、人造骨料和再生骨料。

根据粒径，将骨料分为两类：粗骨料、细骨料。骨料的粒径用下层筛孔尺寸 d 和上层筛孔尺寸 D 表示，其中，粗骨料为粒径 $D \geqslant 4mm$ 且 $d \geqslant 2mm$ 的骨料；细骨料为 $D \leqslant 4mm$ 的骨料。

根据级配，将骨料分为：天然级配 0/8mm 骨料、混合骨料和填充骨料。其中，天然级配 0/8mm 骨料为 $D \leqslant 8mm$ 的天然骨料；混合骨料为粗细骨料混合而成的骨料；填充骨料为大部分能通过 0.063mm 筛孔，并能添加到施工材料中以提供某些性能的细骨料。

中国标准中，骨料按粒径大小分为细骨料和粗骨料。粗骨料为粒径 $\geqslant 4.75mm$ 的骨料；细骨料为粒径 $\leqslant 4.75mm$ 的骨料。

细骨料通常称为砂，砂按来源分为天然砂、机制砂；按细度模数分为粗砂、中砂、细砂；按技术要求分为 Ⅰ 类、Ⅱ 类、Ⅲ 类。

粗骨料分为卵石和碎石。卵石由自然风化、水流搬运和分选、堆积而成；碎石由天然岩石或卵石经机械破碎、筛分制成。按技术要求也分为 Ⅰ 类、Ⅱ 类、Ⅲ 类。

不同之处：中欧标准对于粗细骨料的粒径范围的规定有细微差别：欧洲标准中粗骨料既要求最大粒径 $\geqslant 4mm$，也要求最小粒径 $\geqslant 2mm$；中国标准中粗骨料要求粒径 $\geqslant 4.75mm$。中欧标准中细骨料的粒径范围差别较小。

欧洲标准中的微粉与中国标准中的石粉及泥粉名称不同，但定义基本相同。欧洲标准中微粉指能够通过 0.063mm 筛孔的颗粒，细骨料、粗骨料、天然级配 0/8mm 骨料、混合骨料中均可能存在微粉。中国标准中石粉主要指机制砂中粒径小于 0.075mm 的颗粒，泥粉指天然砂石中粒径小于 0.075mm 的颗粒。微粉的最大粒径略小于石粉和泥粉的最大粒径。此外，欧洲标准给出一个特殊的骨料种类—天然级配 0/8mm 骨料，它的定义是粒径不大于 8mm 的冰川或河流生成的天然骨料，也可通过混合人造骨料制成。

4.6.4　几何性能指标

混凝土骨料的几何性能主要是指其级配、粒形与粒径等。骨料级配的变化会影响混凝土的抗压强度、和易性与粘聚性。限制骨料的级配通常是为了保持与使用材料的一致性。

1. 颗粒级配

欧洲标准分别对粗骨料、细骨料、天然级配 0/8mm 骨料、混合骨料、填充骨料的级配要求进行了规定。

中欧标准均采用筛分法来测定骨料的颗粒级配，且均采用方孔筛。但中欧方孔筛尺寸略有不同，中国标准用于判断细骨料的筛孔尺寸较欧洲标准略大，测定粗骨料的筛孔尺寸相同，均包含 16mm、31.5mm、63mm 筛孔。并且，中国标准中砂石骨料的颗粒级配按照累计筛余量进行分区，欧洲标准中按照骨料通过筛网的质量百分率（即过筛率）进行级配分区，具体级配要求见表 4-6-2～表 4-6-4。

中欧标准骨料粒径筛分尺寸及中国细骨料颗粒级配区　　　　表 4-6-2

欧洲标准筛网尺寸	中国标准筛网尺寸	砂的颗粒级配		
		累计筛余量/%		
		1 区	2 区	3 区
4mm	4.75mm	10～0	10～0	10～0
2mm	2.36mm	35～5	25～0	15～0
1mm	1.18mm	65～35	50～10	25～0
0.5mm	0.6mm	85～71	70～41	40～16
0.250mm	0.315mm	95～80	92～70	85～55
0.125mm	0.15mm	100～90	100～90	100～90
0.063mm	0.075mm	—	—	—

中国标准卵石、碎石的颗粒级配要求　　　　表 4-6-3

公称粒级/mm		累计筛余/%											
		方孔筛/mm											
		2.36	4.75	9.50	16.0	19.0	26.5	31.5	37.5	53.0	63.0	75.0	90
连续粒级	5～16	95～100	85～100	30～60	0～10	0							
	5～20	95～100	90～100	40～80	—	0～10	0						
	5～25	95～100	90～100	—	30～70	—	0～5	0					
	5～31.5	95～100	90～100	70～90	—	15～45	—	0～5	0				
	5～40	—	95～100	70～90	—	30～65	—	—	0～5	0			
单粒粒级	5～10	95～100	80～100	0～15	0								
	10～16		95～100	80～100	0～15								
	10～20		95～100	85～100		0～15	0						
	16～25			95～100	55～70	25～40	0～10						
	16～31.5		95～100		85～100			0～10					
	20～40			95～100		80～100			0～10	0			
	40～80					95～100			70～100		30～60	0～10	0

欧洲标准骨料的一般级配要求　　　　表 4-6-4

骨料	粒径	过筛质量百分率/%					骨料类别 G^d
		2D	$1.4D^{ab}$	D^c	d^b	$d/2^{ab}$	
粗骨料	$D/d \leqslant 2$ 或 $D \leqslant 11.2mm$	100	98～100	85～99	0～20	0～5	$G_C85/20$
		100	98～100	80～99	0～20	0～5	$G_C80/20$
	$D/d > 2$ 且 $D > 11.2mm$	100	98～100	90～99	0～15	0～5	$G_C90/15$
细骨料	$D \leqslant 4mm$ 且 $d=0$	100	95～100	85～99	—	—	G_F85
天然级配 0/8mm 骨料	$D=8mm$ 且 $d=0$	100	98～100	90～99	—	—	$G_{NG}90$

续表

| 骨料 | 粒径 | 过筛质量百分率/% | | | | | 骨料类别 |
		$2D$	$1.4D^{ab}$	D^c	d^b	$d/2^{ab}$	G^d
混合骨料	$D \leqslant 45mm$ 且 $d=0$	100	98～100	90～99	—	—	$G_A 90$
		100	98～100	85～99	—	—	$G_A 85$

a　如果计算出的筛孔尺寸不是 ISO 565 中 R20 系列所列的准确筛孔数值,则应采用紧邻该筛孔尺寸的下一个筛孔尺寸;

b　对于间断级配混凝土或其他特殊用途,可以规定附加要求;

c　通过 D 筛孔的质量百分率可以超过 99%,但是对于这种情况,生产商应用文件证明并公布典型级配,包括筛孔尺寸 $D, d, d/2$ 和基本组+组 1 或基本组+组 2 中的筛孔尺寸。如果筛孔的比例小于相邻的下层筛孔的 1.4 倍,则可以排除这个筛孔;

d　其他骨料产品标准对类别有不同的要求。

欧洲标准中规定,对于粗骨料,应符合表 4-6-4 中合适的骨料粒径 d/D 和其对应的一般级配要求。对于 $D/d \leqslant 2$ 或 $D \leqslant 11.2mm$ 和 $D/d > 2$ 且 $D > 11.2mm$ 的粗骨料,以及 $D > 11.2mm$ 且 $D/d \leqslant 2$,或 $D \leqslant 11.2mm$ 且 $D/d \leqslant 4$ 单粒级的粗骨料,应符合表 4-6-4 中合适的粒径 d/D 和其对应的一般级配要求。在筛孔尺寸选取上,选取五种筛孔尺寸,分别为:$2D$、$1.4D$、D、d、$d/2$,并对每级筛的过筛质量百分率限值范围作了规定。此外,当粗骨料 $D/d > 2$ 且 $D > 11.2mm$ 或 $D/d > 4$ 且 $D \leqslant 11.2mm$ 时,除了应满足表 4-6-4 中的一般级配要求,还应满足对中型尺寸骨料的附加要求,见表 4-6-5。

欧洲标准中型筛粗骨料级配的总限值和公差　　　　　表 4-6-5

| D/d | 中型筛孔尺寸/mm | 中型筛级配的总限值和公差(通过质量百分率) | | 类别 |
		总限值	生产商公布的典型级配的公差	G_T
<4	$D/1.4$	25～70	± 15	$G_T 15$
$\geqslant 4$	$D/2$	25～70	± 17.5	$G_T 17.5$

如果计算求出的中型筛孔尺寸不是 ISO 565 中 R 20 系列所列的准确筛孔尺寸,那么应采用该系列中与该中型筛孔尺寸最接近的筛孔尺寸

欧洲标准中规定,对于天然级配 0/8mm 的骨料,应符合表 4-6-4 中对应的一般级配要求。在筛孔尺寸选取上,选取 3 种筛,尺寸分别是 $2D$、$1.4D$、D,并对每级筛的过筛质量百分率限值范围作了规定。此外,欧洲标准还对每级筛的过筛质量百分率的公差作了规定。

欧洲标准中规定,对于混合骨料,应以 $D \leqslant 45mm$ 且 $d=0$ 的粗细骨料混合物的形式供应,并应符合表 4-6-4 中对应的一般级配要求。此外,还应符合适用于其骨料粒径的通过两个中间筛的百分率的特殊要求。在筛孔尺寸选取上,选取 3 种筛,尺寸分别是 $2D$、$1.4D$、D,并对每级筛的过筛质量百分率限值范围作了规定。

对于填充骨料,筛孔尺寸上规定了 2mm、0.125mm 和 0.063mm。

欧洲标准中规定,对于细骨料,应符合表 4-6-4 中合适的上层筛孔尺寸 D 和其对应的一般级配要求。细骨料的粒径应满足 $d=0$ 且 $D \leqslant 4mm$ 的要求。在筛孔尺寸选取上,选取 3 种筛,尺寸分别是 $2D$、$1.4D$、D,并对每级筛的过筛质量百分率限值范围作了规定。此外,欧洲标准还对 0/4 级、0/2 级、0/1 级普通细骨料每级筛的过筛质量百分率的

公差作了规定。细骨料可划分为粗砂、中砂和细砂，分别用C、M、F表示，可用0.5mm筛过筛率P来区分，或根据细度模数F范围区分（CF：2.4~4.0；MF：2.8~1.5；FF：2.1~0.6）。中国标准中砂的粗细程度对应的细度模数则为：粗砂：3.7~3.1；中砂：3.0~2.3；细砂：2.2~1.6。

《混凝土骨料》EN 12620：2002＋A1：2008中通常计算细度模数为以下筛子筛余质量百分比的累计总和，以百分比表示，即式（4-6-1）：

$$FM=\frac{\sum[(>4)+(>2)+(>1)+(>0.5)+(>0.25)+(>0.125)]}{100} \quad (4-6-1)$$

《建设用砂》GB/T 14684—2011中砂的细度模数按式（4-6-2）计算，精确至0.01：

$$Mx=[(A_2+A_3+A_4+A_5+A_6)-5A_1]/(100-A_1) \quad (4-6-2)$$

式中：A_1、A_2、A_3、A_4、A_5、A_6——分别为4.75mm、2.36mm、1.18mm、0.6mm、0.3mm、0.15mm筛的累计筛余百分率。

2. 颗粒形状与表面特征

骨料的颗粒形状和表面特征对混凝土的工作性能、力学性能均有较大的影响。对工作性能最有利的骨料颗粒形状接近球形，并具有较光滑的表面，如果骨料接近针片状，需要更多的水泥浆包裹其表面和提供润滑，影响混凝土的工作性能。表面粗糙的颗粒与水泥的粘结效果较光滑颗粒要好，对强度具有有利作用。

中国标准中将卵石和碎石颗粒的长度大于该颗粒所属相应粒级的平均粒径2.4倍者称为针状颗粒，将厚度小于平均粒径0.4倍者称为片状颗粒（平均粒径指该粒级上、下限粒径的平均值）。针片状颗粒含量采用专用的针状规准仪和片状规准仪测定。《建设用卵石、碎石》GB/T 14685—2011规定粗骨料的针片状含量分为三类，Ⅰ、Ⅱ、Ⅲ类针片状颗粒总含量质量分数分别不大于5%、10%、15%。

相比中国标准中碎石、卵石的针片状含量，《混凝土骨料》EN 12620：2002＋A1：2008中指出应采用片状指数FI和形状指数SI表示粗骨料的颗粒形状和表面特征，用棱角性表示细骨料的表面特征，并将片状指数分为6个等级，分别是FI_{15}、FI_{20}、FI_{35}、FI_{50}、$FI_{Declared}$、FI_{NR}。欧洲标准中也规定了片状指数和形状指数的测试方法。片状指数是确定形状指数的参考试验。此外，欧洲标准中还规定了产自海洋环境的粗骨料中贝壳含量应不大于10%。

片状指数为颗粒厚度小于颗粒所属粒级的最大粒径0.5倍钢筋棒筛的颗粒质量百分比，形状指数为颗粒最大长度与最小厚度方向的尺寸之比大于3倍的颗粒质量百分比。

（1）片状指数

欧洲标准中骨料片状指数采用钢筋棒筛分试验测定，见图4-6-1。钢筋棒筛与中国的针状规准仪相似，但是测定方法不同。钢筋棒筛分试验是对骨料进行筛分试验，而不是一颗一颗比对，所以一次测试量远超针状规准仪。

按不同的粗骨料规格要求有采用不同间距的钢筋棒筛分，得出通过率，计算属于扁平颗粒占

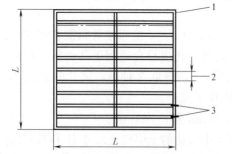

图4-6-1 欧洲骨料片状指数所用的钢筋棒筛

1—金属框架；2—棒筛间距；3—钢筋直径

（5mm~15mm）；L为250mm~350mm

总量的质量百分比，即为粗骨料的片状指数。片状指数等级 FI_{15} 表示片状颗粒总量 $\leqslant 15\%$。

（2）形状指数

欧洲标准中骨料形状指数采用卡尺量取，见图 4-6-2。将骨料筛分成不同粒级，分别用卡尺逐颗测定骨料的长度 L 与厚度 E，以 L/E 大于 3:1 的颗粒质量与该粒级总质量之比表示，然后以各粒级骨料所有 L/E 大于 3:1 的颗粒质量和与总质量之比作为形状指数。对混合料采用质量配比加权平均方法计算总的形状指数 SI，以评价骨料混合料是否合格。形状指数分为 SI_{15}、SI_{20}、SI_{40}、SI_{55}、SI_{Declared}、SI_{NR}。形状指数等级 SI_{15} 表示针片状颗粒总量 $\leqslant 15\%$。

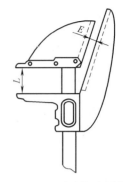

图 4-6-2　欧洲标准骨料
形状指数测试用卡尺

骨料的几何性能是决定混凝土工作性能、力学性能的重要因素。中欧标准对骨料的几何性能要求差异较大，颗粒级配方面均采用筛分法，但采用的筛孔尺寸有所差异，且计算方式不同，欧洲标准以累计过筛率表示，中国标准以累计筛余量表示；颗粒形状和表面特征方面，欧洲标准虽然提出用片状指数和形状指数描述粗骨料的形貌，用棱角性描述细骨料的形貌，较中国标准中仅针对粗骨料采用针片状试验判断要求更细致、详尽，但只是对片状指数、形状指数分级进行了说明，而中国标准有明确的针片状含量的量化指标限制。此外，中欧针片状颗粒试验所用的仪器相似，但试验方法和计算方法不同。

3. 微粉含量

欧洲标准中规定微粉为粒径＜0.063mm 的细颗粒，主要由石粉、泥粉等组成。微粉含量指标基本对应中国标准中含泥量和石粉含量。欧洲标准根据粗骨料和细骨料的最大微粉含量进行分类，见表 4-6-6。

欧洲标准骨料微粉含量最大值分类类别　　　　　　　　　表 4-6-6

微粉含量	骨料种类					
	粗骨料		天然骨料 0/8mm		细骨料	
0.063mm 过筛质量%	—	—	$\leqslant 3$	f_3	$\leqslant 3$	f_3
	$\leqslant 1.5$	$f_{1.5}$				
			$\leqslant 10$	f_{10}		
	$\leqslant 4$	f_4	$\leqslant 16$	f_{16}		
	>4	f_{Declared}	>16	f_{Declared}	$\leqslant 10$	f_{10}
					$\leqslant 16$	f_{16}
					$\leqslant 22$	f_{22}
					>22	f_{Declared}
	不作要求	f_{NR}	不作要求	f_{NR}		
					不作要求	f_{NR}

当细骨料的微粉含量 $\leqslant 3\%$ 或砂当量值高于规定的最低限值；或亚甲蓝值低于特殊规定的限值时，无需测试微粉质量。

中国标准中规定，石粉为粒径＜0.075mm 的细颗粒，仅细骨料机制砂对石粉含量有限定，且石粉含量的最大限值按质量比计不得超过 10%。

中国标准也规定了砂石的含泥量和泥块含量，砂的最大含泥量≤5%，最大泥块含量≤2%；卵石、碎石的最大含泥量≤1.5%，最大泥块含量≤0.5%。

4.6.5 物理力学性能指标

骨料的物理力学性能是决定混凝土强度的重要因素。欧洲标准中主要包括抗破裂性、耐磨性、密度和吸水率等指标，中国标准中包括强度、压碎指标、密度和吸水率等指标。

1. 抗破碎能力和耐磨性

欧洲标准中用洛杉矶系数（LA）表示粗骨料的抗破碎能力，且规定了不同等级的骨料洛杉矶系数的最大值，包括 LA_{15}、LA_{20}、LA_{25}、LA_{30}、LA_{35}、LA_{40}、LA_{50}。LA_{15} 表示洛杉矶系数小于等于 15%。天然粗骨料的洛杉矶系数应小于 30%。

抗冲击值表示粗骨料的抗冲击能力，包括 SZ_{18}、SZ_{22}、SZ_{26}、SZ_{32}。SZ_{18} 表示抗冲击值不超过 18%。天然粗骨料的抗冲击强度指数不超过 22%。

耐磨蚀值（M_{DE}）表示粗骨料的耐磨性，包括 $M_{DE}10$、$M_{DE}15$、$M_{DE}20$、$M_{DE}25$、$M_{DE}35$、$M_{DE}Declared$ 和 $M_{DE}NR$。$M_{DE}10$ 表示微德瓦尔系数小于等于 10%。

中国标准中用强度来表示骨料的力学性能，不同品种骨料用压碎指标来表示其抗破碎能力，碎石压碎指标应≤30%，卵石压碎指标应≤16%，机制砂压碎指标应≤30%。

2. 表观密度、堆积密度和吸水率

欧洲标准规定，有要求时，表观密度、堆积密度和吸水率应根据《骨料的力学和物理性能试验—第 6 部分：骨料密度和吸水率测定》EN 1097-6：2013 中相应的条款确定并声明结果。对于骨料的表观密度、堆积密度和吸水率，欧洲标准中并无强制的量化指标，但测试方法与中国标准相似。

中国标准规定，粗骨料的表观密度应不小于 2600kg/m³，空隙率不大于 47%，且吸水率最大不超过 2%；砂的表观密度应不小于 2500kg/m³，松散堆积密度不小于 1400kg/m³，空隙率不大于 44%。

由上可知，物理力学性能方面，中国标准要求指标明确，欧洲标准中因骨料的使用环境、用途不同，故很多指标无强制要求，仅区分了不同的等级和相应的指标要求，实际使用时应根据工程要求、使用环境等因素选择合适性能的骨料。

4.6.6 化学性能指标

1. 硫含量

欧洲标准中，对于骨料硫含量（含酸溶性硫酸盐含量、总硫含量和再生骨料的水溶性硫酸盐含量）的规定如下：

(1) 酸溶性硫酸盐含量

在《混凝土骨料》EN 12620：2002＋A1：2008 中，对骨料的酸溶性硫酸盐含量的最大值类别进行了规定，见表 4-6-7。此外，还应满足《骨料的化学性能试验—第 1 部分：化学分析》EN 1744-1：2009＋A1：2012 第 12 条有关规定。

(2) 总硫含量

骨料、填充骨料的总硫含量应根据欧洲标准中的条款确定，且还应满足：

1）气冷高炉矿渣骨料总硫含量不应超过 2%；

2）非气冷高炉矿渣骨料总硫含量不应超过 1%。

如果骨料中含有磁黄铁矿（FeS 的一种不稳定的形式），总硫含量最大值应为 0.1%。

(3) 再生骨料的水溶性硫酸盐含量

欧洲标准骨料中酸溶性硫酸盐含量的最大值类别　　　　表 4-6-7

骨料	酸溶性硫酸盐含量(质量比%)	AS 种类
非气冷高炉矿渣骨料	≤0.2	$AS_{0.2}$
	≤0.8	$AS_{0.8}$
	>0.8	$AS_{Declare}$
	无要求	AS_{NR}
气冷高炉矿渣骨料	≤1.0	$AS_{1.0}$
	>1.0	$AS_{Declare}$
	无要求	AS_{NR}

再生骨料的水溶性硫酸盐含量应根据欧洲标准确定，且最大值不超过 0.2%。

中国标准中，规定硫化物及硫酸盐含量不得超过 0.5%。

2. 氯离子含量

骨料中的氯离子通常以钠盐和钾盐的形式存在，其含量取决于骨料的来源。骨料中氯离子含量会影响混凝土中氯离子的含量，当氯离子含量较大时，更容易造成混凝土中钢筋锈蚀。欧洲标准中规定，天然骨料需测定水溶性氯离子含量，再生粗骨料需测定酸溶性氯离子含量。如混合骨料中水溶性氯离子含量不大于 0.01%，则可将该值用于混凝土中氯离子含量的计算。

中国标准中对不同等级的砂的氯离子含量要求不同，最大不超过 0.06%。

3. 有机物

欧洲标准中规定，如骨料中含有的有机物或其他物质的比例可能影响混凝土的强度或凝结时间，应评估该类成分对凝结时间和强度的影响，并给出了评估方法及有机物的测定方法，但未指出具体的有害物质种类及其含量限定。欧洲标准规定，该类成分的比例应满足不会使砂浆的硬化时间延长超过 120min 或砂浆 28d 抗压强度降低量超过 20%（再生骨料也适用）。中国标准中，砂中的有害物质的限值规定具体见表 4-6-8。中国标准规定，有机物的含量应合格，在比色法试验中要求浅于标准色。

中国标准中砂中有害物质限量　　　　表 4-6-8

类别	Ⅰ	Ⅱ	Ⅲ
云母（按质量计）/%	≤1.0	≤2.0	
轻物质（按质量计）/%	≤1.0		
有机物	合格		
硫化物及硫酸盐（按 SO_3 质量计）/%	≤0.5		
氯化物（以氯离子质量计）/%	≤0.01	≤0.02	≤0.06
贝壳（按质量计）*/%	≤3.0	≤5.0	≤8.0

* 该指标仅适用于海砂，其他砂种不作要求。

由上可知，中欧标准中骨料化学性能指标项目基本相同，但具体指标限值存在一定差异。中国标准中硫化物及硫酸盐含量较欧洲标准中要求略低，明确了不同类别砂的最大氯离子含量，此外，还限制了云母、轻物质等有害物质含量。

4.6.7 耐久性指标

1. 坚固性

坚固性是指粗骨料在自然风化和其他外界物理化学因素作用下抵抗破裂的能力。欧洲标准中采用饱和硫酸镁安定性试验来确定粗骨料的坚固性，具体试验方法如下：将粗骨料浸入盛有硫酸镁溶液的容器中，浸泡 17h±0.5h 后取出，沥干、烘干、冷却后进入下一个循环，最后一个循环后将粗骨料洗净、干燥，冻融质量损失以粗骨料质量损失与初始质量比值表示。但欧洲标准中仅规定了不同等级的坚固性指标及代号，如当硫酸镁值质量损失率≤35％时，可用 MS_{35} 表示，对最大限值并无强制性指标要求。

中国标准中以硫酸钠溶液法测定骨料的坚固性，规定卵石和碎石经 5 次循环后，其质量损失的要求为：砂的坚固性指标为≤10％，石的坚固性指标为≤12％。

2. 抗冻性

欧洲标准中将骨料的吸水率指标作为抗冻融性的筛选性指标。欧洲标准提出，如果按《骨料的力学和物理性能试验—第 6 部分：骨料密度和吸水率测定》EN 1097-6：2013 确定的骨料吸水率低于 1％，可认为骨料是抗冻的。如果吸水率超过 1％，则需测定抗冻融循环能力，以冻融循环后质量损失百分比来表示，具体试验方法如下：测得粗骨料质量 m_1 后置于水中，在 20℃～（－17.5℃±2.5℃）～20℃进行冻融循环，循环后过 1/2 最小粒级粗骨料粒径的筛子，测得筛上粗骨料质量 m_2，冻融质量损失以 m_1、m_2 差值与 m_1 比值表示。

当处于极端苛刻条件时，还需测定骨料的抗盐冻性。

3. 干燥收缩

欧洲标准中规定为避免因骨料性能导致破坏性收缩裂缝，骨料的干燥收缩率应≤0.0075％。

4. 碱骨料反应

骨料的碱活性成分会与水泥产生碱硅酸反应和碱碳酸反应，促使混凝土中骨料的体积增大，最终导致混凝土破坏。中国标准中规定骨料经碱骨料反应试验后，试件应无裂缝、酥裂、胶体外溢等现象，在规定的试验龄期膨胀率应＜0.01％。欧洲标准中并无具体指标要求，但规定了测试方法，与中国标准相近。

5. 外观质量

欧洲标准中规定，骨料中可能对表面质量或耐久性产生不利影响的轻质有机污染物含量不得超过细骨料质量的 0.5％或粗骨料质量的 0.1％。

由此可见，中国标准中骨料仅要求坚固性与碱骨料反应指标，欧洲标准还对抗冻融性、干燥收缩、外观质量进行了相关要求，其对骨料的耐久性要求更高。

此外，欧洲标准中对再生骨料的组分、性能指标进行了重要描述，规定了不同组成成分的再生骨料的含量、水溶性硫酸盐含量指标等，这是中国标准中未提及的。为了对中欧标准骨料有更直观的认识，特将骨料的各性能指标总结，见表 4-6-9。

中国标准骨料性能最大限值与欧洲标准骨料性能最高等级指标对比　　表 4-6-9

性能项目	中国标准最大限值		欧洲标准最高等级指标
	砂	碎石或卵石	骨料(含砂、石)
颗粒形状	—	针片状≤15%	片状指数≤50% 形状指数≤55% 棱角性≥30%
石粉含量	MB 1.4 为分界线 机制砂石粉≤10%/≤5%	—	粗骨料 最大微粉含量≤4% 细骨料 最大微粉含量≤22%
含泥量	≤5%	≤1.5%	
泥块含量	≤2%	≤0.5%	
贝壳含量	≤8.0%	—	≤10%
有机物含量	合格	合格	合格
硫含量	≤0.5%	≤1%	气冷式矿渣骨料≤2% 非气冷式矿渣骨料≤1%
Cl⁻含量	≤0.06%	—	
坚固性	硫酸钠溶液法≤10%	硫酸钠溶液法≤12%	硫酸镁溶液法≤35%
强度	—	火成岩≥80MPa 变质岩≥60MPa 水成岩≥30MPa	洛杉矶系数≤50% 抗冲击值≤32% 微德瓦尔系数≤35%
压碎指标	机制砂≤30%	碎石≤30% 卵石≤16%	
吸水率	—	≤2%	
抗冻融性	—	—	吸水率≤1%则有抗冻性,大于则需测抗冻性
干燥收缩	—	—	≤0.0075%
碱骨料反应	<0.1%	—	

4.6.8　性能检测频率

欧洲标准骨料普通性能的最小测试频率见表 4-6-10。

欧洲标准骨料普通性能的最小测试频率　　表 4-6-10

序号	特性	EN 12620 中条款	注释/参考	测试方法 (标准号)	最小测试频率
1	级配	4.3.1 4.3.6		EN 933-1 EN 933-10	每周一次
2	粗骨料的形状	4.4	测试频率适用于碎骨料,未破碎砾石的测试频率根据来源有所不同并可能减少	EN 933-3 EN 933-4	每月一次
3	细骨料含量	4.6		EN 933-1	每周一次

序号	特性	EN 12620 中条款	注释/参考	测试方法（标准号）	最小测试频率
4	细骨料质量	4.6	仅当有要求时，需符合在附录 D 中规定的条件	EN 933-8 EN 933-9	每周一次
5	颗粒密度和吸水率	5.5		EN 1097-6	每年一次
6	碱骨料反应	5.7.3		a	当需要时或有怀疑时
7	岩性描述	8.1		EN 923-3	三年一次
8	特别是危险物质：放射性物质的放射、重金属释放、多芳烃碳的放射	H.3.3 H.4	b	b	当需要时或有怀疑时

a 在使用的地方有效；
b 除非另有规定，只用于 CE 标识目的

4.6.9 总结

欧洲标准规定了混凝土粗细骨料的几何要求、物理性能、化学成分、合格评定等内容。中国标准规定了建设用砂的分类与规格、技术要求、试验方法、检验规则等内容，也规定了建设用卵石、碎石的定义、分类与规格、技术要求、试验方法、检验规则、标志、储存和运输等内容。通过对比发现：

1）对于几何要求，主要差别在于级配上。欧洲标准是根据不同粒级条件进行规定，而中国标准直接对每个粒级种类进行规定，并且，在对某一粒级的尺寸规定上，欧洲标准更注重粒级之外的大尺寸骨料含量，中国标准更注重粒级之间的中间尺寸的骨料含量；还有一点需要指出，中欧标准都对粗骨料的形状作了规定。但欧洲标准采用片状指数和形状指数，而中国标准采用针片状含量。在几何尺寸的对比中详细说明了片状指数、形状指数和针片状含量定义的不同，这是骨料标准差异需要重点关注的部分。

2）对于物理性能，欧洲标准对骨料的耐磨耗性、抗破碎性、耐磨光（损）性以及对防滑钉轮胎的耐磨性进行了细致的规定，在应用时需要熟悉该类指标对应的工程应用以及该类指标的试验方法，而中国标准主要规定压碎指标，对其他指标均无特别要求，特别是基于洛杉矶试验的骨料抗破碎性能指标。

3）对于组成规定，主要差别在于有害物质。欧洲标准仅指出骨料中有害物质的影响（凝结和硬化），更侧重工程物理性质，而中国标准给出有害物质种类并对其限定。

4）对于合格性评定，主要差别在于检验分类和试验频率。中国标准要求进行出厂检验而欧洲标准要求进行生产连续化检验；关于试验频率，欧洲标准连续化生产按时间进行

检验，中国标准则按数量进行检验。

5）对于耐久性能，欧洲标准将其作为一项重要的指标，不仅要求坚固性、碱骨料反应指标，还对抗冻融性、干燥收缩、外观质量、吸水率进行了相关要求，中国标准仅要求坚固性、碱骨料反应与石子吸水率指标，欧洲标准对骨料的耐久性能要求更高。

6）中欧骨料标准的关键区别体现在对骨料的技术性能要求方面。中国标准对骨料的技术性能指标要求非常明确，要求骨料性能须符合标准方可使用。欧洲标准对骨料的技术性能只给出了等级划分，未直接指出骨料性能应满足哪种等级的要求，骨料的性能和等级由设计人员、合同技术条款的编制人员根据用途、环境、混凝土的强度等级等因素来确定。

4.7　中欧混凝土用骨料测试方法对比研究

4.7.1　标准设置

欧洲骨料试验方法主要按骨料一般性能、几何性能、机械和物理特性分别设置不同标准，中国骨料试验方法主要按粗、细骨料分别设置标准，并辅以通用标准。中欧骨料试验方法标准设置对比见表 4-7-1。

中欧骨料试验方法标准设置对比　　　　　　　　　　表 4-7-1

分类	中国标准	欧洲标准
细骨料	《建设用砂》GB/T 14684—2011	《骨料的一般性能试验》EN 932《骨料的几何性能试验》EN 933《骨料的力学和物理性能试验》EN 1097
	《硅酸盐建筑制品用砂》JC/T 622—2009	
粗骨料	《建设用卵石、碎石》GB/T 14685—2011	
	《铁路碎石道砟 第2部分：试验方法》TB/T 2140.2—2018	
通用	《轻骨料及其试验方法》GB/T 17431.1—2010	
	《普通混凝土用砂、石质量及检验方法标准》JGJ 52—2006	
	《公路工程集料试验规程》JTG E42—2005	

欧洲标准中，骨料几何性能试验标准主要为 EN 933 系列，包含有 11 部分，其中第 1 部分为骨料粒径分布测定-筛分法；中国涉及骨料几何性能试验的标准主要为《建设用卵石、碎石》GB/T 14685—2011、《建设用砂》GB/T 14684—2011 等。中欧标准中骨料部分试验方法对比见表 4-7-2。

中欧标准中骨料试验方法对比　　　　　　　　　　表 4-7-2

试验内容	中国标准要求	欧洲标准要求
耐磨性	无相关规定	微德瓦尔系数 M_{DE} 表征
耐碎裂性	骨料粒径、钢球数量和质量差异	
松散堆积密度和空隙率	适用最大粒径≤80mm 的骨料；按砂、石分别采用不同试验方法	适用最大粒径≤63mm 的骨料；所有骨料采用同种方法
骨料密度和吸水率	2.36mm～75mm（篮网法、容量瓶法）	4.0mm～31.5mm（容量瓶法）
		31.5mm～63mm（篮网法）

4.7.2 粒径分布（颗粒级配）测试

欧洲标准《骨料的几何性能试验—第 1 部分：粒径分布测定-筛分法》EN 933-1：2012 在测试原理方面与中国标准基本相同，都是采用不同筛孔尺寸的筛子对骨料进行筛分，获取每级筛网的骨料质量数据，进而对骨料粒径分布情况进行分析，得到相应的检测报告。

不同之处在于，欧洲标准中对骨料的筛分方法分为冲洗筛分法和干燥筛分法，其中轻骨料宜采用干燥法，而中国标准只选择干燥筛分法。其次在干燥温度上也有细微差别，欧洲标准为 110℃±5℃，中国标准为 105℃±5℃。

1. 仪器设备

中欧标准中试验仪器设备基本相同，主要区别在于筛孔的尺寸方面。欧洲标准中筛孔在《骨料的几何性能试验—第 2 部分：粒径分布测定-试验筛》EN 933-2：2020 标准中进行了规定，且还应遵循 ISO 3310-1 和 ISO 3310-2 中的要求。

2. 试验步骤

中欧标准中对试验样品的质量都有相关要求，具体数据见表 4-7-3、表 4-7-4。其中，中国标准中细骨料试验试样质量每次均为 500g，精确至 1g。

中国标准骨料试验试样质量要求 表 4-7-3

最大粒径/mm	9.5	16.0	19.0	26.5	31.5	37.5	63.0	75.0
最少试样质量/kg	1.9	3.2	3.8	5.0	6.3	7.5	12.6	16.0

欧洲标准骨料试验试样质量要求 表 4-7-4

骨料尺寸 D 最大值/mm	最少骨料质量/kg	轻骨料体积/L
90	80	—
32	10	2.1
16	2.6	1.7
8	0.6	0.8
≤4	0.2	0.3

注 1：对于其他尺寸小于 90mm 的骨料，最少试验部分质量可能由上表中给出的质量根据下列公式插值确定：$M=(D/10)\times 2$

式中：

M—试验部分最少质量（kg）；

D—骨料尺寸（mm）。

注 2：如果试验部分的尺寸小于上表中的值，试验方法的精度可能会降低。这种情况下，试验部分尺寸应在试验报告中呈现。

注 3：对于颗粒密度高于 3000kg/m³（参见 EN 1097-6）的骨料，应进行适当校正使其符合上表给出的试验部分质量的密度比率，以便产生与普通密度骨料体积大致相同的试验部分。

注 4：对于 EN 13055 规定的轻骨料，根据体积栏选择适当最小尺寸的试验部分。其他骨料尺寸的体积将会被替换

欧洲标准中包括冲洗筛分法，因此在试验步骤中含有冲洗步骤。干燥筛分法在中欧标准中基本类似，唯一的区别是筛分结束的指标，欧洲标准中是根据骨料的特性，当筛盘上的筛余物质量变化在 1min 内不超过 1%，则可认定筛分过程结束。欧洲标准特别规定，

对于轻骨料，在筛分过程结束之后，每层筛上的颗粒不能出现堆积现象。而在中国标准则要求筛至每分钟通过量小于试样总量 0.1％为止。

3. 试验结果处理

在试验结果处理上，中欧标准都需要得到分计筛余百分率和累计筛余百分率，只是中国标准中对细骨料增加了细度模数的计算。

在结果计算与评定方面，中欧标准中对试验结果的评定标准基本一致，都是筛分后，如果每号筛的筛余量与筛底的筛余量之和与原试样质量之差超过 1％时，应重新试验。不同之处在于中国标准对细骨料还要求了两次的细度模数之差超过 0.20 时，应重新试验。

4.7.3　耐磨性测试

欧洲标准《骨料的力学和物理性能试验—第 1 部分：耐磨性测定》EN 1097-1：2011 中耐磨性试验适用于建筑和土建工程所用的天然、人造或再生骨料的耐磨性能测定，通常骨料需要在加水环境下进行测定，对于部分情况也可采用干燥骨料，以微德瓦尔系数 M_{DE} 进行表征，该系数是指在碾压过程中粉碎至粒径小于 1.6mm 的初始样品的百分比；中国标准暂无骨料耐磨性能相关要求。

1. 仪器设备

欧洲标准常用的微德瓦尔仪器见图 4-7-1。

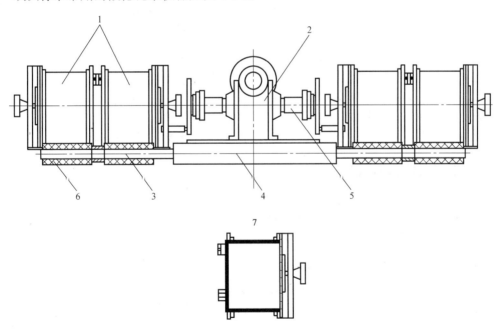

图 4-7-1　欧洲标准微德瓦尔仪

1—圆筒；2—电机和减速装置；3—固定轴；4—机架；5—弹性联轴器；6—驱动轮；7—圆筒的横截面

该仪器应包括 1 个（总计 4 个）空心圆筒，圆筒的一端封闭，内径为 200mm±1mm，内部长度为 154mm±1mm（从底部至端盖内侧的距离）。圆筒应由至少 3mm 厚的不锈钢制成，安放在两根围绕一条水平轴线旋转的轴上。圆筒的内部应无任何因焊接或其他连接方法而导致的突出物。圆筒应由至少 8mm 厚的平端盖封闭，且应安装防水防尘密封件。

2. 试验步骤

将每份试样分别放入单独的圆筒中，为每个圆筒添加钢球，然后添加水，盖上端盖，且将每个圆筒安放在两根轴上，以 100r/min±5r/min 的转速将圆筒旋转。具体的试验参数见表 4-7-5。

欧洲标准骨料耐磨性试验参数　　　　　　表 4-7-5

粒级/mm	试样质量/g	试样总质量/g	水/L	钢球质量/g	转数/r	时间/h
10～14	500±2	2000	2.5±0.05	5000±5	12000±100	2

在完成试验后，将骨料和钢球全部倒入干净容器中，过程中注意避免损失任何骨料。使用洗涤瓶仔细冲洗圆筒内部和端盖，且保留洗液。

将材料和所有洗液过 1.6mm 筛（上套 8mm 防护筛保护）。使用洁净的水流洗涤材料。仔细地将保留在 8mm 防护筛上的骨料颗粒与钢球分开，注意勿损失任何骨料颗粒。可以用手挑选出骨料颗粒，也可以用磁铁将钢球从筛上移走。将 8mm 防护筛筛上骨料颗粒置入托盘内。将保留在 1.6mm 筛上的材料添加至上述托盘内。

使用烘箱，在 110℃±5℃ 条件下干燥托盘及其内容物。按照欧洲标准测定保留在 1.6mm 筛上的质量。按照最接近的克数记录保留在 1.6mm 筛上的质量。

3. 数据处理方式

使用以下公式，为每份试样计算微德瓦尔系数（M_{DE}），精确至 0.1：

$$M_{DE} = \frac{500 - m}{5} \qquad (4\text{-}7\text{-}1)$$

式中：M_{DE}——微德瓦尔系数（湿状态下）；

　　　m——1.6mm 筛筛余物的质量，单位为 g。

分别计算两份试样的微德瓦尔系数，并取两者的平均值。

取两次试验平均值作为所提交试验报告的微德瓦尔系数，结果精确到 1。

4.7.4　耐碎裂性能测试

欧洲标准《骨料的力学和物理性能试验—第 2 部分：耐碎裂性测定方法》EN 1097-2：2020 中有关耐碎裂性能的规定均适用于建筑和土建工程的天然、人造或再生骨料，用以评价骨料的耐碎裂性，可按照洛杉矶法和冲击试验法两种方式进行。中欧标准骨料耐破裂性测试方法对比见表 4-7-6。

中欧标准骨料耐破裂性测试方法对比　　　　　　表 4-7-6

欧洲或中国	标准中表述方式	测试方法	表征对象
欧洲	耐碎裂性能	洛杉矶法	耐碎裂性
		冲击试验法	
中国	磨耗值	洛杉矶法	骨料抵抗摩擦、撞击的能力
		道瑞法	抵抗车轮撞击及磨耗能力
	冲击值	冲击试验法	骨料抗冲击性能

中国标准中尚无明确的"耐碎裂性能"这一表述方式，且《普通混凝土用砂、石质量

及检验方法标准》JGJ 52—2006 中并无相应试验方法，但《公路工程集料试验规程》JTG E42—2005 中存在相应测试方法，其中与之相关的性能指标为磨耗值和冲击值，磨耗值可采用洛杉矶法和道瑞法两种方式来进行测定，洛杉矶法用以评价骨料的抵抗摩擦、撞击的能力，道瑞法用以评价骨料的抵抗车轮撞击及磨耗能力；冲击值采用冲击试验法进行，用以评价骨料的抗冲击性能。

下面对比欧洲标准及《公路工程集料试验规程》JTG E42—2005 中对应内容的相关差异。

1. 洛杉矶法测试

两者所规定的试验仪器、试验方法基本相同，欧洲标准明确规定了钢球的材料标准为 Z30C，而中国数个有关洛杉矶磨耗值的标准均未对钢球的材质进行限定。两者对钢球的直径参数要求基本一致，主要在对应粒级的骨料质量、钢球数量及质量上存在差异，这些差异的来源为欧洲及中国在工程中所采用的骨料尺寸及筛孔体系的不同，欧洲标准对磨耗值的确定标准为 1.6mm 方孔筛，而中国标准的确定标准为 1.7mm 方孔筛。

中欧标准有关骨料质量、钢球数量与质量的要求对比见表 4-7-7。

中欧标准对骨料质量、钢球数量及质量的要求对比　　　　　　表 4-7-7

欧洲或中国	粒度	粒级/mm	试样质量/g	试样总质量/g	钢球数/个	钢球总质量/g	转动次数/r
欧洲	—	4~6.3	5000±5	—	7	2930~3100	500
		4~8			8	3410~3540	
		6.3~10			9	3840~3980	
		8~11.2			10	4250~4420	
		11.2~16			12	5120~5300	
中国	A	26.5~37.5	1250±25	5000±10	12	5000±25	500
		19.0~26.5	1250±25				
		16.0~19.0	1250±10				
		9.5~16.0	1250±10				
	B	19.0~26.5	2500±10		11	4850±25	
		16.0~19.0					
	C	9.5~16.0			8	3330±20	
		4.75~9.5					
	D	2.36~4.75			6	2500±15	
	E	63~75	2500±50	10000±100	12	5000±25	1000
		53~63					
		37.5~53	5000±50				
	F	37.5~53		10000±75			
		26.5~37.5					
	G	26.5~37.5	5000±25	1000±50			
		19.0~26.5					

对比欧洲与中国相关标准，可以发现欧洲标准的粒级分类比较合理，中国标准中骨料的分档与实际生产应用中的分档在匹配上还存在一定的改善空间。

中国标准中对于 C 档中的 9.5mm～16.0mm 粒级，采用的钢球数为 8 个，这一粒级对照欧洲标准 11.2mm～16.0mm 这一等级的磨耗标准，钢球的数量为 12 个。中欧标准在钢球数量上存在较大的试验参数差别，这对磨耗试验的结果会有较大的影响。

由表 4-7-8 对比可以看出，中欧标准的计算原理基本一致，但是欧洲标准对装入圆筒内试样质量的要求更为固定，因此试验数据的计算公式对测试结果带来的影响较小，但是由于两者最后所采用的筛网规格存在差异，欧洲标准为 1.6mm 而中国标准为 1.7mm，这是造成测试结果差异的主要来源，而综合实际试验过程中所采用钢球数量的差异，无法直观比较两种标准规定下的测试结果数值大小。

中欧洛杉矶法试验数据处理方法对比 　　　　　　表 4-7-8

类别	欧洲标准内容	中国标准内容
计算公式	$LA = \dfrac{5000 - m}{50}$	$Q = \dfrac{m_1 - m_2}{m_1} \times 100$
式中符号	LA—洛杉矶磨耗系数； m—试验后在 1.6mm 筛上洗净烘干试样质量(g)	Q—洛杉矶磨耗损失(%)； m_1—装入圆筒中试样质量(g)； m_2—试验后在 1.7mm 筛上洗净烘干试样质量(g)
计算精度	未见明确要求	0.1%
允许误差范围		2%

2. 冲击试验法

中欧标准对于冲击试验的基本原理大致相同，但在试验仪器及实际工作参数上存在较大差别，中国标准明确说明：该方法是中国自行研制的方法，与欧洲标准相比，无论在试验设备和试验参数上都完全不同，使用时必须注意。

两者所用试验仪器的差别见表 4-7-9。

欧洲标准所用仪器可以调整落锤锤击落差，可按 1mm 间隔 200mm～500mm 设置锤击落差，并可自动纠正下落高度，落差保持在 2mm 范围内，而中国标准的锤击落差固定，且不可调整锤击高度。

欧洲标准与中国标准对于落锤/冲击锤的要求完全不同，欧洲标准对于落锤实际产生的冲击力及锤击频次提出了明确要求，而中国标准仅对冲击锤重量和锤击次数以及间隔提出了要求，且要求范围相对较宽。

两种方法相比较，最主要的区别在于欧洲标准所采用的冲击仪底座存在阻尼器，而中国标准中不存在这一构件，因为阻尼器会消纳部分冲击能，因此欧洲标准所采用的锤击高度要高于中国标准；同时由于阻尼器的存在，欧洲标准对落锤的要求体现在锤击时产生的冲击力，而中国标准由于高度、构件更为固定，因此对冲击锤提出了明确的质量要求。

另外欧洲标准对每个组成要素的材质作出了明确要求。

两者对试样的参数要求见表 4-7-10。

中欧标准冲击试验仪参数对比　　　　表 4-7-9

仪器参数	参数要求	
	欧洲标准	中国标准
仪器示意图	1—落锤 2—锤柄 3—锤头 4—捣棒 5—试样 6—量筒 7—铁砧 8—阻尼器 9—底板（示意图）	3—50mm 7—8—(380±5)mm φ100mm φ102mm 50mm（示意图）
仪器组成	1—落锤；2—锤柄；3—锤头；4—捣棒；5—试样；6—量筒；7—铁砧；8—阻尼器；9—底板	1—卸机销钉；2—可调的卸机制动螺栓；3—手提把；4—冲击计数器；5—卸机钩；6—冲击锤；7—削角；8—钢化表面；9—冲击锤导杆；10—圆形钢筒内侧钢化表面；11—圆形基座
结构要素参数要求	**落锤** 质量 50kg 长径比约为 4∶1 提升落锤高度达 400mm 时冲击力 $F_{max}=830kN\pm60kN$	**冲击锤** 质量 13.75kg±0.05kg
	锤击高度 370mm	**锤击落差** 380mm±5mm，试验开始后不再调整落差
	锤击频率 自由落下连续锤击 10 次 脉冲 $P=\grave{o}Fxdt=240Nxs\pm25Nxs$ 脉冲持续时间 $T=510ms\pm20ms$	**锤击频率** 自由落下连续锤击 15 次，每次锤击间隔不少于 1s
	接触压力 捣棒与试样在量筒内保持 1000N±100N 的摩擦压力	—
	阻尼器 承载能力>10000N	—

中欧标准冲击试验对试样的要求对比　　　　表 4-7-10

参数类型	参数要求	
	欧洲标准	中国标准
粒径范围	8mm～12.5mm，其中 8mm～10mm 粒级骨料占 50%、10mm～11.2mm 粒级骨料占 25%、11.2mm～12.5mm 粒级骨料占 25%	9.5mm～13.2mm

参数类型	参数要求	
	欧洲标准	中国标准
试样质量	8mm～10mm 粒级骨料,试样质量应为骨料密度的 0.25 倍;10mm～11.2mm 粒级骨料,试样质量应为骨料密度的 0.125 倍;11.2mm～12.5mm 粒级骨料,试样质量应为骨料密度的 0.125 倍。骨料密度单位为 t/m³,试样单位为 kg	>1kg
平行试验次数	3	2
落锤提升高度/mm	370	380±5
试验后筛分粒径/mm	8、5、2、0.63、0.2	2.36
记录筛分后质量	每个试验筛(共计 5 个)筛上的质量 M	筛上 m_1,筛下 m_2
称量精度/g	0.5	0.1
试验无效判定	若筛分后的试样总质量与初始质量差超过 0.5%,应重新再测一个试样	m_1+m_2 与 m 质量差超过 1g 试验无效
计算公式	$$SZ = \frac{M}{5}$$	$$AIV = \frac{m_2}{m} \times 100$$
式中	SZ—冲击值(%); M—通过每个试验筛(共计 5 个)的质量百分率的总和(%)	AIV—骨料冲击值(%); m—试样总质量(g); m_2—冲击破碎后通过 2.36mm 筛试样质量(g)
试验精度	骨料密度精确至 0.01t/m³ 单个冲击值精确至 0.01% 平均值精确至 0.1%	未提出计算精度要求

对比可以发现,中欧标准对试样粒径的差别很大,且相应地对试样质量要求、落锤提升高度以及试验后筛分粒径所用的筛网孔径也不同,两者所要求的试验参数无法直接进行优劣比较,计算公式也存在明显差异,需要进一步进行探讨。

从试验数据的计算与处理来看,欧洲标准要求进行 3 组试验取平均值,而中国标准则只要求进行 2 次试验,且欧洲标准对计算结果的精确值提出了要求,但中国标准未提出计算结果的精度要求,因此从数据计算而言欧洲标准更为精确。

3. 道瑞试验

欧洲标准中无道瑞试验相关内容,而中国标准中有。但中国标准所采用方式主要用于评定公路路面表层所用粗骨料抵抗车轮撞击及磨损的能力,适用范围相对有限,属于洛杉矶法的补充,在此不展开讨论。

4.7.5 堆积密度和空隙率测试

欧洲标准《骨料的力学和物理性能试验—第 3 部分:松散堆积密度和空隙率测定》

EN 1097-3：1998 有关堆积密度和空隙率的相关规定适用于最大粒径不超过 63mm 的天然或人造骨料，未分别针对砂、石进行区分，因此砂、石均可采用该方法来进行测定。

中国标准《普通混凝土用砂、石质量及检验方法标准》JGJ 52—2006 分别对碎石或卵石、砂的堆积密度和空隙率测试方法进行了区分，在试验方法及参数上存在差异，且适用于最大粒径不超过 80mm 的天然或人造骨料。

1. 仪器设备

欧洲标准与中国标准所采用的试验原理相同，但试验所用容器及参数差别较大，特别是在容量筒的选择上。欧洲标准对容量筒内径与净高的比值要求在 0.5～0.8，且对不同最大粒径骨料的容量筒使用最小容积进行了界定，按照标准中的表述可选用更大容积的容量筒来进行试验。

中国标准对砂、石的堆积密度与空隙率试验所用容量筒的容积作了限制性要求，见表 4-7-11。

中欧标准堆积密度与空隙率试验所用容量筒参数要求对比　　　　表 4-7-11

欧洲或中国		参数要求			
欧洲		骨料最大粒径/mm		容量筒最小容积/L	
		≤4		1	
		≤16		5	
		≤31.5		10	
		≤63.0		20	
中国	砂	容量筒内径 108mm，高 109mm，筒壁厚 2mm，容积 1L，筒底厚 5mm			
	碎石或卵石	碎石或卵石最大公称粒径/mm	容量筒容积/L	容量筒规格/mm		筒壁厚度/mm
				内径	净高	
		10.0,16.0,20.0,25.0	10	208	294	2
		31.5,40.0	20	294	294	3
		63.0,80.0	30	360	294	4

另外欧洲标准所用仪器设备有要求使用玻璃板，而中国标准中未使用。

中欧标准所使用其他仪器参数要求基本一致。

2. 试验步骤

欧洲标准骨料的堆积密度试验、空隙率试验步骤及中国标准中碎石或卵石的堆积密度试验步骤较为类似（表 4-7-12），均为用勺子/小锹小心加入骨料，且注意勺子/小锹边缘不超过容量筒上沿 50mm，在不压实骨料的情况下用直尺/手平整骨料。但在判定骨料是否装满上存在一定差异，欧洲标准采用骨料体积大致与容器容积相同为判定依据，中国标准以骨料表面凸起和凹陷部分大致相同为判定依据。而中国标准对砂的堆积密度试验步骤为用漏斗或铝制勺装入容量筒中，漏斗出料口或料勺具容量筒上沿不超过 50mm，用直尺将多余试样沿中心线相反方向刮平，平整判定依据为刮平即可。中欧标准中骨料的空隙率均依据堆积密度试验数据计算而得。

中欧标准堆积密度与空隙率测试方法对比   表 4-7-12

测试项		欧洲标准	中国标准	
			碎石或卵石	砂
堆积密度	装料方法	采用勺子/小锹装入骨料,装入过程中勺子/小锹边缘不超过容量筒上沿50mm,在不压实骨料的情况下用直尺/手平整骨料	用漏斗或铝制勺子装入容量筒中,漏斗出料口或料勺具容量筒上沿不超过50mm,用直尺将多余试样沿中心线相反方向刮平	
	装料要求	骨料体积大致与容器容积相同	骨料表面凸起和凹陷部分大致相同	刮平
空隙率	装料方法	采用勺子/小锹装入骨料,装入过程中勺子/小锹边缘不超过容量筒上沿50mm,在不压实骨料的情况下用直尺/手平整骨料	分两层装入容量筒,每层装入后均垫一根直径10mm的钢筋左右交替颠击地面25下,最后加料至试样超出容量筒上沿	
	装料要求	骨料体积大致与容器容积相同	骨料表面凸起和凹陷部分大致相同	刮平

3. 数据处理方式

见表 4-7-13。

中欧标准试验数据处理方法对比   表 4-7-13

类别		欧洲标准	中国标准	
			砂	碎石或卵石
堆积密度	计算公式	$\rho_b = \dfrac{m_2 - m_1}{V}$	$\rho_L(\rho_C) = \dfrac{m_2 - m_1}{V}$	
	式中符号	$\rho_b(\rho_L)$—堆积密度$(\mathrm{kg/m^3})$; $\quad m_2$—容器和试样质量(kg); $\quad m_1$—空容器质量(kg); $\quad V$—容量筒体积(L)		
	计算精度	普通骨料 $10\mathrm{kg/m^3}$,轻骨料 $1\mathrm{kg/m^3}$	$10\mathrm{kg/m^3}$	
	试验组数	3	2	
	数据失效判定	误差$\geqslant 5\mathrm{kg/m^3}$	未规定	
空隙率	计算公式	$\nu = \left(1 - \dfrac{\rho_b}{\rho_P}\right) \times 100\%$	$\nu_L = \left(1 - \dfrac{\rho_L}{\rho}\right) \times 100\%$	
	式中符号	ν、ν_L—空隙率$(\%)$; $\quad \rho_b$、ρ_L—堆积密度$(\mathrm{kg/m^3})$; $\quad \rho$、ρ_P—表观密度$(\mathrm{kg/m^3})$		
	计算精度	未规定	1%	
	试验组数	3	2	
	数据失效判定	未规定		

对于数据处理的方式，欧洲标准与中国标准的计算公式一致，但是在部分细节上体现出差别。

对于堆积密度，欧洲标准对不同类型的骨料计算精度进行了区分，对于普通骨料的计算精度为 $10kg/m^3$，而对于轻骨料的计算精度为 $1kg/m^3$，但中国标准未对骨料的类型做区分；欧洲标准要求的平行试验组数为 3 组，而中国标准仅要求 2 组；欧洲标准还对数据有效性的误差范围进行了规定，而中国标准未规定。

对于空隙率，两者所采用的公式也基本一致，但同样在计算精度和平行试验组数上存在区别。欧洲标准对计算精度未提出明确规定，但中国标准对计算精度的要求为精确到 1%；欧洲标准的空隙率是直接根据堆积密度的试验数据进行计算，因此同样采用 3 组平行试验取平均值，中国标准对空隙率试验的平行试验组要求为 2 组；两者均未对数据有效性的判定进行规定。

4.7.6　骨料密度和吸水率测试

欧洲标准《骨料的力学和物理性能试验—第 6 部分：骨料密度和吸水率测定》EN 1097-6：2013 和中国标准《普通混凝土用砂、石质量及检验方法标准》JGJ 52—2006 中有关骨料密度和吸水率测试都有网篮法和容量瓶法两种方法来测定。与中国标准将骨料分为粗骨料和细骨料不同，欧洲标准仅将骨料按照骨料粒径分为 6 类，所采用的试验方法见表 4-7-14。

欧洲标准中骨料密度和吸水率试验方法　　　　　表 4-7-14

骨料粒径/mm	采用方法	补充说明
≥63	可用铁丝网篮法	—
31.5～63	铁丝网篮法(铁路道砟除外)	—
4～31.5	比重瓶法	可采用铁丝网篮法,存在争议时采用比重瓶法
2～4	可用比重瓶法	—
0.003～4	比重瓶法	—
0～0.063	比重瓶法	—

中国标准中骨料密度和吸水率试验方法见表 4-7-15。

中国标准中骨料密度和吸水率试验方法　　　　　表 4-7-15

测试项	骨料分类	采用方法	使用容器
表观密度	砂	标准法或简易法	容量瓶或李氏瓶
	碎石或卵石	标准法	吊篮
		简易法	广口瓶
吸水率	砂	浸泡吹干法	烧杯
	碎石或卵石	浸泡烘干法	未指定特殊容器

对于细骨料，欧洲标准主要采用比重瓶法测定密度和吸水率，中国标准主要采用容量瓶标准法或李氏瓶简易法测定密度，采用浸泡吹干法测定吸水率。对于粗骨料，欧洲标准

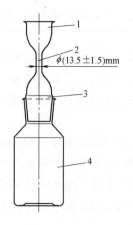

图4-7-2 欧洲标准比重瓶示意图

1—玻璃漏斗；2—标记线；3—磨口塞，与广口瓶匹配；4—广口瓶

主要采用比重瓶法或网篮法测定密度和吸水率，中国标准主要采用网篮法标准法或广口瓶简易法测定密度，采用浸泡烘干法测定吸水率。

1. 仪器设备

中欧标准的骨料密度试验所用仪器基本相同，唯一的差别在于欧洲标准中规定的比重瓶法使用的是比重瓶，比重瓶的示意图见图4-7-2。而中国标准对应的方法中使用的是容量瓶或李氏瓶或广口瓶。

其他仪器基本保持一致，部分要求不一致的仪器或工具均具有可相互替代性。

2. 试验步骤

欧洲标准铁丝网篮法、比重瓶法所需试样数量分别见表4-7-16、表4-7-17。中国标准密度和吸水率试验所需试样数量见表4-7-18。

欧洲标准铁丝网篮法所需试样数量　　　　　　　表4-7-16

骨料最大粒径/mm	>31.5	45	63.0
最少试样质量/kg	插值计算	7.0	15

注：对于其他>31.5mm的骨料，可插值计算最少试样质量。

欧洲标准比重瓶法所需试样数量　　　　　　　表4-7-17

骨料最大粒径/mm	0.063~4	>4	8	16.0	16.0~31.5	31.5
最少试样质量/kg	0.3	插值计算	1.0	2.0	插值计算	5.0

注：对于其4mm~31.5mm的骨料，可插值计算最少试样质量。

中国标准密度和吸水率试验所需试样数量　　　　　　　表4-7-18

骨料最大粒径/mm	<4.75	10.0	16.0	20.0	25.0	31.5	40.0	63.0	80.0
密度试验所需最少试样质量/kg	0.3	2.0	2.0	2.0	2.0	3.0	4.0	6.0	6.0
吸水率试验最少试样质量/kg	0.5	2.0	2.0	4.0	4.0	4.0	6.0	6.0	8.0

在密度和吸水率的试验步骤方面，中欧标准试验所需试样最少质量不同，欧洲标准中比重瓶法与中国标准中表观密度试验容量瓶标准法使用的容器不同，其余步骤与方法完全一致。

另外中国标准《普通混凝土用砂、石质量及检验方法标准》JGJ 52—2006中规定可采用简易法测量骨料的表观密度，但是中国标准《公路工程集料试验规程》JTG E42—2005中未提供简易法的测量规定，简易法实际操作应用过程中误差较大，在存在争议时应采用标准法。

3. 数据处理方式

中欧标准数据处理方式见表4-7-19，欧洲标准规定骨料表观密度精确到10kg/m³，吸水率精确到 0.1%，均进行 3 次试验取平均值；而中国标准规定骨料表观密度精确到 $10kg/m^3$，吸水率精确到 0.01%，取 2 次试验平均值。

中欧标准数据处理方式　表 4-7-19

欧洲或中国	测试项	使用公式	符号含义
欧洲	表观密度	$\rho_a = \rho_w \dfrac{M_4}{M_4-(M_2-M_3)}$	ρ_a—表观密度(kg/m^3)； ρ_w—试验温度下水的密度(kg/m^3)； M_1—饱和面干试样质量(g)； M_2—试样、水和比重瓶总质量(g)； M_3—水与比重瓶总质量(g)； M_4—试样烘干后质量(g)； WA_{24}—吸水率(%)
	吸水率	$WA_{24} = \dfrac{100\times(M_1-M_4)}{M_4}$	
中国	砂表观密度(标准法)	$\rho = \left(\dfrac{m_0}{m_0+m_2-m_1}-\alpha_t\right)\times 1000$	ρ—表观密度(kg/m^3)； m_0—试样的烘干质量(g)； m_1—试样、水及容量瓶总质量(g)； m_2—水及容量瓶总质量(g)； V_1—水的初始体积(L)； V_2—倒入试样后水的体积(L)； α_t—水温修正系数
	砂表观密度(简易法)	$\rho = \left(\dfrac{m_0}{V_2-V_1}-\alpha_t\right)\times 1000$	
	碎石或卵石表观密度(标准法)	$\rho = \left(\dfrac{m_0}{m_0+m_1-m_2}-\alpha_t\right)\times 1000$	ρ—表观密度(kg/m^3)； m_0—试样的烘干质量(g)； m_1—吊篮在水中质量(g)； m_2—吊篮及试样在水中质量(g)； α_t—水温修正系数
	碎石或卵石表观密度(简易法)	$\rho = \left(\dfrac{m_0}{m_0+m_2-m_1}-\alpha_t\right)\times 1000$	ρ—表观密度(kg/m^3)； m_0—试样的烘干质量(g)； m_1—试样、水瓶和玻璃片总质量(g)； m_2—水、瓶和玻璃片总质量(g)； α_t—水温修正系数
	砂吸水率	$\omega_{wa} = \dfrac{500-(m_2-m_1)}{m_2-m_1}\times 100\%$	ω_{wa}—吸水率(%)； m_1—烧杯质量(g)； m_2—烘干试样与烧杯总质量(g)
	碎石或卵石吸水率	$\omega_{wa} = \dfrac{m_2-m_1}{m_1-m_3}\times 100\%$	ω_{wa}—吸水率(%)； m_1—烘干后试样与浅盘总质量(g)； m_2—烘干前饱和面干试样与浅盘总质量(g)； m_3—浅盘质量(g)

两者均对数据有效性提出了判定依据，其中欧洲标准的判定依据为计算检验，而中国标准的检验为 2 次试验的计算值差值检验。

中国标准所规定的试验方法操作起来更为简便，且针对砂、石设计了不同的检测方法，在吸水率指标上的精确位数更多，且中国标准还对机制砂的饱和面干状态具有单独规定，尽管中国标准与欧洲标准所采用的试验原理接近，但是中国标准对于骨料的密度和吸水率的测试体系比欧洲标准更完善、详细，欧洲标准仅对试验误差的控制更严格。

4.7.7　含水率测试

中国标准《普通混凝土用砂、石质量及检验方法标准》JGJ 52—2006 和欧洲标准《骨料的力学和物理性能试验—第 5 部分：采用烘箱干燥法测定含水量》EN 1097-5：2008 均采用烘箱干燥法确定含水量，含水时试验部分与干燥时试验部分的重量之差即可确定为含水量。一般使用含水率表示骨料含水量，含水率为骨料含水量占干燥时试验部分重量的百分比。

中国标准中还规定，当砂中含泥量和有机质含量较少时，可采用快速法测定砂的含水率。

1. 仪器设备

中欧标准主要仪器均是通风干燥烘箱。欧洲标准中对原材料的性能还有补充规定，当骨料对温度敏感时，干燥温度应下降，而且通风系统引起的风箱内部空气运动不得造成细颗粒流失。

2. 试验步骤

制备试样时，欧洲标准根据试样最大粒径对试验部分的最小质量有相关规定，具体如下：

当 $D \geqslant 1.0\text{mm}$ 时，最小质量应为 $0.2D\text{kg}$；

当 $D < 1.0\text{mm}$ 时，最小质量应为 0.2kg。

中国标准规定测定砂的含水率时，取样质量为 500g；测定碎石或石的含水率时，将自然潮湿状态下的试样用四分法缩分，拌匀后分为大致相等的两份备样，最小取样质量见表 4-7-20。

中国标准含水率试验所需碎石或卵石的最小取样质量　　　　表 4-7-20

最大公称粒径/mm	10.0	16.0	20.0	25.0	31.5	40.0	63.0	80.0
试样的最小质量/kg	2	2	2	2	3	3	4	6

欧洲标准中试样称量之后放入温度为 110℃±5℃ 的通风干燥风箱里，中国标准中烘箱温度保持为 105℃±5℃，相差 5℃。

中国标准规定当采用快速法检测砂的含水率时，将装有试样的干净炒盘置于电炉上，用小铲不断地翻拌试样，直至试样表面全部干燥后，切断电源，再继续翻拌 1min，冷却后称重计算含水率。

3. 数据处理方式

中欧标准对含水率的精确度要求一致，精确至 0.1%。对于含水率测试，中欧标准基本可以通用，区别在于中国标准中砂石试样取样质量不同，此外，中国标准中，砂还可以采用快速法测试含水率。

4.7.8　吸水高度测试

欧洲标准《骨料的力学和物理性能试验—第 10 部分：吸水高度测定》EN 1097-10：

2014 规定了骨料的吸水高度测定的参考方法，在中国标准中无此标准。欧洲标准中将吸水高度定义为与自由水面直接接触的骨料层中的水位，原理是将垂直管中的干燥骨料的试验样品与自由水面直接接触，允许骨料吸水。当达到平衡时，根据试验样品内的含水量变化确定吸水高度。

1. 仪器设备

欧洲标准中测定吸水高度的管道和容器见图 4-7-3。

管壁的下端应至少安装 4 个槽，确保水自由流入管内。管道应粘在容器中心，注意不要堵塞插槽。槽的宽度应小于规定值，以防止颗粒流入容器。

容器由透明材料制成，其内部底部区域应足够大，以使容器边缘与管壁之间的最小距离为 50mm。该容器配有由非腐蚀性材料制成的指针，以指示容器底部上方 10mm±1mm 的水位。

2. 数据处理方式

欧洲标准中吸水高度是通过绘图得到。根据第 i 层中间到自由水位的距离 H_i（单位为 mm）和第 i 层的含水量 W_i 绘制点，通过绘制点连成一条曲线，示意图见图 4-7-4。

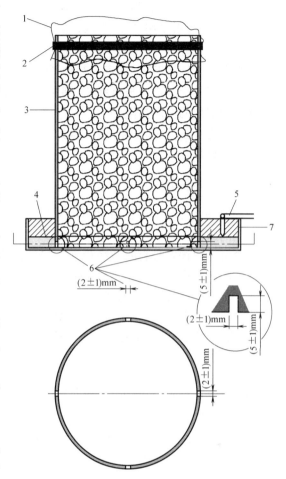

图 4-7-3　欧洲标准测定吸水高度的管道和容器

1—塑料袋；2—橡皮筋；3—管子；4—水面；
5—水平针；6—槽（设计单位：mm）；7—容器

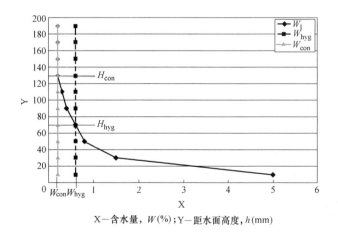

X—含水量，$W(\%)$；Y—距水面高度，h(mm)

图 4-7-4　欧洲标准用于确定吸水高度的示意图

确定最低高度 H_i，该处含水量 W_i 低于 0.5%，或两个相邻层之间的含水量差小于 0.3%。该层的含水量用 W_{con} 表示，从该层中间至自由水位的距离用 H_{con} 表示。在水平轴上标记 W_{con} 的点，并绘制一条垂直线，H_{con} 是曲线与该垂直线相交的点。

在水平轴上标记 W_{hyg} 的点，并绘制垂直线。将 H_{hyg} 确定为曲线与垂直线相交的点。如果没有明确的交叉点（平行线），则某层含水量与吸湿量差异小于 0.3% 被视为交叉，该值作为相交层的中间高度。

吸水高度 H_{cap}，单位为 mm，被定义为 H_{hyg} 和 H_{con} 两个值中的较大值，且应修约为最接近的整数。

4.7.9 砂当量测试

中国标准《公路工程集料试验规程》JTG E42—2005 中细骨料试验部分规定了细骨料砂当量的试验方法，适用于测定天然砂、人工砂、石屑等各种细骨料中所含的粘性土或杂质的含量，以评定骨料的洁净程度，细骨料的公称最大粒径不超过 4.75mm 即可采用该方法。欧洲标准《骨料的几何性能试验—第 8 部分：微粉评价-砂当量试验》EN 933-8：2012＋A1：2015 中试验对象为粒径在 0～2mm 的天然骨料。

中欧标准均是将测试试样和少量的絮凝剂共同加入到一试筒中，并且搅动使粘土从砂粒表面脱离。随后用另外的絮凝剂"灌溉"砂粒，使细颗粒进入砂子上层的悬浮液中。静置 20min 后，通过计算沉淀层的高度与试筒中絮凝材料的总高度的比值得出砂当量（SE）的值。

1. 试验步骤

中欧标准中砂当量的试验步骤基本一致，大致分为试筒填充、试筒振荡、清洗和测量 4 个步骤。

1）试筒填充：将洗涤液注入试筒中至最低标线处，并利用一漏斗将测试试样倒入试筒中，期间保持试筒垂直。利用手掌心轻敲试筒的底部来排除气泡，且静置试筒 10min± 1min，使充分浸润试样。

2）试筒振荡：试样静止 10min±1min 后，在试筒上塞入橡胶塞堵住试筒，在机械振荡器上 30s±1s 的时间振荡 90 次。

3）清洗：将清洗管伸入到试筒中，首先用清洗液清洗筒壁，随后将清洗管穿过沉淀层推至试筒底部。保持试筒垂直放置，使得清洗液可以搅动物料，有助于细砂和粘土上浮。接着，使试筒作缓慢的旋转运动，缓慢且有序地提起清洗管。当液面高度至试筒上标线时，慢慢地提起清洗管，同时调节液体流动保持液面高度维持在上标线，直到清洗管完全离开试筒。

4）测量：静置 20min±15s 后，开始测量。

2. 数据处理方式

砂当量为试筒中用活塞测定的骨料沉淀物的高度除以试筒中絮凝物和沉淀物的总高度，取 2 个试样的平均值，以整数表示。

4.7.10 石粉含量测试

欧洲标准《骨料的几何性能试验—第 9 部分：微粉评价-亚甲蓝试验》EN 933-9：2009＋A1：2013 规定了细骨料或混合骨料中 0～2mm 粒级的亚甲蓝 MB 值测定的参考方

法，该方法通过判断沉淀物周围是否出现明显浅蓝色色晕且可持续 5min 得到亚甲蓝值。中国标准《普通混凝土用砂、石质量及检验方法标准》JGJ 52—2006 中亚甲蓝法的基本原理虽然与欧洲标准一致，但中国标准中规定该方法适用于机制砂中石粉含量的测定，这一规定健全和完善了机制砂的标准体系，有利于规范机制砂的使用。

1. 试验步骤

欧洲标准中要在 2mm 的筛子上对每个样品（可在低于 45℃下预干燥）进行筛分，使用筛刷确保有效分离和收集 0～2mm 粒级中的所有颗粒，并丢弃保留在 2mm 筛上的所有颗粒，中国标准无此规定。中国标准中规定称取试样 200g，欧洲标准中没有精确的预定值。

中欧标准均将称量的试样以 600r/min±60r/min 的转速搅拌 5min 后，将 5mL 染料溶液倒入烧杯中；再以 400r/min±40r/min 的转速搅拌至少 1min，在滤纸上进行染色试验。如果在加入该初始 5mL 染料溶液后不出现晕圈，则再加入 5mL 染料溶液，继续搅拌 1min，再进行另一次染色试验。如果仍然没有出现色晕，继续搅拌，加入染料，并以这种方式进行染色测试，直到观察到色晕。当达到该阶段时，继续搅拌，且不再添加染料溶液，每隔 1min 进行染色试验。

如果色晕在最初的 4min 内消失，则再加入 5mL 染料溶液。如果色晕在第 5min 消失，则仅加入 2mL 染料溶液。在任何一种情况下，均应继续搅拌并进行染色试验，直至色晕可持续 5min。记录色晕可持续 5min 时加入的染料溶液的总体积 V_1，精确到 1mL。

欧洲标准中还规定如果试验样品中的细粉不足以形成色晕，则应将高岭土与其他染料溶液一起添加。

2. 数据处理方式

中欧标准中亚甲蓝 MB 值均为所加入的亚甲蓝溶液的总量除以试样质量，乘以 10，单位为 g/kg，精确到 0.01。

中国标准中亚甲蓝试验结果评定应符合下列规定：

当 MB<1.4 时，则判定以石粉为主；当 MB≥1.4 时，则判定为以泥粉为主的石粉；欧洲标准中仅记录 MB 值即可。

4.7.11　总结

综上所述，虽然欧洲标准中没有将骨料区分为粗细骨料，但中欧标准骨料测试方法大体上是一致的，主要区别有以下几点：

1）对于骨料粒径分布（颗粒级配）测试，在应用范围方面，欧洲标准增加了对轻骨料的关注；在具体试验方法方面，欧洲标准增加了冲洗筛分法，这与中国标准中骨料含泥量的测定有相同之处；在结果评定方面，中国标准增加了细骨料的细度模数的计算，这对于细骨料细度的评定更为直接和全面。

2）欧洲标准对骨料耐磨性提出了测试要求，而中国标准并无相应规定，对于骨料的磨损性能而言，欧洲标准的要求更为严格。

3）欧洲标准对骨料耐碎裂性能提出了测试要求，但中国行业标准《普通混凝土用砂、石质量及检验方法标准》JGJ 52—2006 中并无相应试验方法，交通行业标准中《公路工程集料试验规程》JTG E42—2005 中存在相应测试方法，其中与耐碎裂性能相关的性能指标为磨耗值和冲击值。

4）对于堆积密度与空隙率，中国标准针对砂、石不同骨料提出了不同的试验方法，且在平整试料表面时所采用的方法更为科学，因此中国标准有关堆积密度与空隙率的要求较欧洲标准更为严格。

5）对于表观密度与吸水率指标而言，中国标准所规定的试验方法操作起来更为简便，针对砂、石设计了不同的检测方法，在吸水率指标上的精确位数也更多。虽然中欧标准所采用的试验原理接近，但欧洲标准采用3组平行试验取平均值，所以中国标准的测试体系比欧洲标准更完善、详细，但欧洲标准对试验误差的控制更严格。

6）欧洲标准对骨料不仅有吸水率和含水量的测试方法，还有吸水高度的测试方法，说明欧洲标准对骨料的吸水性能评价更为全面。对于砂当量测试，中欧标准对适用骨料的最大粒径限定有区别，但判定依据相同，实际测试时只需判断是否符合欧洲标准的适用范围，过程基本可以参照中国标准。

7）对于石粉含量测试，欧洲标准规定了细骨料或混合骨料中0～2mm粒级的亚甲蓝值（MB）测定的参考方法；中国标准则规定该方法适用于机制砂中石粉含量的测定，完善了对机制砂技术指标的控制。

4.8 中欧混凝土用外加剂标准对比研究

混凝土外加剂的应用极大地改善了新拌混凝土的性能，促进了混凝土新技术的发展，尤其是各种高性能减水剂的迅速发展，不仅促进了矿渣、粉煤灰等工业副产品的大量应用，而且对节约资源和保护环境起到积极的推动作用。目前混凝土外加剂已经逐步成为高性能混凝土必不可少的关键材料之一。近年来，中国的基础建设保持高速增长，公路、铁路、机场、核电站、市政工程等项目对混凝土外加剂的需求越来越大，我国的混凝土外加剂行业也一直处于高速发展阶段。为了保证混凝土外加剂的健康稳定发展，国家组织相关部门及时编写了外加剂相关标准。混凝土外加剂标准的制定对保证产品质量和稳定产品市场起到了积极作用。为了全面了解国内外混凝土外加剂的技术标准，本章节选取了欧洲外加剂标准与中国标准进行对比分析，以推动中国标准走出去。

4.8.1 标准设置

欧洲标准中，涉及外加剂定义和种类的标准主要为《混凝土、砂浆和水泥浆用外加剂》EN 934系列，包含6项标准；涉及外加剂试验方法的标准主要为《混凝土、砂浆和水泥浆用外加剂试验方法》EN 480系列，包含EN 480-1～EN 480-14等标准。

中国涉及外加剂种类、定义和试验方法的标准主要为《混凝土外加剂术语》GB/T 8075—2017、《混凝土外加剂》GB 8076—2008、《混凝土外加剂应用技术规范》GB 50119—2013、《混凝土外加剂匀质性试验方法》GB/T 8077—2012、《混凝土膨胀剂》GB/T 23439—2017、《混凝土防腐阻锈剂》GB/T 31296—2014、《钢筋混凝土阻锈剂耐蚀应用技术规范》GB/T 33803—2017、《喷射混凝土用速凝剂》GB/T 35159—2017、《砂浆、混凝土防水剂》JC 474—2008、《混凝土防冻剂》JC 475—2004。

中欧外加剂标准设置对比见表4-8-1。

4.8.2　外加剂分类

欧洲标准中对外加剂分类是以其应用领域区分，在《混凝土、砂浆和水泥浆用外加剂试验方法》EN 480 系列中将外加剂分为混凝土、砂浆和水泥浆用 3 大类。在《混凝土、砂浆和水泥浆用外加剂》EN 934 系列中又细分为混凝土外加剂、砌筑砂浆外加剂、预应力钢筋水泥浆用外加剂、喷射混凝土外加剂等。《混凝土、砂浆和水泥浆用外加剂—第 2 部分：混凝土外加剂—定义、要求、合格性标记和标签》EN 934-2：2009＋A1：2012 中，将混凝土外加剂按性能分为 12 类，见表 4-8-2。

中国标准中外加剂统称为混凝土外加剂（水泥净浆和砂浆用外加剂参考使用混凝土外加剂标准），分类标准是按其主要使用功能。在《混凝土外加剂术语》GB/T 8075—2017 中将混凝土外加剂分为 4 大类：

1）改善混凝土拌合物流变性能的外加剂，包括各种减水剂和泵送剂等。

2）调节混凝土凝结时间、硬化性能的外加剂，如缓凝剂、促凝剂和速凝剂等。

3）改善混凝土耐久性的外加剂，如引气剂、防水剂、阻锈剂和矿物外加剂等。

4）改善混凝土其他性能的外加剂，包括膨胀剂、防冻剂、着色剂等。

中国标准《混凝土外加剂》GB 8076—2008 中按照外加剂的功能和主要性能将其分为 8 大类 13 种，此外，中国标准还设置了其他种类外加剂的单独标准，见表 4-8-2。

中欧外加剂标准设置对比　　　　　　　　　　　　　表 4-8-1

中国或欧洲标准	定义和种类涉及的标准	试验方法涉及的标准
中国标准	《混凝土外加剂术语》GB/T 8075—2017 《混凝土外加剂》GB 8076—2008 《混凝土外加剂应用技术规范》GB 50119—2013 《混凝土膨胀剂》GB/T 23439—2017 《混凝土防腐阻锈剂》GB/T 31296—2014 《钢筋混凝土阻锈剂耐蚀应用技术规范》GB/T 33803—2017 《喷射混凝土用速凝剂》GB/T 35159—2017 《砂浆、混凝土防水剂》JC 474—2008 《混凝土防冻剂》JC 475—2004	《混凝土外加剂》GB 8076—2008 《混凝土外加剂匀质性试验方法》GB/T 8077—2012
欧洲标准	《混凝土、砂浆和水泥浆用外加剂—第 1 部分：一般要求》EN 934-1：2008 《混凝土、砂浆和水泥浆用外加剂—第 2 部分：混凝土外加剂—定义、要求、合格性、标记和标签》EN 934-2：2009＋A1：2012 《混凝土、砂浆和水泥浆用外加剂—第 3 部分：砌筑砂浆外加剂—定义、要求、合格性、标记和标签》EN 934-3：2009＋A1：2012 《混凝土、砂浆和水泥浆用外加剂—第 4 部分：预应力筋水泥浆用外加剂—定义、要求、合格性、标记和标签》EN 934-4：2009 《混凝土、砂浆和水泥浆用外加剂—第 5 部分：喷射混凝土外加剂—定义、要求、合格性、标记和标签》EN 934-5：2007 《混凝土、砂浆和水泥浆用外加剂—第 6 部分：取样、合格性控制及合格性评估》EN 934-6：2019	《混凝土、砂浆和水泥浆用外加剂试验方法—第 1 部分：试验用基准混凝土和基准砂浆》EN 480-1：2014 《混凝土、砂浆和水泥浆用外加剂试验方法—第 2 部分：凝结时间测定》EN 480-2：2006 《混凝土、砂浆和水泥浆用外加剂试验方法—第 4 部分：混凝土泌水测定》EN 480-4：2005 《混凝土、砂浆和水泥浆用外加剂试验方法—第 6 部分：红外分析》EN 480-6：2005 《混凝土、砂浆和水泥浆用外加剂试验方法—第 8 部分：含固量测定》EN 480-8：2012 《混凝土、砂浆和水泥浆用外加剂试验方法—第 10 部分：水溶性氯离子含量测定》EN 480-10：2009 《混凝土、砂浆和水泥浆用外加剂试验方法—第 12 部分：外加剂碱含量测定》EN 480-12：2005 《混凝土、砂浆和水泥浆用外加剂试验方法—第 14 部分：通过恒电位电化学试验测定钢筋对腐蚀敏感性的影响》EN 480-14：2006

中欧标准主要混凝土外加剂种类   表 4-8-2

项目	中国标准	欧洲标准
类型	高性能减水剂(早强型、标准型、缓凝型) 高效减水剂(标准型、缓凝型) 普通减水剂(早强型、标准型、缓凝型) 引气减水剂 泵送剂 早强剂 缓凝剂 引气剂 膨胀剂 速凝剂 防水剂 防冻剂	减水剂/塑化剂 高效减水剂/超塑化剂 缓凝、减水、塑化剂 缓凝、高效减水、超塑化剂 速凝、减水、塑化剂 保水剂 速凝剂 防水剂 早强剂 缓凝剂 引气剂 粘度改性剂

综合表 4-8-1 和表 4-8-2 和上文可知，中欧外加剂标准中异同之处为：

1) 命名上，都使用了减水剂、缓凝剂和引气剂等术语，其功能基本一致。

2) 分类上，中国混凝土外加剂标准的分类依据是外加剂的主要使用功能，不同的外加剂可按表现出基本相同的性能归为一类；而欧洲外加剂标准侧重于其应用领域的区分，在不同的建材领域下外加剂按使用功能分类，其中混凝土外加剂标准与中国混凝土外加剂标准内容较一致。欧洲外加剂标准的分类方法在实际使用中对外加剂的选择会更有针对性。

3) 对于混凝土外加剂，欧洲标准将保水剂、粘度改性剂单独分类，中国标准未将其单独分类，通常将其用于减水剂的复配。

4.8.3 匀质性要求

欧洲标准《混凝土、砂浆和水泥浆用外加剂—第1部分：一般要求》EN 934-1：2008 对外加剂在水泥基材料中的性能要求分为一般要求、通用要求、具体要求和特殊要求。其中一般要求适用于 EN 934-2、EN 934-3、EN 934-4 和 EN 934-5 范围内的所有外加剂；通用要求主要是外加剂的物理和化学测试表征，包括匀质性、颜色、有效成分、密度、含固量、pH 值、总氯离子含量、水溶性氯离子含量、碱含量、腐蚀行为和二氧化硅含量；具体要求为表征外加剂在水泥基材料中表现性能的详细要求，即受检水泥基材料的性能指标；特殊要求为外加剂对环境的影响或用于特定用途的要求。

中国标准《混凝土外加剂》GB 8076—2008 中将外加剂的性能要求分为匀质性指标和受检混凝土性能指标。其中，匀质性指标对应欧洲标准的通用要求，受检混凝土性能指标对应欧洲标准的具体要求。

中欧标准外加剂匀质性指标对比见表 4-8-3。

中欧标准外加剂匀质性指标对比   表 4-8-3

中国标准		欧洲标准	
匀质性指标	技术要求	通用要求	技术要求
氯离子含量/%	不超过生产厂控制值	氯离子总量、水溶性氯离子/%	质量百分数≤0.10%或不超过生产商的规定值

续表

中国标准		欧洲标准	
匀质性指标	技术要求	通用要求	技术要求
总碱量/%	不超过生产厂控制值	碱含量（Na$_2$O 当量）/%	不超过生产商规定的质量白分比的最大值
含固量/%	$S > 25\%$ 时，应控制在 $0.95S \sim 1.05S$；$S \leqslant 25\%$ 时，应控制在 $0.90S \sim 1.10S$ S 是含固量的生产厂控制值	含固量/%	当 $T \geqslant 20\%$，$0.95T \leqslant X \leqslant 1.05T$；当 $T < 20\%$，$0.90T \leqslant X \leqslant 1.10T$ T 是生产商规定的质量百分比，%；X 是试验结果的质量百分比，%
含水率/%	$W > 5\%$ 时，应控制在 $0.90W \sim 1.10W$；$W \leqslant 5\%$ 时，应控制在 $0.80W \sim 1.20W$ W 是含水率的生产厂控制值	匀质性	目测使用时的匀质性。离析不得超过生产商规定的限制
密度/(g/cm³)	$D > 1.1$ 时，应控制在 $D \pm 0.03$；$D \leqslant 1.1$ 时，应控制在 $D \pm 0.02$ D 是密度，由生产厂控制	密度/(g/cm³)	当 $D > 1.10$，$D \pm 0.03$；当 $D \leqslant 1.10$，$D \pm 0.02$ 其中 D 是生产商规定的密度
细度	应在生产厂控制范围内	腐蚀行为	见表 4-8-4
pH 值	应在生产厂控制范围内	pH 值	生产商的规定值 ±1 或生产商规定的范围内
硫酸钠含量/%	不超过生产厂控制值	二氧化硅（SiO$_2$）含量/%	不超过生产商规定的质量百分比的最大值
—		颜色	目测均匀，并且与生产商的描述相近
		有效成分	当与生产商提供的参考光谱比较时，有效成分的红外光谱无显著差异

由表 4-8-4 可知，对外加剂匀质性指标，中欧标准的异同之处为：

1）中国标准中外加剂匀质性指标有 8 个指标，欧洲标准中有 11 个指标。

2）中欧标准匀质性指标中有 5 个指标是共有的："氯离子含量（水溶性氯离子含量）""总碱量（碱含量）""含固量""密度""pH 值"。

3）欧洲标准相比中国标准多了"二氧化硅含量""腐蚀行为""有效成分""匀质性"和"颜色"指标，中国标准则增加了"细度""硫酸钠含量"指标。

4）欧洲标准规定对外加剂的有效成分使用红外光谱进行检测，判定外加剂样品的有效成分是否稳定，有利于有效控制外加剂产品的质量，提高混凝土质量。由此可见，欧洲外加剂检测方式更加多样，检测要求更加严格，值得中国标准借鉴。但同时，红外光谱检测对试样的要求较高，因此，使用欧洲标准的样品需要在生产过程中严格控制对红外光谱有响应信号的杂质的引入，避免对有效成分检测的影响。此外，红外光谱检测费用较高，在海外工程招投标时应充分考虑该类检测费用对工程预算的影响。

5）欧洲标准对水溶性氯离子含量的检测，明确规定了其质量百分数上限为 0.10％或不超过生产商的规定值，而中国标准只规定其含量不超过生产厂的控制值。此外，对于具有腐蚀行为的成分，欧洲标准给出了清晰明确的批准和申报清单。可见欧洲标准的要求更加严格，更加重视材料对环境、安全、健康的影响，这也值得中国标准借鉴。

关于欧洲标准中腐蚀行为的批准和申报清单见表 4-8-4。

对于仅含有批准清单和申报清单上物质的外加剂，无需进行腐蚀行为试验。含有表 4-8-4 清单外任何物质的外加剂应按照《混凝土、砂浆和水泥浆用外加剂试验方法—第 14 部分：通过恒电位电化学试验测定钢筋对腐蚀敏感性的影响》EN 480-14：2006 进行试验，计算的 3 次测试样品电流密度在 1h～24h 的任何时间均不得超过 $10\mu A/cm^2$。此外，对照样品和测试样品的电流密度与时间关系曲线也应该有类似的趋势。

欧洲外加剂在水泥基材料中的特殊要求与外加剂的具体用途和所处环境相关，目前欧盟委员会专家小组正起草用于接触饮用水的混凝土建筑用外加剂相关标准，并有可能加入到欧洲标准中，而现有的中国标准中还未有相关要求，需在此跟进欧洲步伐。

欧洲标准中腐蚀行为的批准和申报清单 表 4-8-4

批准清单	乙酸盐 烷烃醇胺 阴阳离子晶格 铝酸盐类 铝粉 苯甲酸盐 硼酸盐 碳酸盐 柠檬酸盐 纤维素和纤维素醚 乙氧化胺 脂肪酸和脂肪酸盐/酯 填料(水泥及其主要成分符合 EN 197-1, 添加剂符合 EN 206 第 5.1.6 条) 甲醛 葡萄糖酸盐 乙二醇及其衍生物 氢氧化物 羟基羧酸和羟基羧酸盐 乳酸盐 木质素磺酸盐 苹果酸 麦芽糊精	三聚氰胺甲醛磺酸盐 天然树脂及其盐类 萘甲醛磺酸盐 膦酸及其盐类 磷酸盐 聚丙烯酸盐(丙烯酸酯聚合物) 聚羧酸盐聚合物 醚类聚羧酸盐 多糖类 聚醚 聚乙烯及其衍生物 蔗糖 二氧化硅 合成二氧化硅(胶体二氧化硅、纳米二氧化硅) 硅粉 硅酸盐 淀粉和淀粉醚 糖 硫酸盐 表面活性剂 酒石酸盐 硅酸钠
申报清单	甲酸盐 硝酸盐 亚硝酸盐	硫化物 硫氰酸酯

注：最终外加剂中可能加入≤0.50％质量百分比的微量有机成分，例如防腐剂或消泡剂。

4.8.4　减水剂技术要求

《混凝土、砂浆和水泥浆用外加剂—第 2 部分：混凝土外加剂—定义、要求、合格性、标记和标签》EN 934-2：2009＋A1：2012 中对减水剂、保水剂、引气剂、速凝剂、早强剂、缓凝剂、防水剂、粘度改性剂等外加剂在受检混凝土中的性能指标作了规定。中国标准中对应的标准为《混凝土外加剂》GB 8076—2008。

将中欧标准中减水剂的减水率、抗压强度比和含气量等性能指标进行对比，见表 4-8-5。

由表 4-8-5 可知，中欧标准中，相同之处为：

1）中欧标准均对掺普通减水剂和高效减水剂混凝土相同性能指标进行了规定。

2）中欧标准对掺高效减水剂混凝土 1d 时的抗压强度比的要求相同，均为≥140%。

不同之处为：

1）中国标准相对欧洲标准，对普通减水剂和高效减水剂的要求更高。此外，还对高性能减水剂最低减水率进行了限定，有利于保证减水剂的性能质量。

中欧标准减水剂技术要求对比　　　　　　　表 4-8-5

性能指标	中国标准			欧洲标准	
	技术要求			技术要求	
	普通减水剂	高效减水剂	高性能减水剂	普通减水剂	高效减水剂
减水率/%	≥8	≥14	≥25	≥5	≥12
抗压强度比/%	3d≥115 7d≥115 28d≥110	1d≥140 3d≥130 7d≥125 28d≥120	1d≥170 3d≥160 7d≥150 28d≥140	7d、28d ≥110	1d≥140 28d≥115
含气量/%	≤4.0	≤3.0	≤6.0	(试验样品含气量－空白样含气量)≤2.0	

注：1. 各种类型外加剂性能指标的考察，是以其稠度相同为前提；

　　2. 除含气量外，表中所列数据为掺外加剂混凝土与基准混凝土（空白样）的比值。

2）中国标准相对欧洲标准，对掺普通减水剂和高效减水剂混凝土抗压强度比龄期的考察更加连续和细致，中国标准分别为 3d、7d、28d 三个龄期和 1d、3d、7d 和 28d 四个龄期，而欧洲标准分别仅为 7d、28d 和 1d、28d 两个龄期。此外，对于相同龄期，中国标准对掺普通减水剂和高效减水剂混凝土抗压强度比的要求整体相对较高，有利于保证混凝土的强度。

3）欧洲标准相对中国标准，对掺减水剂混凝土的含气量指标可能依据参照的对象变化而变化，中国标准则明确规定了含气量限值，有利于质量控制。

因此，中欧标准均对普通减水剂和高效减水剂的减水率、抗压强度比、含气量等性能指标进行了规定，但对这些性能指标的关注重点不一致。中国标准对于减水率和抗压强度比的整体要求更严格，且明确规定了含气量的限值，有利于质量控制。此外，中国标准考察的范围更广，还对高性能减水剂的性能指标进行了规定。

4.8.5　引气剂技术要求

中欧标准引气剂技术要求对比见表 4-8-6。

中欧标准引气剂技术要求对比   表 4-8-6

性能指标	中国标准	欧洲标准
	技术要求	技术要求
含气量/%	≥3.0	（试验样品含气量－空白样含气量）≥2.5 总含气量:4.0~6.0
硬化混凝土气孔性能	—	试验样品气泡间隙≤0.200mm
抗压强度比/%	3d≥95 7d≥95 28d≥90	28d≥75

注：1. 各种类型外加剂性能指标的考察，是以其稠度相同为前提；
　　2. 除含气量外，表中所列数据为掺外加剂混凝土与基准混凝土（空白样）的比值。

由表 4-8-6 可知，对掺引气剂混凝土性能指标的要求，中欧标准差异较大：

1）对引气剂的含气量指标，欧洲标准相比中国标准要求更高，规定了总含气量范围。

2）对硬化混凝土气孔性能指标，欧洲标准作了明确的规定，需进行气泡间隙测试；而中国标准未对这一指标作要求。因此，在采用欧洲标准的海外工程中，引气剂的气泡间隙测试将显著增加检测费用的投入，在投标时必须考虑到。

3）对混凝土抗压强度指标，中国标准对 3d、7d 和 28d 三个龄期均作了明确要求，而欧洲标准仅对 28d 一个龄期作了要求。且 28d 龄期时，中国标准的要求更高。

4.8.6 速凝剂技术要求

中国标准中将速凝剂分为无碱速凝剂和有碱速凝剂，规定掺无碱速凝剂的砂浆 28d 抗压强度比≥90%，90d 抗压强度保留率≥100%；而掺有碱速凝剂的砂浆 28d 抗压强度比和 90d 抗压强度保留率均≥70%。中欧标准速凝剂技术要求对比见表 4-8-7。

中欧标准速凝剂技术要求对比   表 4-8-7

性能指标	中国标准		欧洲标准
	无碱速凝剂技术要求	有碱速凝剂技术要求	技术要求
初凝时间	净浆≤5min		20℃:砂浆测试样品≥30min 5℃:砂浆测试样品≤60%空白样
终凝时间	净浆≤12min		—
抗压强度	砂浆:1d 抗压强度≥7.0MPa 28d 抗压强度比≥90% 90d 抗压强度保留率≥100%	砂浆:1d 抗压强度≥7.0MPa 28d 抗压强度比≥70% 90d 抗压强度保留率≥70%	混凝土:28d 抗压强度比≥80% 90d 抗压强度≥28d 抗压强度
含气量	—	—	（试验样品含气量－ 空白样含气量）≤2%

注：1. 各种类型外加剂性能指标的考察，是以其稠度相同为前提；
　　2. 除含气量外，表中所列数据为掺外加剂样品与基准样品（空白样）的比值。

由表 4-8-7 可知，对掺速凝剂混凝土（砂浆）性能指标的要求，中欧标准的不同之处为：

1）中国标准相对欧洲标准，仅对凝结时间和抗压强度性能指标作了规定，且测试方式不相同。此外，欧洲标准还对含气量性能指标作了规定：（试验样品含气量-空白样含气量）≤2%，表明其要求更加全面，有利于保证混凝土的质量。

2）中欧标准各性能指标的测试对象不同。中国标准中凝结时间的测试对象为水泥净浆，抗压强度的测试对象为砂浆，欧洲标准中凝结时间的测试对象对砂浆，抗压强度和含气量的测试对象为混凝土。

3）中国标准中，无碱速凝剂的抗压强度的要求高于欧洲标准，且对 1d 抗压强度作了规定。

4.8.7　早强剂技术要求

中欧标准早强剂技术要求对比见表 4-8-8。

由表 4-8-8 可知，对掺早强剂混凝土性能指标的要求，中欧标准的不同之处为：

1）中国标准相对欧洲标准，对掺早强剂混凝土抗压强度龄期的考察更加连续和细致，分为 1d、3d、7d 和 28d 四个龄期，而欧洲标准仅考察了 1d 和 28d 两个龄期。而且，对于相同龄期，中国标准对抗压强度的要求更高。

中欧标准早强剂技术要求对比　　　　　　　　　　表 4-8-8

性能指标	中国标准	欧洲标准
	技术要求	技术要求
抗压强度比/%	20℃±3℃,1d≥135 3d≥130 7d≥110 28d≥100	20℃,24h≥120 28d≥90
含气量	—	（试验样品含气量－空白样含气量）≤2%

注：1. 各种类型外加剂性能指标的考察，是以其稠度相同为前提；
　　2. 除含气量外，表中所列数据为掺外加剂混凝土与基准混凝土（空白样）的比值。

2）欧洲标准相对中国标准，还对掺早强剂混凝土含气量进行了限定，有利于保证掺早强剂混凝土的性能质量。

4.8.8　缓凝剂技术要求

中欧标准缓凝剂技术要求对比见表 4-8-9。

中欧标准缓凝剂技术要求对比　　　　　　　　　　表 4-8-9

性能指标	中国标准	欧洲标准
	技术要求	技术要求
抗压强度比/%	7d≥100 28d≥100	7d≥80 28d≥90
含气量	—	（试验样品含气量－空白样含气量）≤2%
凝结时间	初凝＞空白样＋90min	初凝≥空白样＋90min 终凝≤空白样＋360min

注：1. 各种类型外加剂性能指标的考察，是以其稠度相同为前提；
　　2. 除含气量外，表中所列数据为掺外加剂混凝土与基准混凝土（空白样）的比值。

由表 4-8-9 可知，对掺缓凝剂混凝土性能指标的要求，中欧标准的相同之处为：

1）中欧标准对掺缓凝剂混凝土抗压强度龄期的考察相同，均为 7d 和 28d 两个龄期。

2）中欧标准对掺缓凝剂混凝土初凝时间的要求基本相同，均为试验样品＞空白样＋90min。

不同之处为：

1）中国标准相对欧洲标准，对掺缓凝剂混凝土所有龄期抗压强度的要求更高，均要求试验样品≥100％空白样，而欧洲标准 28d 时仍只需要求试验样品≥90％空白样。

2）欧洲标准相对中国标准，还对掺缓凝剂混凝土含气量进行了限定。

3）欧洲标准相对中国标准，对掺缓凝剂混凝土凝结时间的考察更全面，还考察了终凝时间，要求试验样品≤空白样＋360min。

除以上种类混凝土用外加剂外，欧洲标准 EN 934-2 中还对掺粘度改性剂的受检混凝土性能提出了具体要求，主要性能指标为离析率、抗压强度比和含气量。其中，受检混凝土的离析率应≤70％基准混凝土的离析率，与基准混凝土的 28d 抗压强度比应≥80％；受检混凝土含气量－基准混凝土含气量≤2.0％。中国标准中无相关内容。

4.8.9 外加剂测试方法

外加剂检验测定项目包括两个方面：受检混凝土性能指标和外加剂匀质性指标。受检混凝土性能指标包括：减水率、泌水率比、含气量、凝结时间差、抗压强度比等；外加剂匀质性指标包括：含固量、密度、氯离子含量、pH 值等。通常采用一定的试验方法测定外加剂的性能。

1. 外加剂性能试验项目

欧洲标准《混凝土、砂浆和水泥浆用外加剂试验方法》EN 480 系列中对外加剂试验方法包括 14 部分，适用于符合《混凝土、砂浆和水泥浆用外加剂》EN 934 系列标准的外加剂。

中国标准中对外加剂试验分两部分，一部分为外加剂匀质性试验方法，一部分为受检混凝土测定。中欧标准外加剂性能检测方法对比见表 4-8-10。

中欧标准外加剂性能检测方法对比 表 4-8-10

欧洲标准		中国标准	
		匀质性检测	混凝土检测
试验方法名称	试验用基准混凝土和基准砂浆	含固量测定	减水率测定
	凝结时间测定	含水率测定	泌水率测定
	混凝土泌水测定	密度测定	含气量测定
	毛细吸收测定	细度测定	凝结时间差测定
	红外光谱分析	pH 值	坍落度 1h 经时变化
	含固量测定	表面张力测定	含气量 1h 经时变化
	水溶性氯离子含量测定	氯离子含量测定	抗压强度比
	硬化混凝土孔隙特性测定	硫酸钠含量测定	收缩率比
	外加剂碱含量测定	水泥净浆流动度测定	相对耐久性
	试验砂浆外加剂用基准砌筑砂浆	水泥胶砂减水率测定	
	通过恒电位电化学试验测定钢筋对腐蚀敏感性的影响	总碱量	—

由表 4-8-10 可知，欧洲标准对外加剂的检测方法中包含有红外光谱分析。该测试通过比对检测样品的红外谱图与生产企业提供的外加剂红外谱图之间的差异，判定外加剂样品的有效成分是否稳定。这种检测方法有利于快速发现生产过程中外加剂产品的质量波动，避免不合格外加剂用于混凝土中，这是值得中国标准借鉴的。而中国标准对外加剂的检测则主要分两部分，一部分为外加剂匀质性检测方法，以外加剂的物理化学性质为主，一部分为混凝土检测方法。中国标准对外加剂的检测方法分类更清晰，且用于评价外加剂性能的混凝土试验项目更多。

2. 含固量测试

中欧标准外加剂含固量测试温度要求和仪器设备对比见表 4-8-11。

中欧标准外加剂含固量测试温度要求和仪器设备对比　　　　表 4-8-11

对比内容	中国标准要求	欧洲标准要求
温度范围	100℃～105℃	105℃±3℃
称量瓶	带盖称量瓶：65mm×25mm	矮式、广口且带有磨砂玻璃塞，或平底蒸发皿，直径约为 75mm，深度约为 45mm
天平	分辨率为 0.1mg	分辨率为 0.5mg
样品质量	液体试样称量：3.0000g～5.0000g	2.0g±0.2g

由表 4-8-11 可知，对含固量测试方法，中欧标准的不同之处为：

1）对于温度范围，欧洲标准相对中国标准，温度范围相对更高、更广，为 102℃～108℃，而中国标准中要求 100℃～105℃。

2）对于称量瓶，欧洲标准相对中国标准对其形状也作了明确限定，且要求其直径更大、深度更深。

3）对于天平分辨率，中国标准相对欧洲标准要求更高，则测量误差较小。

4）对于样品，中国标准规定其状态为液体，而欧洲标准并无要求。且中国标准所用样品的质量更大，则测量误差较小。

在试验步骤方面，中欧标准均为将盛有试样的称量瓶放入烘箱内，于恒温下烘一段时间后，取出置于干燥器内，冷却后称量，然后重复加热和冷却过程，直至连续两次称重之差较小或忽略不计。但欧洲标准要求首次烘至少 1h，中国标准则仅要求首次烘 30min；欧洲标准要求重复加热和冷却过程至连续两次称重之差不超过 2mg，中国标准要求恒量。

在试验结果处理方面，中欧标准均用烘干后试样质量/烘干前试样质量表示外加剂的含固量。

中欧标准对外加剂含固量测定的原理、使用仪器等都大致相同，只在仪器要求和试验过程略有差别。

3. 氯离子含量测试

欧洲标准中氯离子含量测定采用电位滴定法，通过氯离子与硝酸银溶液反应生成沉淀来测定外加剂中氯离子的含量；而中国标准氯离子含量测定有电位滴定法和离子色谱法 2 种方法，其中离子色谱法利用样品溶液经阴离子色谱柱分离，溶液中阴离子 F^-、SO_4^{2-}、NO_3^- 被分离，同时被电导池检测。通过测定溶液中氯离子峰面积或峰高，计算其含量。欧洲标准中无离子色谱法测氯离子含量相关内容。中欧标准外加剂氯离子含量测试方法对比见表 4-8-12。

欧洲标准中氯离子的测定方法需要根据外加剂中干扰成分进行试验方法的选择。其试验方法主要有如下 3 种，根据具体情况，选择其一，在相同条件下进行空白滴定，并记录体积（V_o），精确到 0.05mL 即可。

中欧标准外加剂氯离子含量测试方法（电位滴定法）对比   表 4-8-12

对比内容	中国标准要求	欧洲标准要求
试剂要求	硝酸(1+1) 硝酸银溶液(17g/L) 氯化钠标准溶液 (0.1000mol/L)	浓硝酸 硝酸银溶液(0.01mol/L±0.0001mol/L) 过氧化氢(质量分数 30%) 氢氧化钠溶液(质量分数 33%) 分析纯乙醇(C_2H_5OH) 分析纯丙酮(C_3H_7O)
试样取样量	0.5000g～5.0000g	液体样品：10g±1g，精确至 0.01g 粉状样品：5g±1g，精确至 0.01g
试样处理	不作处理	根据外加剂是否存在干扰因素，如木质素磺酸盐、硫氰酸盐或还原剂，分两种方式对其进行试样处理，处理液为氢氧化钠和过氧化氢
试验结果的有效性和精度	硝酸银滴定试样液，第一次电势发生突变，往试样液中加入氯化钠标准溶液，根据二次微商法计算结果；两次试验结果的平均值为测定值，重复性限 0.05%，再现性限 0.08%	硝酸银滴定试样液，第一次电势发生突变即为滴定终点；未说明试验次数，试验结果精确至 0.01%

由表 4-8-12 可知，中欧标准在电位滴定法测氯离子含量方法上的不同之处为：

1）欧洲标准对试样取样量按外加剂的固体或液体状态作了不同的规定，中国标准未区分试样的状态，且中欧标准规定的试样取样量不同。

2）欧洲标准对试样的纯度要求较为严格，在测试前要求对试样进行处理以消除试验干扰因素，中国标准无对试样进行处理要求。

3）欧洲标准规定硝酸银滴定试样液，第一次电势发生突变即为滴定终点，试验次数没有规定。中国标准规定硝酸银滴定试样液，第一次电势发生突变后，还需继续加入氯化钠标准溶液，然后继续滴定硝酸银溶液至第二次电势突变，此时才算滴定终点。

4）在试验数据的精度方面，中国标准要求试验次数为两次，取两次试验结果的平均值为测定值，且对重复性和再现性规定了具体限定值。中国标准比欧洲标准更严格。

4. 总碱量测试方法

欧洲标准中总碱量测试方法主要为原子吸收光谱法测定，而中国标准涉及此项测试的方法主要为火焰光度法。两者原理不同，不作比较。下面主要介绍欧洲标准中原子吸收光谱测试方法：

（1）试剂

原子吸收光谱法测定氧化钾和氧化钠的方法为：用氢氟酸-高氯酸分解试样，以锶盐消除硅、铝、钛等的干扰，在空气-乙炔火焰中，分别于波长 766.5nm 处和波长 589.0nm

处测定氧化钾和氧化钠的吸光度。

(2) 分析步骤

称取一定量的试样溶液放入容量瓶中，加入盐酸及氯化锶溶液，使测定溶液中盐酸的体积分数为 6%，锶的浓度为 1mg/mL。用水稀释至标线，摇匀。用原子吸收光谱仪，在空气-乙炔火焰中，分别用钾元素空心阴极灯于波长 766.5nm 处和钠元素空心阴极灯于波长 589.0nm 处测定溶液的吸光度，在工作曲线上查出氧化钾的浓度和氧化钠的浓度。

(3) 结果的计算与表示

$$氧化钠含量 = (m_2/m_1) \times 100D\% \tag{4-8-1}$$

$$氧化钾含量 = (m_3/m_1) \times 100D\% \tag{4-8-2}$$

式中：m_1——外加剂样品质量，单位为 mg；

m_2——氧化钠质量，单位为 mg；

m_3——氧化钾质量，单位为 mg；

D——稀释倍数。

总碱量按式（4-8-3）计算：

$$总碱量 = 氧化钠含量 + 0.658 \times 氧化钾含量 \tag{4-8-3}$$

5. 红外测试方法

欧洲标准介绍了一种将外加剂在 $105℃ \pm 3℃$ 下烘干，得到的干物质进行红外光谱分析的方法，能对外加剂的有效成分是否符合要求给出判断，有利于发现外加剂产品的质量波动，避免不合格的外加剂用于混凝土中，提高混凝土质量。而中国标准中还未涉及此种方法的检测应用，这是值得中国标准借鉴的。具体方法介绍如下：

测试所需仪器包括：带附件的红外光谱仪（电池、压片机、盐窗等）；平底蒸发皿，直径 75mm，深度 45mm；干燥器；带有强制通风装置的烘箱，恒温控制在 $105℃ \pm 3℃$，配备温度指示装置；天平，精度为 0.5g。

根据所获得的干物质坚固性，采用 NaCl 盐（或 KBr，取决于采用的设备）制成薄膜或 KBr 压片进行试验。为了制作压片，应将干燥残渣研细，并与 KBr 混合。将混合料压成压片。混合料中干提取物的质量应为 1% 左右，并应进行调整，以获得高质量的光谱（例如，0.25%~1.5%）。记录 $4000cm^{-1}$ 和 $600cm^{-1}$ 之间的光谱（或如果可能，记录到 $250cm^{-1}$）。将试验样品与基准样品的光谱比较，是否具有相对相似的特征吸收峰，来判定试验样品合格或不合格。

6. 混凝土泌水的测试

欧洲标准中介绍了一种从新拌混凝土试样中泌出的相对含水量的测试方法，该方法适用于骨料最大粒径不超过 50mm 的混凝土拌合物。中国标准中对应的标准为《普通混凝土拌合物性能试验方法标准》GB/T 50080—2016 第 12 部分泌水试验，适用于骨料最大粒径不超过 40mm 的混凝土拌合物。中欧标准混凝土泌水测试方法对比见表 4-8-13。

中欧标准混凝土泌水测试方法对比   表 4-8-13

对比内容	中国标准要求	欧洲标准要求
仪器设备	5L 容量筒、100mL 量筒、移液管、捣棒、电子天平（量程 20kg，精度 1g）、抹刀	圆柱体容器（内径 250mm±10mm，内部高度 280mm±10mm）、100mL 量筒、移液管、捣棒、天平（精度 0.1%）、勺子、抹刀

对比内容	中国标准要求	欧洲标准要求
试验室温湿度	20℃±2℃,相对湿度不低于50％	20℃±2℃,相对湿度不低于65％
试样装料插捣	混凝土拌合物分两层均匀地装入筒内,用捣棒由边缘到中心按螺旋形均匀插捣25次	混凝土拌合物分3层均匀装入容器内,每层用捣棒均匀插捣25次
吸水时间间隔	最初的60min内每隔10min吸取表面泌水,此后每隔30min吸取一次,直到停止泌水	最初的40min内每隔10min吸取表面泌水,此后每隔30min吸取一次,直到停止泌水
试验结果计算	混凝土中泌水总量的百分比	混凝土中泌水总量的百分比
试验结果的有效性和精度	精确至1％。取3个试样测值的平均值为泌水率,当最大值和最小值与中间值之差均超过中间值的15％时,应重新试验	精确至0.1％

由表 4-8-13 可知,中欧标准在混凝土泌水测试方法上基本相同,如采用的大部分仪器设备、试验室温度、试验步骤等基本相同,但也存在少量不同之处:

1) 欧洲标准采用的圆柱体容器容积约为 13.7L,较中国标准中的容量筒容积大,因此,在制作试样时所需混凝土用量更多。

2) 欧洲标准对试验室湿度条件要求略高于中国标准。

3) 在试验步骤方面,欧洲标准混凝土试验分 2 层装料,中国标准分 3 层装料;欧洲标准吸水时长较中国标准长,在最初的 60min 内每隔 10min 吸水,中国标准仅在最初的 40min 内每隔 10min 吸水。

4) 在试验结果的精度方面,欧洲标准要求精确至 0.1％,较中国标准严格。在试验结果的有效性方面,中国标准要求取 3 个试样试验结果的平均值为测定值,欧洲标准未作要求。

7. 试验用基准混凝土

基准水泥、基准混凝土是检验混凝土外加剂性能的专用水泥、专用混凝土。欧洲标准对于基准水泥、基准混凝土等均有专门的要求,与中国标准差异较大。

欧洲标准中试验用基准混凝土标准为《混凝土、砂浆和水泥浆用外加剂试验方法—第 1 部分:试验用基准混凝土和基准砂浆》EN 480-1:2014,要求基准水泥采用符合《水泥—第 1 部分:通用水泥的组分、规定和合格性》EN 197-1:2011 的强度等级为 42.5 级或 52.5 级的 CEM I 水泥,比表面积也有相应要求,应在 $320m^2/kg \sim 460m^2/kg$,C_3A 质量含量应在 7％～11％;中国标准要求基准水泥采用符合 42.5 强度等级的 P·I 型硅酸盐水泥。

欧洲标准中基准混凝土的骨料也与中国标准采用的有很大区别,如细骨料,中国标准只规定了细骨料的细度模数、含泥量、石粉含量、级配 II 区,但欧洲标准则还规定了细骨料的级配曲线,且级配曲线是按所有粗细骨料来考虑的级配曲线,较中国标准粗、细骨料单独分开分区不同,按整个骨料级配曲线的方式来控制骨料的级配更为合理。因此,在采用欧洲标准开展试验时,试验室需配备特定的试验筛,以筛分现场生产、施工用到的骨料,来得到特定级配的骨料。

此外,中欧标准中基准混凝土其他指标的精度要求也不同,如坍落度要求、水泥用量均不同;跳桌扩展度的范围也不同。但是对拌合用水要求大致相同。其他的异同点如下:

（1）仪器设备

中国标准中制备混凝土所用仪器为公称容量为 60L 的单卧轴式强制搅拌机，搅拌机的拌合量应不少于 20L，不宜大于 45L。欧洲标准中制备混凝土所用仪器为强制式盘状搅拌机，且至少应达到 50％容量（最大容量 90％）。

（2）试验步骤

中欧标准制备混凝土时的试验操作存在差别：欧洲标准中将所有的骨料加入到含有一半拌合水的盘状搅拌机中。拌合 2min，然后静置 2min。在静置期间，盖上盘状搅拌机以尽可能减少水分蒸发作用。在加入水泥后，重新启动搅拌机并运行 30s。在接下来的 30s 内，加入剩余的水（以及试验拌合料中的外加剂）搅拌 2min。中国标准中外加剂为粉状时，将水泥、砂、石、外加剂一次性投入搅拌机，干拌均匀，再加入拌合水，一起搅拌 2min。外加剂为液体时，将水泥、砂、石一次投入搅拌机，搅拌均匀，再加入掺有外加剂的拌合水一起搅拌 2min。

4.8.10　总结

综上所述，中欧外加剂标准有许多相同或相近之处，尤其是欧洲标准中外加剂的通用要求和具体要求与中国标准的匀质性指标大体相似，但具体技术要求方面存在一定的差异，中国标准在混凝土检测项目上更详尽，要求更高。

在外加剂的测试方法上，中欧标准具有一定的相似性，如含固量测试、混凝土泌水的测试方法基本相同，但中欧外加剂测试方法整体存在较大差异，中国标准对精密度要求更高。

此外，在欧洲标准中涉及有对外加剂有效成分的红外光谱分析、外加剂腐蚀行为、二氧化硅含量测定等试验方法，而中国标准没有涉及上述内容。可见欧洲标准的检测方式更加多样，要求更加严格，更加重视材料对环境、安全、健康的影响，值得中国标准借鉴。但同时需要注意，红外光谱检测对试样的要求较高且费用较高，因此，使用欧洲标准的样品需要在生产过程中严格控制对红外光谱有响应信号的杂质的引入，避免对有效成分检测的影响。此外，红外光谱检测费用较高，在海外工程招投标时应充分考虑该类检测费用对工程预算的影响。

4.9　中欧混凝土用拌合水标准对比研究

4.9.1　标准设置

欧洲标准《混凝土拌合用水——取样、试验和评价其适用性的规范，包括混凝土生产回收水用作拌合水》EN 1008：2002 规定了混凝土拌合用水的取样、试验和评估的适用性规范，以及对混凝土生产回收水作为混凝土拌合用水的具体要求。

中国标准《混凝土用水标准》JGJ 63—2006 规定了混凝土用水的技术要求、检验方法、检验规则和结果评定。

4.9.2　标准应用范围

欧洲标准《混凝土拌合用水——取样、试验和评价其适用性的规范，包括混凝土加工过程中回收水用作拌合水》EN 1008：2002 中仅指混凝土拌合用水，包括饮用水、地表水、地下水、混凝土生产回收水、工业废水和海水或微咸水。

中国标准《混凝土用水标准》JGJ 63—2006 中混凝土用水指的是混凝土拌合用水和混凝土养护用水，包括饮用水、地表水、地下水、再生水、混凝土企业设备洗刷水和海水等。中国标准对混凝土用水范围更广些。

4.9.3 技术要求

1. 水质要求

中欧标准混凝土拌合用水水质要求对比见表 4-9-1。

中欧标准混凝土拌合用水水质要求对比　　　　　表 4-9-1

项目	中国标准要求			欧洲标准要求		
	预应力混凝土	钢筋混凝土	素混凝土			
pH 值	≥5.0	≥4.5	≥4.5	≥4.0		
不溶物/(mg/L)	≤2000	≤2000	≤5000	80mL 样品中最多 4mL 沉淀物		
可溶物/(mg/L)	≤2000	≤5000	≤10000	—		
SO_4^{2-}/(mg/L)	≤600	≤2000	≤2700	≤2000		
碱含量/(mg/L)	≤1500	≤1500	≤1500	≤1500		
Cl^-/(mg/L)	≤500	≤1000	≤3500	预应力混凝土或砂浆	含钢筋或内置金属的混凝土	不含钢筋或内置金属的混凝土
				≤500	≤1000	≤4500

由表 4-9-1 可知，中欧标准中，相同之处为：

中欧标准均对水质的 pH、不溶物、Cl^-、SO_4^{2-} 和碱含量项目提出了要求，且要求基本相同。

不同之处为：

1) 中国标准相对欧洲标准，还对水质的可溶物作了明确要求，而欧洲标准对可溶物未作要求，说明中国标准对水质的要求更加严格；

2) 中国标准中，对于混凝土养护用水可不检验不溶物和可溶物。对设计使用年限为100 年的结构混凝土，氯离子含量不得超过 500mg/L；对使用钢丝或经热处理钢筋的预应力混凝土，氯离子含量不得超过 350mg/L。可见，中国标准将混凝土种类区分更详细，指标更严格和明确。

2. 凝结时间和强度要求

中欧标准中混凝土拌合用水均需测试水质对水泥凝结时间、水泥胶砂强度或混凝土抗压强度的影响，并满足凝结时间和强度的指标要求。中欧标准混凝土拌合用水对凝结时间和强度的影响指标要求对比见表 4-9-2。

由表 4-9-2 可知，中欧标准中，异同之处为：

1) 中欧标准中，对比试样用水种类不同，欧洲标准使用蒸馏水或去离子水，而中国标准仅使用饮用水对比；

2) 欧洲标准相对中国标准，对凝结时间有较详细的要求，对强度仅要求了 7d 抗压强度，而中国标准对混凝土 3d 和 28d 的强度都作了要求。可见，欧洲标准与中国标准对混凝土凝结时间和强度要求差别不大，但侧重点不同；

3）中国标准相对欧洲标准，不仅对混凝土拌合用水作了要求，还规定了混凝土养护用水可不检验水泥凝结时间和水泥胶砂强度。欧洲标准仅对混凝土拌合用水作了要求。

中欧标准混凝土拌合用水对凝结时间和强度的影响指标要求对比　表 4-9-2

欧洲标准或中国标准	对比试样用水	水泥初凝时间	水泥终凝时间	强度
欧洲标准	蒸馏水或去离子水	≤1h,且时间相差不超过对比试样的 25%	≤12h,且时间相差不超过对比试样的 25%	砂浆或混凝土 7d 抗压强度不低于对比试样的 90%
中国标准	饮用水	与对比试样的初凝和终凝时间相差均不超过 30min		水泥胶砂 3d 和 28d 强度不低于对比试样的 90%

3. 对有害物质的要求

相比中国标准，欧洲标准增加了对水质中糖、磷酸盐、硝酸盐、铅、锌等有害物质的要求。混凝土拌合用水水质中的上述项目对混凝土的拌合状态、凝结时间、强度都有部分影响。因此，欧洲标准中规定首先对拌合用水进行定性分析，若检查结果呈阳性，则进行定量分析，确定该类物质的含量，有害物质的含量，需符合表 4-9-3 中的要求。

欧洲标准对水质中有害物质的要求　表 4-9-3

项目	糖	磷酸盐	硝酸盐	铅	锌
要求/(mg/L)	≤100	≤100	≤500	≤100	≤100

4.9.4　检验规则

中欧标准混凝土用水检验规则对比见表 4-9-4。

由表 4-9-4 可知，中欧标准中，异同之处为：

1）中欧标准中，都对混凝土用水的取样量、水样有效期、检验频次等方面进行了要求，中国标准与欧洲标准相比，项目要求更加详尽；

2）中欧标准中，对混凝土用水的检验频次有差异，中国标准对工业废水和海水或微咸水的检验频次缺乏规定，而欧洲标准对再生水和混凝土企业设备洗刷水的检验频次缺乏规定。

此外，欧洲标准对于混凝土拌合用水中油脂、清洁剂、颜色、悬浮物、气味和腐殖质等有初步评估要求和试验方法，检验程序更加详细系统；而中国标准仅要求混凝土拌合用水不应有漂浮明显的油脂和泡沫，不应有明显的颜色和异味，没有初步检验方面的具体要求。

中欧标准混凝土用水检验规则对比　表 4-9-4

项目	中国标准要求	欧洲标准要求
取样量	水质检验不少于 5L 凝结时间和强度测定不少于 3L	不少于 5L
水样有效期	水质全部项目检验在取样后 7d 内;放射性检验、凝结时间和强度检验在取样后 10d 内	取样 2 周内

项目		中国标准要求	欧洲标准要求
检验频次	饮用水	符合《生活饮用水卫生标准》GB 5749 的要求,无需检验	符合欧洲指令 98/83/EC 的要求,无需检验
	地表水	首次检验后,使用期内每 6 个月检验一次	首次检验后,每月检验一次,当已清除水成分波动,可采用较低试验频率
	地下水	首次检验后,使用期内每年检验一次	首次检验后,每月检验一次,当已清除水成分波动,可采用较低试验频率
	再生水	首次检验后,使用期内每 3 个月检验一次;质量稳定一年后,可每 6 个月检验一次	—
	混凝土企业设备洗刷水	首次检验后,使用期内每 3 个月检验一次,质量稳定一年后,可一年检验一次	—
	工业废水	—	首次检验后,每月检验一次,当已清除水成分波动,可采用较低试验频率
	海水或淡盐水	—	首次检验后,每年检验一次,必要时检验

4.9.5 总结

欧洲标准《混凝土拌合用水——取样、试验和评价其适用性的规范,包括混凝土生产回收水用作拌合水》EN 1008:2002 和中国建筑工程行业建设标准《混凝土用水标准》JGJ 63—2006 对混凝土用水在应用范围、技术要求、检验方法、检验规则和结果评定等方面基本相同,主要区别是欧洲标准仅规范了混凝土拌合用水,对水质检验有初步检验程序,并规定了水质中有害物质的限值,这是中国标准中没有详细规定的内容。中国标准对混凝土拌合用水和养护用水的使用范围更加广泛,对水质的技术要求根据不同的混凝土情况有更加细化的限值,检验规则也相对严格。

第 5 章　中欧混凝土性能、生产和合格性评价方法对比研究

5.1　标　准　设　置

欧洲标准《混凝土——规定、性能、生产和合格性》EN 206：2013＋A1：2016（以下简称"EN 206"）是混凝土结构、混凝土设计、原材料质量及性能检测的基础，它贯穿并连接了众多其他混凝土相关标准，如混凝土组成材料（如：水泥，骨料，添加剂，掺合料，拌合水等）、混凝土性能测试方法、混凝土结构测试和强度评定方法等标准，其与其他相关标准间的关系见图 5-1-1。

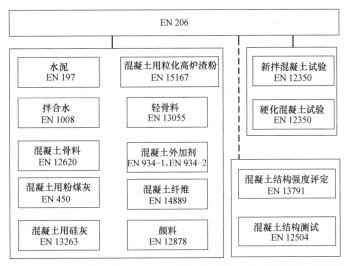

图 5-1-1　EN 206 与混凝土组成、性能测试和结构测试标准间的关系

中国标准中对应的标准包括：预拌混凝土总纲类国家标准《预拌混凝土》GB/T 14902—2012（以下简称"GB/T 14902"）；混凝土质量控制和评定类国家标准《混凝土质量控制标准》GB 50164—2011（以下简称"GB 50164"）和《混凝土强度检验评定标准》GB/T 50107—2010（以下简称"GB/T 50107"）；混凝土结构施工类国家标准《混凝土结构工程施工规范》GB 50666—2011（以下简称"GB 50666"）；混凝土结构耐久性类国家标准《混凝土结构耐久性设计标准》GB/T 50476—2019（以下简称"GB/T 50476"）及自密实混凝土总纲类行业标准《自密实混凝土应用技术规程》JGJ/T 283—2012（以下简称"JGJ/T 283"）等。

综上可知，欧洲标准 EN 206 涵盖的内容较全面，集混凝土结构、混凝土设计、原材料质量及性能检测等内容于一体。中国标准中与之对应的标准则包括多个较为零散的标

准，每个标准涵盖的内容较单一，仅对应部分欧洲标准中的内容，且分散在不同的体系中，标准间的关联性较差。

5.2 标准适用范围

欧洲标准 EN 206 适用于现场浇筑结构、预制结构和预制产品的混凝土，包含普通混凝土、重混凝土、轻骨料混凝土、自密实混凝土和预制混凝土等种类，规定了混凝土原材料、新拌混凝土和硬化混凝土的特性及检测方法、混凝土的运输、生产控制及合格性评价等内容。该标准不适用于加气混凝土、发泡混凝土和耐火混凝土。

中国标准中，GB/T 14902 仅适用于搅拌站（楼）生产的预拌混凝土，规定了其要求、制备、试验方法、检验规则和订货与交货。

GB 50164 适用于建筑工程的普通混凝土质量控制，规定了原材料控制要求，混凝土拌合物和硬化混凝土力学性能、长期性能和耐久性要求，配合比控制要求，生产与施工质量控制要求及混凝土质量检验要求。

GB 50666 适用于除轻骨料混凝土及特殊混凝土外的现场浇筑结构、预制结构和预制产品结构，规定了混凝土的制备、运输、施工方法等。

GB/T 50476 适用于各种自然环境作用下市政基础设施与一般构筑物中普通混凝土结构及其构件的耐久性设计，不适用于轻骨料混凝土及其他特种混凝土结构。〔注：中国土木工程学会制定的协会标准《混凝土结构耐久性设计与施工指南》CCES 01—2004（2005修订版）在耐久性方面，对混凝土结构所处环境的分类方法参考了欧洲标准 EN 206。〕

行业标准 JGJ/T 283 仅适用于自密实混凝土，规定了自密实混凝土的材料、配合比、制备与运输、施工与验收。

5.3 术语与定义

对比欧洲标准与中国标准，发现不仅存在同一术语间的定义不同，其内容也不尽相同，欧洲标准的内容相对更全面。

5.3.1 中欧标准不同定义的术语

中欧标准中，对于混凝土种类的分类依据略有不同。中欧标准中混凝土相同术语的不同定义对比见表 5-3-1。

中欧标准中混凝土相同术语的不同定义对比　　　　表 5-3-1

术语	中国标准定义	欧洲标准定义
普通混凝土	干表观密度 2000kg/m³～2800kg/m³ 的混凝土	干表观密度 2000kg/m³～2600kg/m³ 的混凝土
轻骨料混凝土	干表观密度不大于 1950kg/m³ 的混凝土	干表观密度 800kg/m³～2000kg/m³ 的混凝土
重混凝土	干表观密度大于 2800kg/m³ 的混凝土	干表观密度大于 2600kg/m³ 的混凝土

续表

术语	中国标准定义	欧洲标准定义
预拌混凝土	在搅拌站（楼）生产的、通过运输设备送至使用地点的、交货时为拌合物的混凝土	由非使用者运送来的拌合物状态的混凝土。一定程度上也可包括：使用者在非施工现场拌制的和非使用者在施工现场拌制的混凝土

由表 5-3-1 可知，欧洲标准中，重混凝土与普通混凝土的干表观密度的分界线为 2600kg/m³，中国标准中则为 2800kg/m³；欧洲标准中轻骨料混凝土的定义规定了其干表观密度的上下限，而中国标准中仅规定了其上限，上限间差别不大。

此外，中国标准中，预拌混凝土仅指在搅拌站（楼）生产、运输、交付的混凝土，而欧洲标准中预拌混凝土的定义范围较广，不仅包括搅拌站生产的预拌混凝土，还可包括混凝土生产商在施工现场拌制或使用方在非施工现场拌制的混凝土。

5.3.2　欧洲标准中独有的术语

欧洲标准 EN 206 中给出了中国标准中缺少的混凝土家族、设计混凝土、规定组成混凝土、标准规定组成混凝土及混合骨料等术语的定义及相关要求。欧洲标准中混凝土独有的术语及定义见表 5-3-2。

欧洲标准中混凝土独有的术语及定义　　　　　表 5-3-2

术语	EN 206 中出处	欧洲标准里的定义
混凝土家族	3.1.1.2	相关性能间建立了可靠关系，并有数据资料证明的一组不同配比的混凝土
设计混凝土	3.1.1.4	混凝土的要求性能及附加特性已明确向混凝土生产商说明。生产商的职责就是生产出符合性能和附加特性要求的混凝土
规定组成混凝土	3.1.1.10	混凝土组成材料，以及原料成分都已经明确向混凝土生产商说明。生产商的任务就是生产出规定成分的混凝土
标准规定组成混凝土	3.1.1.19	在混凝土使用地有效的标准中给定了成分的规定组成混凝土
混合骨料	3.1.2.6	由细骨料和粒径大于 4mm 的粗骨料混合而成

其中，混凝土家族是一组不同配比的混凝土产品，它们的相关性能间建立了可靠的关系并且有数据资料证明。在混凝土家族中要选择生产量最多的混凝土产品或在家族中处于中间地位的产品作为基准混凝土产品。家族中其他混凝土产品的抗压强度必须能够通过建立好的关系转化为基准混凝土的强度。整个家族的混凝土质量可通过转化了的基准混凝土抗压强度来评定。

一个混凝土家族内的成员间通常具有以下共同点：同一种类，强度等级和来源相同的水泥；明显类似的骨料和掺合料；掺或不掺减水剂；可包含所有的工作性能等级；不同的强度等级，但不能超过 C55/67。需要注意的是，在使用混凝土家族的概念时，应先基于前期生产数据，对混凝土家族成员中成员的资格和合格性进行评估。

5.4 与环境效应对应的暴露等级

5.4.1 环境类别及对应的暴露等级

在环境效应对应的暴露等级方面，中欧标准对环境作用等级的划分类似，都是首先按环境对混凝土结构的不利影响的形式划分环境类别，然后在不同的类别中再按影响的程度划分等级，但中欧标准中同样的环境类别对应的暴露等级程度存在差别，见表5-4-1。

中欧标准中混凝土结构的环境作用等级划分 表 5-4-1

中国标准		欧洲标准	
环境类别	环境作用等级	环境类别	暴露等级
—	—	无腐蚀或侵蚀风险	X0
一般环境	Ⅰ-A、Ⅰ-B、Ⅰ-C	碳化引起的腐蚀	XC1、XC2、XC3、XC4
冻融环境	Ⅱ-C、Ⅱ-D、Ⅱ-E	冻融侵蚀	XF1、XF2、XF3、XF4
海洋氯化物环境	Ⅲ-C、Ⅲ-D、Ⅲ-E、Ⅲ-F	海水氯化物引起的腐蚀	XS1、XS2、XS3
除冰盐等其他氯化物环境	Ⅳ-C、Ⅳ-D、Ⅳ-E	除海水之外的氯化物引起的腐蚀	XD1、XD2、XD3
化学腐蚀环境	V-C、V-D、V-E	化学侵蚀	XA1、XA2、XA3

欧洲标准是将环境类别分为6类：无腐蚀或侵蚀风险、碳化腐蚀、冻融侵蚀、海水氯化物引起的腐蚀、除海水之外的氯化物引起的腐蚀及化学侵蚀；中国标准GB/T 50476是将环境类别分为5类，未设置"无腐蚀或侵蚀风险"环境类别，其他环境类别与欧洲标准相同，其中"一般环境"对应欧洲标准中的"碳化腐蚀"类别。

在暴露等级方面，中欧标准中碳化腐蚀、冻融侵蚀和海水氯化物引起的腐蚀环境划分的等级存在差别。欧洲标准中碳化腐蚀环境类别分4个等级，用XC1、XC2、XC3、XC4表示，中国标准中分3个等级，用Ⅰ-A、Ⅰ-B、Ⅰ-C表示；欧洲标准中冻融侵蚀环境类别分4个等级，用XF1、XF2、XF3、XF4表示，中国标准中分3个等级，用Ⅱ-C、Ⅱ-D、Ⅱ-E表示；欧洲标准中海水氯化物引起的腐蚀环境类别分3个等级，用XS1、XS2、XS3表示，中国标准中则分4个等级，用Ⅲ-C、Ⅲ-D、Ⅲ-E、Ⅲ-F表示。

经对比发现，欧洲标准对碳化腐蚀、冻融侵蚀的环境作用等级分类更细致，中国标准对海水氯化物引起的腐蚀作用等级分类较欧洲标准中划分得更细致。且中国标准中对不同环境作用等级的严重程度表示方法更直观，A、B、C、D、E、F分别代表轻微、轻度、中度、严重、非常严重、极端严重，欧洲标准则无法由表示方法直观看出所处环境作用等级。

5.4.2 具体环境作用情况的分类指标

中国标准与欧洲标准规定的混凝土结构的环境分类及环境作用等级情况分别见表5-4-2、表5-4-3。欧洲标准中混凝土结构不同环境类别暴露等级示意图见图5-4-1。

中国标准中规定的混凝土结构的环境分类及环境作用等级　　　　表 5-4-2

环境类别	名称	腐蚀机理	作用等级分类	示例
I	一般环境	保护层混凝土碳化引起钢筋锈蚀	I-A 室内干燥环境； 长期浸没水中环境	常年干燥、低湿度环境中的室内构件； 所有表面均永久处于静水下的构件
			I-B 非干湿交替的结构内部潮湿环境； 非干湿交替的露天环境； 长期湿润环境	中、高湿度环境中的结构内部构件； 不接触或偶尔接触雨水的外部构件； 长期与水或湿润土体接触的构件
			I-C 干湿交替环境	与冷凝水、露水或与蒸汽频繁接触的结构内部构件； 地下水位较高的地下室构件； 表面频繁淋雨或频繁与水接触的构件； 处于水位变动区的构件
II	冻融环境	反复冻融导致混凝土损伤	II-C 微冻地区的无盐环境，混凝土高度饱水； 严寒和寒冷地区的无盐环境，混凝土中度饱水	微冻地区的水位变动区构件和频繁受雨淋的构件水平表面； 严寒和寒冷地区受雨淋构件的竖向表面
			II-D 严寒和寒冷地区的无盐环境，混凝土高度饱水； 微冻地区的有盐环境，混凝土高度饱水； 严寒和寒冷地区的有盐环境，混凝土中度饱水	严寒和寒冷地区的水位变动区构件和频繁受雨淋的构件水平表面； 有氯盐微冻地区的水位变动区构件和频繁受雨淋的构件水平表面； 有氯盐严寒和寒冷地区受雨淋构件的竖向表面
			II-E 严寒和寒冷地区的有盐环境，混凝土高度饱水	有氯盐严寒和寒冷地区的水位变动区构件和频繁受雨淋的构件水平表面
III	海洋氯化物环境	氯盐引起钢筋锈蚀	III-C 水下区和土中区：周边永久浸没于海水或埋于土中	桥墩，承台，基础
			III-D 大气区（轻度盐雾）： 距平均水位 15m 高度以上的海上大气区； 涨潮岸线以外 100m～300m 内的陆上室外环境	桥墩，桥梁上部结构构件； 靠海的陆上建筑外墙及室外构件
			III-E 大气区（重度盐雾）： 距平均水位 15m 高度以上的海上大气区； 离涨潮岸线 100m 以内、低于海平面以上 15m 的陆上室外环境； 潮汐和浪溅区，非炎热地区	桥梁上部结构构件； 靠海的陆上建筑外墙及室外构件； 桥墩，承台，码头
			III-F 潮汐区和浪溅区，炎热地区	桥墩，承台，码头

环境类别	名称	腐蚀机理	作用等级分类	示例
Ⅳ	除冰盐等其他氯化物环境	氯盐引起钢筋锈蚀	Ⅳ-C 受除冰盐盐雾轻度作用； 四周浸没于含氯化物水中； 接触较低浓度氯离子水体（100mg/L～500mg/L），且有干湿交替	距离行车道10m以外接触盐雾的构件； 地下水中构件； 处于水位变动区，或部分暴露于大气、部分在地下水土中的构件
			Ⅳ-D 受除冰盐水溶液轻度溅射作用； 接触较高浓度氯离子水体（500mg/L～5000mg/L），且有干湿交替	桥梁护墙（栏），立交桥桥墩； 海水游泳池壁；处于水位变动区、或部分暴露于大气、部分在地下水土中的构件
			Ⅳ-E 直接接触除冰盐溶液； 受除冰盐水溶液重度溅射或重度盐雾作用； 接触高浓度氯离子水体（>5000mg/L），有干湿交替	路面，桥面板，与含盐渗透水接触的桥梁盖梁、墩柱顶面； 桥梁护栏、护墙、立交桥桥墩； 车道两侧10m以内的构件； 处于水位变动区，或部分暴露于大气、部分在地下水土中的构件
Ⅴ	化学腐蚀环境	硫酸盐等化学物质对混凝土的腐蚀	Ⅴ-C 水中硫酸根离子浓度（mg/L）：200～1000 土中硫酸根离子浓度（水溶值）（mg/kg）：300～1500 水中镁离子浓度（mg/L）：300～1000 水中酸碱度（pH值）：6.5～5.5 水中侵蚀性二氧化碳浓度（mg/L）：15～30 汽车或机车废气	受废气直射的结构构件，处于封闭空间内受废气作用的车库或隧道构件； 含盐大气中的混凝土结构构件
			Ⅴ-D 水中硫酸根离子浓度（mg/L）：1000～4000 土中硫酸根离子浓度（水溶值）（mg/kg）：1500～6000 水中镁离子浓度（mg/L）：1000～3000 水中酸碱度（pH值）：5.5～4.5 水中侵蚀性二氧化碳浓度（mg/L）：30～60 酸雨（雾、露）4.5≤pH值≤5.6	遭酸雨频繁作用的构件
			Ⅴ-E 水中硫酸根离子浓度（mg/L）：4000～10000 土中硫酸根离子浓度（水溶值）（mg/kg）：6000～15000 水中镁离子浓度（mg/L）：≥3000 水中酸碱度（pH值）：<4.5 水中侵蚀性二氧化碳浓度（mg/L）：60～100 酸雨pH值：<4.5	遭酸雨频繁作用的构件； 污水管道、厩舍、化粪池等接触硫化氢气体或其他腐蚀性液体的混凝土结构构件

欧洲标准中规定的混凝土结构的环境分类及环境作用等级 表 5-4-3

等级符号	环境描述	暴露等级可能出现的参考示例
1 无腐蚀或侵蚀风险		
X0	对于无钢筋或金属预埋件的混凝土:除冻融、磨损或化学侵蚀的情况外的所有暴露情况。 对于含有钢筋或金属预埋件的混凝土:非常干燥	空气湿度很低的建筑物内的混凝土
2 碳化引起的腐蚀		
钢筋混凝土或其他预埋金属暴露于空气和水分的情况下,暴露等级如下:		
XC1	干燥或长期湿润	低空气湿度的建筑物内的混凝土; 长期浸没在水中的混凝土
XC2	潮湿,极少干燥	表面长期与水接触的混凝土; 多种基础
XC3	中等潮湿	空气湿度中等或较高的建筑物内的混凝土; 不受雨水冲淋的室外混凝土
XC4	干湿交替	表面与水接触但不属于暴露等级XC2情况的混凝土
3 除海水之外的氯化物引起的腐蚀		
若含有钢筋或其他金属预埋件的混凝土与含有除海水以外其他来源氯化物的水(包括除冰盐)相接触,则暴露等级如下:		
XD1	中等潮湿	混凝土表面暴露于空气中的氯化物
XD2	潮湿,极少干燥	游泳池; 混凝土暴露于含氯物的工业水
XD3	干湿交替	桥梁部分暴露在含氯化物喷溅区,路面,停车场路面
4 海水氯化物引起的腐蚀		
钢筋混凝土或其他预埋金属,与来自海水中的氯化物或含海盐的大气接触的情况下,暴露等级如下:		
XS1	暴露于盐雾中但不与海水直接接触	海岸附近或海岸上的建筑结构
XS2	长期浸泡	部分海工结构
XS3	潮汐、冲刷和浪溅区	部分海工结构
5 使用或不使用除冰剂的冻融侵蚀		
若混凝土在潮湿情况下,受到冻融循环的严重侵蚀,则暴露等级如下:		
XF1	中度饱水,未使用除冰剂	混凝土垂直表面暴露于雨水和冰冻环境
XF2	中度饱水,使用除冰剂	道路结构混凝土的垂直表面暴露于冰冻和除冰剂
XF3	高度饱水,未使用除冰剂	混凝土水平表面暴露于雨水和冰冻环境情况
XF4	高度饱水,有除冰剂或海水	道路和桥面暴露于除冰剂; 混凝土表面受除冰剂直接喷淋,以及海工结构暴露于冰冻环境的浪溅区

等级符号	环境描述	暴露等级可能出现的参考示例
	6 化学侵蚀	
	若混凝土暴露于天然土壤和地下水的化学侵蚀的情况下,则暴露等级如下:	
XA1	轻度化学腐蚀环境 水中硫酸根离子浓度(mg/L):200~600 土中硫酸根离子浓度(水溶值)(mg/kg): 2000~3000 水中镁离子浓度(mg/L):300~1000 水中酸碱度(pH值):6.5~5.5 水中侵蚀性二氧化碳浓度(mg/L):15~40 水中铵根离子浓度(mg/L):15~30	暴露于左侧所述天然土壤和地下水中的混凝土
XA2	中度化学腐蚀环境 水中硫酸根离子浓度(mg/L):600~3000 土中硫酸根离子浓度(水溶值)(mg/kg): 3000~12000 水中镁离子浓度(mg/L):1000~3000 水中酸碱度(pH值):5.5~4.5 水中侵蚀性二氧化碳浓度(mg/L):40~100 水中铵根离子浓度(mg/L):30~60 酸雨(雾、露)pH值≥4.5	暴露于左侧所述天然土壤和地下水中的混凝土
XA3	高度化学腐蚀环境 水中硫酸根离子浓度(mg/L):3000~6000 土中硫酸根离子浓度(水溶值)(mg/kg): 12000~24000 水中镁离子浓度(mg/L):>3000 水中酸碱度(pH值):4.5~4.0 水中侵蚀性二氧化碳浓度(mg/L):>100 水中铵根离子浓度(mg/L):60~100	暴露于左侧所述天然土壤和地下水中的混凝土

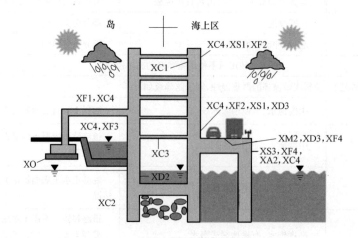

图 5-4-1 欧洲标准中混凝土结构不同环境类别暴露等级示意图

在碳化环境条件下，欧洲标准将长期与水或湿润土体接触的构件划分为 XC2 等级，将中、高湿度的室内构件或室外构件划分为 XC3 等级，中国标准将这两类都划分为Ⅰ-B 等级。

在冻融循环环境条件下，欧洲标准按中度/高度饱水、有盐/无盐将构件划分为 4 个等级，中国标准按中度/高度饱水、有盐/无盐、严寒程度将构件划分为 3 个等级。其中，欧洲标准将水平表面暴露于微冻或寒冷地区高度饱水、无盐环境的构件划分为 XF3 等级，中国标准中对应的微冻地区高度饱水、无盐环境的构件为Ⅱ-C 等级，寒冷地区高度饱水、无盐环境的构件为Ⅱ-D 等级；欧洲标准将表面暴露于微冻或寒冷地区高度饱水、有盐或海水环境的构件划分为 XF4 等级，中国标准对应的微冻地区高度饱水、有盐或海水环境的构件为Ⅱ-D 等级，寒冷地区高度饱水、有盐或海水环境的构件为Ⅱ-E 等级；中度饱水、无盐环境的构件及严寒地区高度饱水、有盐环境的构件等级划分中欧标准相同。

在海水氯化物腐蚀环境条件下，中国标准将轻度盐雾区和重度盐雾区的桥梁上部结构构件和靠海的陆上建筑外墙及室外构件分别划分为Ⅲ-D、Ⅲ-E 等级，欧洲标准则将这两类都划分为 XS1 等级；中国标准将非炎热地区的潮汐、浪溅区构件和炎热地区的潮汐、浪溅区构件分别划分为Ⅲ-E、Ⅲ-F 等级，欧洲标准中则将这两类都划分为 XS3 等级。

在除海水之外的氯化物腐蚀环境条件下，中欧标准的暴露等级划分基本相同，但中国标准对不同等级的氯离子浓度进行了规定，划分更细致。

在化学腐蚀环境条件下，中欧标准的暴露等级划分基本相同，但欧洲标准对地下水和土壤中的 SO_4^{2-} 限值范围更小，且对水中铵根离子浓度有要求，其他指标及限值范围均与中国标准相同。

综上所述，中国标准对环境作用等级的划分参照了欧洲标准（基本与欧洲标准相同），并根据我国实际情况进行了改进，对不同环境作用等级的严重程度表示方法更直观。

同样的环境类别，中欧标准对应的暴露等级程度存在差别。中国标准在海水氯化物引起的腐蚀环境作用等级分类方面较欧洲标准划分得更细致；欧洲标准对碳化腐蚀、冻融侵蚀的环境作用等级分类更细致；其他环境作用等级分类基本相同。

5.5　混凝土的分类

5.5.1　新拌混凝土分类

欧洲标准对新拌混凝土的等级分类主要分为两部分：①按稠度等级分类，根据坍落度、密实度、扩展度、坍落扩展度进行稠度等级的划分，见表 5-5-1，其中包含了自密实混凝土所适用的坍落扩展度等级的分类以及轻质混凝土适用的等级指标；②按自密实混凝土附加性能等级分类，根据粘度、通过性和抗离析性能对自密实混凝土进行分类，见表 5-5-2。

中国标准采用坍落度、维勃稠度和扩展度表示混凝土拌合物稠度，并对坍落度、维勃稠度和扩展度的等级进行划分，见表 5-5-3。坍落度检验适用于坍落度不小于 10mm 的混凝土拌合物，维勃稠度检验适用于维勃稠度 5s～30s 的混凝土拌合物，扩展度适用于泵送高强混凝土和自密实混凝土。欧洲标准中增加了新拌混凝土密实度等级，按密实度等级将混凝土分为：C0、C1、C2、C3、C4。

欧洲标准中对新拌混凝土稠度等级的分类 表 5-5-1

	等级	S1	S2	S3	S4	S5	
坍落度	测得的坍落度/mm	10~40	50~90	100~150	160~210	≥220	
	等级	C0	C1	C2	C3	C4[a]	
密实度	测得的密实度	≥1.46	1.45~1.26	1.25~1.11	1.10~1.04	<1.04	
	等级	F1	F2	F3	F4	F5	F6
扩展度	测得的扩展度直径/mm	≤340	350~410	420~480	490~550	560~620	≥630
	等级	SF1	SF2	SF3			
坍落扩展度	测得的坍落扩展度[b]/mm	550~650	660~750	760~850			

a C4 仅适用于轻质混凝土；

b 该分类不适用于骨料最大粒径 D_{max} 超过 40mm 的混凝土

欧洲标准中对自密实混凝土附加性能等级的分类 表 5-5-2

	等级	测得的扩展时间 t_{500}[a]/s
粘度等级	VS1	<2.0
	VS2	≥2.0
	等级	测得的 V 形漏斗流出时间 t_v[b]/s
	VF1	<9.0
	VF2	9.0~25.0
通过性等级	等级	测得的 L 形箱充填比
	PL1	≥0.80,2 根钢筋
	PL2	≥0.80,3 根钢筋
	等级	测得的 J 环高差[a]/mm
	PJ1	≤10,12 根钢筋
	PJ2	≤10,16 根钢筋
抗离析性等级	等级	测得的离析率[a]/%
	SR1	≤20
	SR2	≤15

a 该分类不适用于骨料最大粒径 D_{max} 超过 40mm 的混凝土；

b 该分类不适用于骨料最大粒径 D_{max} 超过 22.4mm 的混凝土

中国标准中对混凝土拌合物稠度等级的划分 表 5-5-3

	等级	S1	S2	S3	S4	S5
坍落度等级	测得的坍落度/mm	10~40	50~90	100~150	160~210	≥220
	等级	V0	V1	V2	V3	V4
维勃稠度等级	测得的维勃稠度/s	≥31	30~21	20~11	10~6	5~3

续表

扩展度等级	等级	F1	F2	F3	F4	F5	F6
	测得的扩展度/mm	≤340	350～410	420～480	490～550	560～620	≥630

中国标准对自密实混凝土的性能等级和技术要求作出了相应规定，见表 5-5-4。中欧标准在评价手段和技术要求上不尽相同：中国标准更偏重自密实混凝土的填充性能，并以扩展度和扩展时间 t_{500} 评价效果，欧洲标准更侧重自密实混凝土的粘度表征，以扩展时间 t_{500} 和 V 形漏斗流出时间评价效果；对于通过性能力，欧洲标准采用 L 形箱和 J 环评价，中国标准则采用坍落扩展度与 J 环扩展度差值评价。

中国标准中对自密实性能要求的规定　　　　　　　　　　表 5-5-4

自密实性能	性能指标	性能等级	技术要求
填充性	坍落扩展度/mm	SF1	550～655
		SF2	660～755
		SF3	760～850
	扩展时间 t_{500}/s	VS1	≥2
		VS2	<2
间隙通过率	坍落扩展度与 J 环扩展度差值/mm	PA1	25<PA1≤50
		PA2	0≤PA2≤25
抗离析性	离析率/%	SR1	≤20
		SR2	≤15
	粗骨料振动离析率/%	f_m	≤15

5.5.2　硬化混凝土分类

（1）按混凝土强度等级分类

欧洲标准《硬化混凝土试验—第 1 部分：试件和模具的形状、尺寸和其他要求》EN 12390-1，2012 中规定，混凝土的抗压强度试验可采用 100mm×100mm×100mm，150mm×150mm×150mm 的立方体试件或 ϕ150mm×300mm 的圆柱体试件。也就是说，欧洲标准中混凝土的强度等级既可以按立方体抗压强度划分，也可以按圆柱体抗压强度划分。

欧洲标准 EN 206 中规定：对于普通混凝土，在混凝土抗压强度分类时，依据为 ϕ150mm×300mm 圆柱体试件 28d 抗压强度特征值（$f_{ck,cyl}$）和 150mm×150mm×150mm 立方体试件的 28d 抗压强度特征值（$f_{ck,cube}$）。

中国标准《混凝土结构设计规范》GB 50010—2010 和《混凝土物理力学性能试验方法》GB/T 50081—2019 以 150mm×150mm×150mm 立方体试件的抗压强度值作为混凝土强度的基本指标，并把立方体抗压强度作为评定混凝土强度等级的标准。立方体抗压强度标准值是指按照标准方法制作、养护的边长为 150mm 的立方体试件，在温度 20℃±2℃和相对湿度 95％以上的潮湿空气中养护 28d 或设计规定龄期，以标准试验方法测得的具有 95％保证率的抗压强度值。

现行欧洲标准对于立方体抗压强度和圆柱体抗压强度统一都以符号 C 表示。因此，在国际工程施工中尤其要注意：在工程实施中，一定要看清合同的设计文件中规定的混凝土强度等级是以立方体抗压强度表示的，还是以圆柱体抗压强度表示的。在混凝土试件的养护方法上，中欧标准基本相同。

欧洲标准将普通或重质混凝土强度等级划分为 16 个等级，见表 5-5-5。

欧洲标准普通和重混凝土的抗压强度等级分类 表 5-5-5

抗压强度等级	最低圆柱体特征强度 $f_{ck, cyl}$/MPa	最低立方体特征强度 $f_{ck, cube}$/MPa
C8/10	8	10
C12/15	12	15
C16/20	16	20
C20/25	20	25
C25/30	25	30
C30/37	30	37
C35/45	35	45
C40/50	40	50
C45/55	45	55
C50/60	50	60
C55/67	55	67
C60/75	60	75
C70/85	70	85
C80/95	80	95
C90/105	90	105
C100/115	100	115

中国标准 GB/T 14902 中将混凝土强度等级划分为 19 个等级：C10、C15、C20、C25、C30、C35、C40、C45、C50、C55、C60、C65、C70、C75、C80、C85、C90、C95 和 C100。

同时，欧洲标准还将轻质混凝土强度等级划分为 14 个等级：LC8/9、LC12/13、LC16/18、LC20/22、LC25/28、LC30/33、LC35/38、LC40/44、LC45/50、LC50/55、LC55/60、LC60/66、LC70/77、LC80/88。

(2) 按混凝土密度等级分类

欧洲标准 EN 206 将轻质混凝土按密度等级分为 6 类：D1.0、D1.2、D1.4、D1.6、D1.8、D2.0，见表 5-5-6。

欧洲标准轻质混凝土密度等级分类 表 5-5-6

密度等级	D1.0	D1.2	D1.4	D1.6	D1.8	D2.0
测得的密度范围/(kg/m³)	≥800 且 ≤1000	>1000 且 ≤1200	>1200 且 ≤1400	>1400 且 ≤1600	>1600 且 ≤1800	>1800 且 ≤2000

5.6 混凝土原材料质量控制

5.6.1 混凝土原材料技术要求

欧洲标准 EN 206 和中国标准 GB 50164、GB/T 14902 对混凝土的原材料规定了基本要求，见表 5-6-1，由于表格空间有限，只列举了中国标准和欧洲标准相关的标准号。

中欧标准混凝土原材料要求对比　　　　　　　　　　表 5-6-1

原材料	中国标准要求	欧洲标准要求
水泥	应符合 GB 175、GB/T 200、GB/T 13693 的规定	一般应符合 EN 197-1；大型结构混凝土应采用符合 EN 14216 的超低热特种水泥，铝酸钙水泥应符合 EN 14216，超硫酸盐水泥应符合 EN 15743 的规定
骨料	普通混凝土骨料应符合 GB/T 14685、JGJ 52，海砂符合 JGJ 206，再生骨料和再生细骨料符合 GB/T 25177 和 GB/T 25176，轻骨料符合 GB/T 17431.1，重晶石骨料符合 GB/T 50557 的规定	普通骨料、重骨料、风冷高炉矿渣、再生骨料应符合 EN 12620，轻骨料应符合 EN 13055 的规定
拌合水	应符合 JGJ 63 的规定	应符合 EN 1008 的规定
外加剂	应符合 GB 8076、GB/T 23439、GB 50119 和 JC 475 的规定	一般应符合 EN 9354-2，其他应符合 EN 934-1 的规定
掺合料	粉煤灰应符合 GB/T 1596，粒化高炉矿渣粉应符合 GB/T 18046，硅灰应符合 GB/T 18736，钢渣粉应符合 GB/T 20491，粒化电炉磷渣粉应符合 JG/T 317，天然火山灰质材料应符合 JG/T 351 的规定	填料骨料符合 EN 12620 或 EN 13055；颜料应符合 EN 12878，对于钢筋混凝土，只适用于 B 类颜料；粉煤灰应符合 EN 450-1，硅灰应符合 EN 13263-1，粒化高炉矿渣应符合 EN 15167-1 的规定
纤维	混凝土中钢纤维和合成纤维应符合 JGJ/T 221 的规定	钢纤维应符合 EN 14889-1；聚合物纤维应符合 EN 14889-2 的规定

5.6.2　混凝土原材料选用的原则

（1）水泥

欧洲标准 EN 206 指出水泥的组成、性能等具体要求在相关标准（EN 197-1）中给出，同时，规定了在选择水泥品种所需考虑的方面，包括工程施工、混凝土用途、养护条件、结构尺寸、暴露环境、碱-骨料反应活性。

中国标准 GB 50164 指出水泥品种的选择应根据设计、施工要求以及工程所处环境确定，并对几种情况进行了举例说明。此外，GB 50164 还指出了水泥质量的控制项目，并对水泥的具体应用（掺量、使用温度）等作出了规定。

（2）骨料

关于骨料性能的选择上，中国标准给出了详细规定，主要为数值规定，而欧洲标准 EN 206 只规定了品种选择时应考虑的方面而未作出详细规定。

欧洲标准 EN 206 指出骨料的组成、性能等具体要求在相关标准中给出，同时，规定了在选择骨料性能时应考虑的方面，包括工程施工、混凝土用途、暴露环境、暴露骨料、骨料最大粒径要求。同时对砂石混凝土骨料、再生骨料的使用和碱-骨料反应作出了规定。

中国标准 GB 50164 指出了粗细骨料质量的控制项目，还对粗细骨料的具体应用（级配要求、最大粒径要求、碱活性检测、微粉含量、含泥量、氯离子含量、细度模数、贝壳含量等）作出了详细的数值规定。中欧标准粗骨料最大粒径的选用原则对比见表 5-6-2。

中欧标准粗骨料最大粒径的选用原则对比 表 5-6-2

欧洲标准或中国标准	选用原则
欧洲标准	选择骨料最大公称粒径时,应考虑保护层厚度和最小截面宽度
中国标准	混凝土结构:粗骨料最大粒径不得大于构件最小截面尺寸的 1/4,且不得大于钢筋最小净间距的 3/4;大体积混凝土:粗骨料最大粒径不宜小于 31.5mm

(3) 水

欧洲标准 EN 206 指出水的组成、性能等具体要求在相关标准中给出,同时规定了使用回收水应符合的相关标准。

中国标准 GB 50164 指出了水质量的控制项目,并对水的具体应用作出了规定:未经处理的海水严禁用于钢筋混凝土和预应力钢筋混凝土,当骨料具有碱活性时,混凝土用水不得采用混凝土企业生产设备洗刷水。

(4) 外加剂

欧洲标准 EN 206 指出外加剂的组成、性能等具体要求在相关标准中给出,并对外加剂的使用(掺量、是否计入水灰比)作出数值规定。当液体外加剂在混凝土中掺量超过 $3L/m^3$,在计算水灰比时要将外加剂的含水量计入。中国标准中则较多情况下未计入外加剂的含水量。

中国标准指出了外加剂质量的控制项目,并对外加剂的使用作出了数值规定,比如掺入引气剂时对含气量的规定。

5.6.3 掺合料的应用要求

当采用掺合料时,中欧标准在混凝土配合比设计方面存在较大差异。中国标准《普通混凝土配合比设计规程》JGJ 55—2011(以下简称"JGJ 55")中主要提出了最大水胶比、最小胶凝材料用量等要求,其中胶凝材料为水泥和活性矿物掺合料的总和;欧洲标准 EN 206 中给出了掺合料在计入胶凝体系时的两种计算方法——k 值法和混凝土等效性能理论。在按照欧洲标准施工的地区较多地采用 k 值法(即等值理论),将掺合料等效成水泥,然后计算名义(等效)水泥用量,从而计算等效水灰比,k 值法适用于粉煤灰、硅灰和粒化高炉矿渣粉三种活性掺合料,且欧洲标准中给出了粉煤灰、硅灰和粒化高炉矿渣粉在具体的取代情况下 k 值的建议,这是配合比设计时必须要考虑的。

在欧洲标准 EN 206 中,k 值为规范性概念,是计算水灰比和最小水泥用量时掺合料掺量所乘的函数。在使用时,应用"水与(水泥+k×掺合料掺量)之比"替代"水灰比";(水泥+k×掺合料掺量)不得小于相关暴露等级所需的最小水泥用量。

欧洲标准对不同种类的活性掺合料的 k 值和掺量规定如下:

1) 当采用粉煤灰时,对于使用 CEM Ⅰ 和 CEM Ⅱ/A 类型水泥的混凝土,k 值为 0.4,同时还需满足粉煤灰的最大掺量限值要求:

① 使用 CEM Ⅰ 类水泥时,粉煤灰掺量/水泥用量应≤ 0.33;

② 使用 CEM Ⅱ/A 类水泥时,粉煤灰掺量/水泥用量应≤0.25;

③ 当要使用更多粉煤灰时,超量部分不计入水与(水泥+k×粉煤灰掺量)之比和最小水泥用量中。

2) 当采用Ⅰ级硅灰时,对于使用 CEM Ⅰ 和 CEM Ⅱ/A 类型水泥的混凝土,当水灰比＞0.45 且暴露等级为 XC 和 XF 时，k 值为 1.0，除此之外 k 值为 2.0。同时还需满足 Ⅰ 级硅灰的最大掺量限值要求：硅灰掺量/水泥用量≤0.11。当要使用更多 Ⅰ 级硅灰，超量部分不计入水与（水泥＋k×Ⅰ级硅灰）之比和最小水泥用量中。同时，水泥用量不得比相关暴露等级所需最低水泥用量还低 30kg/m³。

3）当采用粒化高炉矿渣粉时，k 值和矿渣粉的最大掺量应符合使用地的有效规定。对于使用 CEM Ⅰ 和 CEM Ⅱ/A 类型水泥的混凝土，k 值建议为 0.6，同时建议矿渣粉的最大掺量限值要求为：矿渣粉掺量/水泥用量≤1.0。当要使用更多矿渣粉时，超量部分不计入计算水与（水泥＋k×矿粉）之比和最小水泥用量中。

欧洲标准还规定，当使用具有明确的来源和特征的一种或多种特定掺合料和一种或多种水泥时，允许采用"混凝土等效性能概念"的原则对最低水泥量和最大水灰比的要求进行修正。

中国标准 GB 50164 指出了掺合料质量的控制项目，并对掺合料的应用要求规定如下：

1）掺用矿物掺合料的混凝土，宜采用硅酸盐水泥和普通硅酸盐水泥。

2）在混凝土中掺用矿物掺合料时，矿物掺合料的种类和掺量应经试验确定。

3）矿物掺合料宜与高效减水剂同时使用。

4）对于高强混凝土或有抗渗、抗冻、抗腐蚀、耐磨等其他特殊要求的混凝土，不宜采用低于 Ⅱ 级的粉煤灰。

5）对于高强混凝土和有耐腐蚀要求的混凝土，当需要采用硅灰时，宜采用二氧化硅含量不小于 90％的硅灰。

中国标准 JGJ 55 对不同水泥品种类、不同水灰比条件下混凝土中活性掺合料的最大掺量作了规定，但在计算水灰比和最小水泥用量时，将活性掺合料的掺量完全等同于水泥，相当于 k 值为 1。

通过对比发现，在掺合料的使用方面，欧洲标准 EN 206 侧重于将掺合料计入胶凝体系时的计算方法和其最大掺量限值的规定，而中国标准 GB 50164 侧重于掺合料的使用和性能的规定；中国标准 JGJ 55 侧重于掺合料的最大掺量限值。欧洲标准中的 k 值随着掺合料品种和掺量变化，从 k＝0.4、0.6、1、2 不等，与中国行业标准中 k 值为 1 存在差异。k 值的差异将直接导致胶凝体系用量的计算差异，从而影响到混凝土配合比设计，最终影响混凝土的性能。

5.6.4　混凝土原材料质量检验

欧洲标准 EN 206、中国标准 GB/T 14902 和 GB 50164 均对混凝土原材料的检验项目及检验批量进行了规定，并对配合比进行了要求，见表 5-6-3（由于表格空间有限，表格中的标准用标准号替代）。其中 GB 50164 对混凝土原材料的检验批作了如下规定：

1）散装水泥应按每 500t 为一个检验批；袋装水泥应按每 200t 为一个检验批；粉煤灰或粒化高炉矿渣粉等矿物掺合料应按每 200t 为一个检验批；硅灰应按每 30t 为一个检验批；砂、石骨料应按每 400m³ 或 600t 为一个检验批；外加剂应按每 50t 为一个检验批；水应按同一水源不少于一个检验批。

2）当符合下列条件之一时，可将检验批量扩大一倍：

① 对经产品认证机构认证符合要求的产品；

② 来源稳定且连续三次检验合格；

③ 同一厂家的同批出厂材料，用于同时施工且属于同一工程项目的多个单位工程。

3）不同批次或非连续供应的不足一个检验批量的混凝土原材料应作为一个检验批。

中欧标准对混凝土原材料检验方法和配合比的要求对比   表 5-6-3

项目		中国标准要求	欧洲标准要求
原材料	水泥	检验项目及检验批量应符合 GB 50164 的规定	检验项目及检验批量应符合 EN 197-1 的规定
	骨料	普通混凝土用骨料检验项目及检验批应符合 GB 50164 的规定，再生骨料检验符合 JGJ/T 240 规定，重晶石骨料应符合 GB/T 50557 的规定	普通骨料、重骨料、风冷高炉矿渣、再生骨料应符合 EN 12620，轻骨料应符合 EN 13055 的规定
	拌合水	检验项目应符合 JGJ 63，检验频率应符合 GB 50204 的规定	检验项目及检验批量应符合 EN 1008 的规定
	外加剂	进场应提供出厂检验报告等，并进行检验，检验批次符合 GB 50164 的规定	检验项目及检验批量应符合 EN 934-2 的规定
	掺合料	进场应提供出厂检验报告等，并进行检验，检验批次符合 GB 50164 的规定	粉煤灰检验项目及检验批量应符合 EN 450-1，粒化高炉矿渣粉应符合 EN 15167-1 的规定，硅灰应符合 EN 13263-1 的规定
配合比		普通混凝土配合比设计应由供货方按 JGJ 55 的规定执行，纤维混凝土配合比设计应由供货方按 JGJ/T 221 的规定执行，重晶石混凝土配合比设计应由供货方按 GB/T 50557 的规定执行。应根据工程要求对设计配合比进行施工适应性调整后确定施工配合比	应根据 EN 12350-1，随机选样和取样，取样应在单种混凝土或被认为是在同一条件下生产的混凝土家族中进行。混凝土取样和测试的最小频率应根据 EN 206 选取，可选取最多的初始生产或连续生产的样品数量

欧洲标准中混凝土原材料的检验频次与中国标准的主要差别在于：①欧洲标准原材料的性能检验分为两个特征阶段来规定检验频次，即初期生产阶段和连续生产阶段，这是与中国标准差异较大的部分；②对于同种混凝土原材料，不同的检验项目也采取不同的检验频次，进行统计评估；③通常欧洲标准检验频次是按时间做分布来检验，区别于中国标准中多按方量/数量来检验的方式。

欧洲标准中，在初期生产阶段（刚进场），因无统计数据，检验频次明显加强，是正常阶段/常规阶段频次的双倍。在连续生产阶段，有的检验项目中国检验频次明显偏低，欧洲标准中明显较高，且检验的要求更具体。以粒化高炉矿渣粉和硅灰为例，见表 5-6-4 和表 5-6-5。

欧洲标准中，粒化高炉矿渣粉通常是每月进行 1 次检查，在初期阶段通常每周进行 1 次检查，以形成统计数据，不同的指标参数也会根据重要性增加检验频次，在特定情况下，检验频次可适当降低，如烧失量、氯离子含量和初凝时间如果一个周期 12 个月内没有测试结果超过特征值的 50%，检验频率可以减少到每月 1 次。硅灰的连续阶段的检测周期通常为一周，初期通常为 2 周，这种检验频率普遍高于中国标准。

欧洲标准对粒化高炉矿渣粉测试方法和检验频率的规定　　　表 5-6-4

性能	测试方法	自动控制测试ª			
		最小测试频率		统计评估程序	
				检验类型	
		例行检查情况	一种新的粒化高炉矿渣粉初期	计量ᵇ	计数
氧化镁	EN 196-2	1次/月	1次/周		×
硫化物	EN 196-2	1次/月	1次/周		×
硫酸盐	EN 196-2	1次/月	1次/周		×
烧失量	EN 196-2	2次/月	1次/周		×
氯离子	EN 196-2	2次/月	1次/周		×
含水量	EN 15167-1	1次/月	1次/周		×
细度	EN 196-6	2次/周	4次/周		×
初凝时间	EN 196-3	1次/周	1次/周		×
活性指数	EN 196-1	2次/周	4次/周	×	

a 评估一致性最少使用 10 个样品，且表示的期间不能超过 12 个月和少于 1 个月；
b 如果数据不是正态分布，评估方法可以根据案例来决定。

欧洲标准对硅灰测试方法和检验频率的规定　　　表 5-6-5

性能	测试方法	最小检验频率	
		常规	初期
二氧化硅	EN 196-2	1次/周	2次/周
结晶硅	ISO 9286	1次/月	2次/月
游离氧化钙	EN 451-1	1次/周	2次/周
三氧化硫	EN 196-2	1次/周	2次/周
总碱含量	EN 196-2	1次/月	2次/月
氯离子	EN 196-2	1次/周	2次/周
烧失量	EB 196-2	1次/周	2次/周
比表面积	ISO 9277	1次/周	2次/周
干质量	EN 13263-1	1次/周	2次/周
活性指数	EN 13263-1	1次/月	2次/月

　　此外，欧洲标准对原材料和混凝土的所有技术性能要求均是基于统计的概念来定义的，中国标准仅有混凝土抗压强度是按照统计的概念来定义和评定的，其他性能指标则无这种定义。在连续供应/连续生产阶段，欧洲标准以"特征值应大于……"作为性能指标要求。特征值是按照一段时间的连续检测，通过统计方法来计算，得到平均值，然后扣掉标准差，考虑保证率系数，通过统计方法得到的值。如骨料含泥量≤1.0%，不是最低值，而是特征值。

　　在初始阶段，欧洲标准以"单个值、最低值不能……"来规定，考虑了实际波动情况。当在实际生产过程中，工程监理方提出"某指标不满足标准技术指标要求"时，工程施工/试验人员可引用此条款，"满足某相关条款下限的要求"解决分歧。为此，要注意特征值与最低值要求的差异。如硅灰标准中，有明确提出：化学组成和物理性能的要求是规定的特征值，进行合格性检验，按照统计控制程序来进行；同时也给出了单个测试的限值（最大/最低）。如硅灰中二氧化硅含量指标，欧洲标准既规定了Ⅰ级硅灰的特征值不应低于 85%，又规定了最低值限值不应低于 80%，而中国标准仅规定了硅灰中二氧化硅含量的最低限值不应低于 85%。

5.7 混凝土性能要求

5.7.1 混凝土各项性能检测要求

中国标准 GB/T 14902 对混凝土质量要求主要从强度、坍落度和坍落度经时损失、扩展度、含气量、氯离子含量、耐久性能等方面进行规定，欧洲标准 EN 206 还对混凝土密实度、抗离析能力、粘度、通过能力等性能进行了规定，见表 5-7-1。可见欧洲标准对混凝土性能的检测要求更加系统和严格。

中欧混凝土各项性能的检测要求对比   表 5-7-1

项目	中国标准号	欧洲标准号
强度	试验方法符合 GB/T 50081	按照 EN 12390-3 进行测试
坍落度	试验方法符合 GB/T 50080	按照 EN 12350-2 进行测试
扩展度	试验方法符合 GB/T 50080	按照 EN 12350-5 进行测试
密实度	—	按照 EN 12350-4 进行测试
抗离析性	—	按照 EN 12350-11 进行测试
粘度	—	按照 EN 12350-8 或 EN 12350-9 进行测试
通过性	—	按照 EN 12350-10 或 EN 12350-12 进行测试
含气量	试验方法符合 GB/T 50080	普通混凝土和重混凝土按照 EN 12350-7，轻质混凝土按照 ASTM C173 进行测试
耐久性	试验方法符合 GB/T 50082	按照 EN 12390-10、EN 12930-11、EN 12930-14、EN 12930-16 进行测试
氯离子含量	按 JTS/T 236 中方法测定	—
防火性	—	采用符合欧洲标准规定的水泥、骨料、掺合料、外加剂、纤维的混凝土，认定为 A 级，无需测试防火性

5.7.2 混凝土中最大氯离子含量

中欧标准对混凝土中最大氯离子含量都有规定，具体规定见表 5-7-2。氯离子含量计算值在欧洲标准中是必须给出项，在中国施工中也越来越受到重视，被作为明确指标，尤其是铁路行业。但中国标准中氯离子含量计算与欧洲标准不同。

中欧标准中混凝土最大氯离子含量对比   表 5-7-2

中国标准 GB/T 14902			
环境条件	钢筋混凝土最大 Cl⁻ 含量/%	预应力混凝土最大 Cl⁻ 含量/%	素混凝土最大 Cl⁻ 含量/%
干燥环境	0.3		
潮湿但不含氯离子的环境	0.2	0.06	1.0
潮湿而含有氯离子的环境、盐渍土环境	0.1		
除冰盐等侵蚀性物质的腐蚀环境	0.06		

续表

欧洲标准 EN 206		
混凝土种类	氯离子含量等级[a]	最大 Cl⁻ 含量，以水泥的质量计[b]/%
除耐腐蚀提升装置外，不含钢筋或其他预埋金属	Cl 1.00	1.0
含有钢筋或其他嵌入金属	Cl 0.20	0.20
	Cl 0.40[c]	0.40
含有与混凝土直接接触的预应力钢筋	Cl 0.10	0.10
	Cl 0.20	0.20

a　对于特定用途混凝土，应采用的含量等级取决于混凝土使用地的有效规定；
b　如使用掺合料并将其计入水泥用量，则氯离子含量表达为氯离子占水泥质量加计入的掺合料总质量的百分比；
c　根据使用地的有效规定，含有 CEM Ⅲ 水泥的混凝土可具有不同氯离子含量等级。

中国标准中是以设计配合比时使用的批次的原材料氯离子含量来计算混凝土的氯离子含量，判定是否满足标准或规范的要求。欧洲标准中采用两种方式来计算氯离子含量：①根据组成材料标准中许可的或各材料生产商公布的最大氯离子含量计算，而非以设计配合比时使用的批次的原材料氯离子含量来计算；②采用统计的方法，以组成材料的氯离子含量为基础进行计算，每种组成材料每个月要取不少于 25 个氯离子含量的测定值，计算平均值总和，然后再加上每个组成材料统计学的 σ 标准差×1.64。中欧标准混凝土氯离子含量计算方法有较大差异。

中欧标准中混凝土的氯离子含量均以氯离子占水泥质量的百分比表示。但欧洲标准在使用掺合料时，按 k 值法将其计入水泥用量中，氯离子含量表达为氯离子占水泥质量加所计入的掺合料总质量的百分比。中国标准将活性掺合料完全等同于水泥计入水泥用量。这也是中欧标准的差异之处。

虽然从指标来看，中国标准的氯离子含量要求值略低，但计算基础略有差异，难以评定指标的严格性。从计算方式比较，欧洲标准的计算方式是基于统计学方法，而中国标准的氯离子计算方式仅基于单次原材料的检测结果，不具备分布性和统计性特性，这一点欧洲标准的计算方式更具有科学性。因此，在采用欧洲标准的地区，采购混凝土原材料和进行配合比设计时，需重视各原材料和混凝土的氯离子含量。

5.7.3　混凝土中水灰比控制

欧洲标准中水灰比应根据所确定的水泥用量和有效用水量进行计算，且最大水灰比不超过混凝土使用地有效标准规定的指定暴露等级的水灰比。其中，有效用水量的计算需要考虑液体外加剂的引入水量（参见 EN 206 第 5.2.6 条）和骨料的吸水率（按 EN 1097-6 测定普通骨料和重骨料的吸水率）。新拌混凝土中轻质粗骨料的吸水率可按照 EN 1097-6 附录 3 给出的方法，取实际使用时的湿润状态而非烘干状态的骨料 1h 后的测定值。

当混凝土中使用掺合料时，应考虑最小水泥用量和最大水灰比的变化，在使用时，水泥用量应用（水泥＋k×掺合料）用量代替，水灰比用水与（水泥＋k×掺合料掺量）之比代替。

中国标准 GB/T 50476 中采用了水胶比指标，并指出水胶比与环境作用等级、对应的强度等级和结构形式有关。其他标准中的水灰（胶）比均只与环境作用等级有关。

中国标准 GB/T 50476 中的最大水胶比普遍比欧洲标准 EN 206 中的最大水灰比偏低（通常是 0.45～0.6），与欧洲标准的差异主要是由水灰（胶）比的计算方法不同造成的。对于潮汐区和浪溅区、炎热地区的混凝土结构，GB/T 50476 规定最大水胶比为 0.36，EN 206 规定最大水灰比为 0.45；对于浸没于含氯化物水中的混凝土结构，GB/T 50476 规定最大水胶比为 0.42，EN 206 规定最大水灰比为 0.55；对于水中 SO_4^{2-} 含量为 200mg/L～600mg/L 的水中硫酸盐化学腐蚀环境，GB/T 50476 规定最大水胶比为 0.45，EN 206 中规定最大水灰比为 0.55。

5.7.4 混凝土工作性能

中欧标准均对混凝土拌合物的工作性能提出了相应的测试指标和目标范围，以及对应的允许偏差。欧洲标准 EN 206 中稠度可采用坍落度、密实度、扩展度和坍落扩展度表示。中国标准 GB 50164 中稠度可采用坍落度、维勃稠度或扩展度表示，此外对适用的混凝土进行了说明。

对于自密实混凝土拌合物，欧洲标准 EN 206 与中国标准 JGJ/T 283 对其粘度、填充性、通过性和抗离析性的分类测试方法和指标标准不尽相同，主要体现在两个方面：①欧洲标准采用扩展时间 t_{500} 和 V 形漏斗流出时间 t_v 评价自密实混凝土粘度，中国标准采用坍落扩展度、t_{500} 指标评价填充性，这是区别较大的地方；②欧洲标准采用 L 形箱和 J 环评价其通过性，按 L 形箱充填比将自密实混凝土分为 PL1（≥0.80，2 根钢筋）、PL2（≥0.80，3 根钢筋），按 J 环差值将自密实混凝土分为 PJ1（≤10mm，12 根钢筋）、PJ2（≤10mm，16 根钢筋）；中国标准主要采用 16 根钢筋的 J 环，按坍落扩展度与 J 环扩展度的差值将自密实混凝土分为 PA1（＞25mm 且≤50mm）、PA2（≤25mm）。此外，中国标准对于自密实混凝土的应用范围及要求，材料组成控制提出了更具体和严格的要求。中欧标准关于混凝土工作性能评价的对比见表 5-7-3。

中欧标准关于混凝土工作性能评价的对比　　　　　　　表 5-7-3

中国标准			欧洲标准		
工作性能	测试方法	标准号	工作性能	测试方法	标准号
混凝土稠度	坍落度 维勃稠度 坍落扩展度	GB/T 50080	混凝土稠度	坍落度 密实度 扩展度 坍落扩展度	EN 12350-2 EN 12350-4 EN 12350-5 EN 12350-8
自密实混凝土的填充性	坍落扩展度	GB/T 50080	自密实混凝土的粘度	t_{500}	EN 12350-8
	t_{500}	JGJ/T 283		t_v	EN 12350-9
自密实混凝土的间隙通过性	坍落扩展度与 J 环扩展度的差值	JGJ/T 283	自密实混凝土的通过性	L 形箱 J 环	EN 12350-10 EN 12350-12
自密实混凝土的抗离析性	离析率 粗骨料振动离析率	JGJ/T 283	自密实混凝土的抗离析性	抗离析—筛分法	EN 12350-11

欧洲标准中提出，预拌混凝土交付时的性能应与设计性能一致，若采用搅拌车或搅拌

设备交付混凝土，则应根据欧洲标准的要求使用复合样品或现场样品来测定混凝土的性能。同时欧洲标准对新拌混凝土工作性能目标值的允许偏差提出要求，见表 5-7-4。而中国标准仅对新拌混凝土的稠度提出允许偏差要求，见表 5-7-5。其中中欧标准混凝土坍落度的允许偏差相同。欧洲标准对性能数据的统计规律要求较高，也尽量控制现场混凝土工作性能的波动。

欧洲标准中新拌混凝土工作性能目标值的允许偏差　　　表 5-7-4

拌合物性能		允许偏差		
坍落度/mm	目标值	≤40	50～90	≥100
	允许偏差	±10	±20	±30
密实度	目标值	≥1.26	1.25～1.11	≤1.10
	允许偏差	±0.13	±0.11	±0.08
扩展度/mm	目标值	所有值		
	允许偏差	±40		
坍落扩展度/mm	目标值	所有值		
	允许偏差	±50		
扩展时间 t_{500}/s	目标值	所有值		
	允许偏差	±10		
V 形漏斗流出时间 t_v/s	目标值	<9		≥9
	允许偏差	±3		±5

中国标准中新拌混凝土稠度的允许偏差　　　表 5-7-5

拌合物性能		允许偏差		
坍落度/mm	设计值	≤40	50～90	≥100
	允许偏差	±10	±20	±30
维勃稠度/s	设计值	≥11	10～6	≤5
	允许偏差	±3	±2	±1
扩展度/mm	设计值	≥350		
	允许偏差	±30		

5.7.5　混凝土含气量

对于有抗冻要求的混凝土，欧洲标准 EN 206 对含气量以最小值的形式进行限定，规定环境等级 XF2、XF3、XF4 下，混凝土最小含气量为 4%，且检测含气量时，实测值的上限值与规定值的允许偏差不宜超过 +5%，下限值不宜超过 -0.5%。

中国标准 GB 50164 对使用引气剂后混凝土拌合物的含气量以最大值的形式进行限定，见表 5-7-6，且上限值与粗骨料最大公称粒径相关。对于潮湿或水位变动的寒冷和严寒环境以及盐冻环境，混凝土含气量可高于表 5-7-6 的规定，但最大含气量宜控制在 7% 以内。GB/T 14902 规定混凝土含气量实测值不宜大于 7%，与合同规定值的允许偏差不宜超过 ±1.0%。

131

中国标准混凝土含气量的规定 表 5-7-6

粗骨料最大公称粒径/mm	混凝土含气量%
20	≤5.5
25	≤5.0
40	≤4.5

因此，中欧标准对混凝土含气量的限值要求形式不同，且欧洲标准对含气量的波动允许范围实际比中国标准宽，但需注意，在应用时需考虑含气量过高对混凝土强度的富余值的影响。

在一些欧洲国家，因气候较寒冷，比较重视含气量指标。欧洲标准要求检测混凝土到现场的含气量，而中国标准是检测的混凝土拌合站出机含气量。因此，在采用欧洲标准的海外工程中，设计混凝土配合比时，必须考虑到运输、气候等可能会造成的含气量损失，从而对拌合物出机含气量进行设计。该指标的差异将会对混凝土的配合比、引气剂的选择及掺量、工程造价等造成影响。

5.7.6 混凝土耐火性

欧洲标准出于安全的角度考虑，很多时候设计会对耐火性有要求。欧洲标准明确规定了何种情况下无需进行耐火性能测试：采用符合欧洲标准规定的水泥、骨料、掺合料、外加剂、纤维的混凝土，认定为 A1 级，无需测试防火性能。这对于减少测试费用、配合比的报批等有意义。在中国标准的结构设计中混凝土通常是直接作为不燃材料，进行建筑结构或构件的耐火等级评价。

5.7.7 混凝土耐久性

1. 环境等级及材料限制

欧洲标准 EN 206 规定混凝土的耐久性须考虑使用环境的影响。对于混凝土耐久性相关要求，欧洲标准 EN 206 提供了两种方法：一是对混凝土组成材料和混凝土性能进行限定；二是性能关联设计方法。

由于不同国家的长期经验有所不同，故欧洲标准推荐采用对混凝土组成材料和性能进行限定的方式，以提高混凝土抵抗环境作用的能力，满足耐久性要求，限定内容包括：

1）允许的组成材料类型和等级。

2）最大水灰比。

3）最小水泥用量。

4）最小混凝土抗压强度等级（选择性）。

5）最小混凝土含气量。

混凝土的耐久性还需满足混凝土使用地的有效规定。混凝土使用地的有效规定应包括在预期维护条件下，预期设计服役寿命为至少 50 年的假设性要求。对于组合的暴露等级，应采用各要求中最严格的要求。如果混凝土遵循限制值的要求，且满足下列条件，则结构中的混凝土应被看作在计划使用的特定环境条件中，满足耐久性要求：

1）混凝土被适当地浇筑、密实和养护，按照相关标准施工。

2）针对特定的环境条件，遵循相关设计标准要求，规定了混凝土最小钢筋保护层；

3）选择了正确的暴露等级；

4）计划的养护措施得到实施。

欧洲标准给出了在不同的环境作用等级条件下，混凝土结构设计使用年限为 50 年，使用符合欧洲标准的普通水泥时，选择混凝土组成材料和性能限值的建议值，见表 5-7-7。

欧洲标准对混凝土组成材料和性能限值的建议值　　　　　　　　表 5-7-7

暴露等级		最大 w/c	最小强度等级	最小水泥用量 /(kg/m³)	最小含气量 /%	其他要求
无腐蚀或侵蚀	X0	—	C12/15	—	—	—
碳化引起的腐蚀	XC1	0.65	C20/25	260	—	—
	XC2	0.60	C25/30	280	—	—
	XC3	0.55	C30/37	280	—	—
	XC4	0.50	C30/37	300	—	—
氯化物引起的腐蚀 海水	XS1	0.50	C30/37	300	—	—
	XS2	0.45	C35/45	320	—	—
	XS3	0.45	C35/45	340	—	—
除海水外的其他氯化物	XD1	0.55	C30/37	300	—	—
	XD2	0.55	C30/37	300	—	—
	XD3	0.45	C35/45	320	—	—
冻融破坏	XF1	0.55	C30/37	300	—	欧洲标准中规定骨料具有足够的抗冻融性
	XF2	0.55	C25/30	300	4	
	XF3	0.50	C30/37	320	4	
	XF4	0.45	C30/37	340	4	
化学侵蚀性环境	XA1	0.55	C30/37	300	—	抗硫酸盐侵蚀的水泥
	XA2	0.50	C30/37	320	—	
	XA3	0.45	C35/45	360	—	

与暴露等级相关的要求，可采用耐久性的性能关联设计方法来确定，以性能关联的参数进行规定，例如冻融试验的混凝土剥落值。性能关联设计方法应用取决于混凝土使用地的有效规定。欧洲正制定一套性能相关测试方法。

中国标准同样针对不同的环境作用等级规定了混凝土材料和混凝土性能的限值；同样针对混凝土强度等级和最大水胶比进行了限制。不同之处在于中国标准除了针对环境作用等级还结合不同的构件形式如板、墙等面形构件，梁、柱等条形构件，以及不同的设计使用年限，提出材料的限值要求。

中国标准将环境对钢筋混凝土的耐久性的作用划分为Ⅰ-A、Ⅰ-B、Ⅰ-C 三个环境作用等级，而欧洲标准规定的环境等级更为详细。欧洲标准中，长期和湿润土体或者水接触的构件被划分为 XC2 等级，室外构件或者是湿度在中等以上的室内构件被划分为 XC3 等级，而中国标准中这两种是一类，被划分为Ⅰ-B 等级。

以一般环境作用等级为例，见表 5-7-8，中欧标准对最小水泥（胶凝材料）用量的规定相同。但欧洲标准中的最小水泥用量是等效水泥的概念，将活性矿物掺合料的用量乘以系数 k 后限量计入水泥；中国标准中规定的最小胶凝材料用量是将活性矿物掺合料完全计入，因而两者实质上存在差异。在表5-7-8中，中欧标准所要求的最低混凝土强度等级不同，中国标准所要求的混凝土强度等级较低。最大水灰比的规定中，室内干燥或静水浸没环境下，中国标准规定的水灰比为0.60，欧洲标准为0.65。长期与水或者湿润土体接触的构件下，中国标准规定的水灰比为0.55，欧洲标准为0.60。这两种环境下，欧洲标准规定的水灰比稍高于中国标准。

中欧标准一般环境作用等级分类及材料限值对比　　表5-7-8

环境条件	环境作用等级		最大水灰比		最低混凝土强度		最小水泥（胶凝材料）用量	
	中国	欧洲	中国	欧洲	中国	欧洲	中国	欧洲
室内干燥或者静水浸没环境	Ⅰ-A	XC1	0.60	0.65	C25	C25	260	260
长期与水或湿润土体接触的构件	Ⅰ-B	XC2	0.55	0.60	C30	C30	280	280
中、高湿度的室内及室外构件	Ⅰ-B	XC3	0.55	0.55	C30	C37	280	280
干湿交替环境	Ⅰ-C	XC4	0.50	0.50	C35	C37	300	300

2. 混凝土保护层厚度

混凝土保护层厚度的确定与三个因素有关。第一是要考虑到满足钢筋向混凝土的传力；第二是起保护作用，保护钢筋不被腐蚀物质侵蚀；第三是耐火要求，当发生火灾时混凝土的保护层越厚，则其内部的钢筋越不容易因受热而失去强度。大气环境中，碳化使得混凝土中性化；海洋环境或除冰盐环境中，氯离子的渗透和扩散导致钢筋锈蚀。所以，保护层厚度极大地影响着混凝土的耐久性。

中国标准《混凝土结构设计规范》GB 50010—2010确定混凝土保护层厚度的方法比较简单，考虑了环境条件、混凝土强度等级和构件类型。GB/T 50476在其基础上进行了改进，考虑了设计使用年限和构件制作条件，对某些条件下的预应力构件的保护层厚度也进行了专门的规定。欧洲标准《混凝土结构设计—第1-1部分：一般规则和建筑规则》EN 1992-1-1：2004＋A1：2014确定混凝土保护层厚度的方法最为详细，分别考虑了粘结条件、环境条件、附加要求、是否采用不锈钢和外加保护措施。

以一般环境作用等级为例，对于混凝土保护层最小厚度的规定，中欧标准稍有不同，其对比见表5-7-9。

中欧标准一般环境作用等级中混凝土保护层最小厚度的对比　　表5-7-9

环境条件	混凝土保护层最小厚度/mm	
	中国标准要求	欧洲标准要求
室内干燥或者静水浸没环境	25	25＋d
长期与水或湿润土体接触的构件	30	35＋d
中、高湿度的室内及室外构件	30	35＋d
干湿交替环境	35	40＋d

施工过程中，由于很难将钢筋放到设计指定的准确位置，因此中欧标准都考虑到了这个问题。在中国标准中规定的保护层最小厚度已经考虑了此误差，而在欧洲标准中还规定了保护层厚度的施工允许偏差，则其最终的混凝土保护层厚度等于保护层最小厚度与施工

允许偏差（欧洲标准规定取 10mm）之和。在混凝土的保护层厚度方面，欧洲标准中所规定的厚度值比中国大，由此可使结构的碳化寿命得以延长。

5.8　混凝土的生产与交货

5.8.1　原材料贮存

中欧标准对原材料贮存的规定总体上基本一致，均要求：①原材料的贮存和输送方式应保证其属性不发生变化并符合相应的标准。例如防止受到气候、混合或污染的作用。②储料仓应有明确的标识，以避免错误使用原材料。差异性在于中国标准规定的更加具体，分别对各种原材料贮存进行了详细规定。

5.8.2　配料计量

中国标准 GB/T 14902 规定：固体原材料应按质量进行计算，水和液体外加剂可按体积进行计算；欧洲标准 EN 206 规定：水泥、普通质量骨料、重骨料、纤维和粉末外加剂应按质量进行配料，搅拌用水、轻骨料、掺合料和液体外加剂应按质量或体积进行配料，对轻骨料的计量要求略有不同。对于计量设备的检查和精度要求，中欧标准也略有不同：

1）中国标准要求计量设备应能连续计量不同混凝土配合比的各种原材料，并应具有逐盘记录和储存计量结果（数据）的功能，其精度应符合标准的规定，即普通准确度级 1.0，且配料精度保证率不低于 90%。由具有法定计量部门定期校验；混凝土生产单位每月应至少自检一次；每一工作班开始前，应对计量设备进行零点校准。

2）欧洲标准要求称量设备的检验包括目视检查性能和检测称量设备，目视检查以确定称量设备干净且功能正常，需每天进行；检测称量设备以确定配料设备精度符合 EN 206 的要求，定期检查应取决于使用地有效条款中的规定。

中欧标准对混凝土原材料计量允许偏差的要求见表 5-8-1。中国标准对计量准确性的要求明显严于欧洲标准，允许偏差值较低。

中欧标准对混凝土原材料计量允许偏差对比　　　表 5-8-1

	原材料品种	水泥	骨料	水	外加剂	掺合料
中国标准	每盘计量允许偏差/%	±2	±3	±1	±1	±2
	累计计量允许偏差/%	±1	±2	±1	±1	±1
欧洲标准计量允许偏差/%		±3	±3	±3	±3（当使用的外加剂和纤维＞水泥质量的 5%） ±5（当使用的外加剂和纤维≤水泥质量的 5%）	—

5.8.3　搅拌

搅拌应保证预拌混凝土拌合物质量均匀。中国标准 GB 50666 给出了按不同坍落度出料量的搅拌最短时间的规定，见表 5-8-2，同时规定对采用搅拌车运送的混凝土，搅拌时间应满足设备说明书的要求且不少于 30s（从全部材料投完算起），对于采用翻斗车或特制品或是掺用引气剂、膨胀剂及粉状外加剂的混凝土时应适当延长搅拌时间。欧洲标准规定主搅拌后重新搅拌时间不低于 $1min/m^3$，且在添加外加剂或纤维后不得低于 5min，以及对于非饱和面干骨料的轻质混凝土搅拌时间应延长。中欧标准对预拌混凝土搅拌过程要求基本一致，欧洲标准搅拌时间要长于中国要求。

GB 50666 规定的混凝土搅拌的最短时间　　　　　　　　表 5-8-2

混凝土坍落度/mm	搅拌机机型	搅拌机出料量/L		
		＜250	205～500	＞500
≤40	强制式	60s	90s	120s
＞40 且＜100	强制式	60s	60s	90s
≥100	强制式	60s		

5.8.4 交货

（1）生产者提供给使用者的信息

欧洲标准 EN 206 规定了生产者给使用者提供的信息：对于设计混凝土，有水泥品种和强度等级、骨料品种、外加剂和掺合料品种与掺量、目标水灰比、之前的混凝土相关试验结果、强度发展、组成材料来源；对于商品混凝土，还应提供强度等级、工作性能等级等。其中，强度发展是通过 2d 与 28d 平均抗压强度的比值——强度发展系数 r 来表示。根据强度发展系数比值的大小，强度发展情况分为四个等级：很慢（$r<0.15$）、慢（$r≥0.15$ 且 <0.3）、中速（$r≥0.3$ 且 <0.5）、快速（$r≥0.5$）。根据工程不同的要求，强度发展系数的要求不同。

中国标准《结构混凝土性能技术规范》CCPA-S001 规定了生产者给使用者提供的信息主要为质保资料，包括营业执照、资质证书、混凝土强度标准差、所提供混凝土配制强度、强度试验报告等。

（2）交货单

中欧标准对于目标性能混凝土和规定组成混凝土交货单的内容规定一致。交货单的一般内容中，中欧标准共有的项目是：预拌混凝土生产单位（或企业）的名称和地点、交货单的序列号、生产及混凝土开盘的日期和时间、运输车辆的车牌号或运输工具的标识、发车时间、到达时间、运输距离、卸货的始末时间、所采用的技术标准或引用的文件名称。

欧洲标准中规定，交货单上还应包含：设计混凝土的强度等级、环境暴露等级、氯离子含量等级、工作性能等级或目标值、骨料最大公称粒径，以及其他有规定的内容。

中国标准交货单上还应包含：混凝土配制强度实测值（范围）、混凝土拌合物设计用水量和水胶比、胶凝材料与砂石的饱和面干表观密度、混凝土拌合物允许的坍落度范围、该车次的混凝土供应方量（m^3）、累计至该车次的混凝土供应总量（m^3）、订货数量（m^3）、供需双方确认手续。

其中，环境暴露等级、氯离子含量等级在中国铁路行业中有所要求，但在工民建中未普遍按此类要求来执行。因此，在投标、混凝土配合比设计时就应考虑这些边界条件来完成技术工作。

(3) 搅拌后卸料前的配合比调整

欧洲标准规定，在主搅拌程序结束后，调整混合物组分原则上是禁止的。但在如下情况下，可以添加掺合料、染料、纤维或水：①是生产商的职责所在；②稠度和限值符合规定值；③是文件已记录的程序，该程序在工厂生产控制范围内，以安全的方式进行操作。

此外，欧洲标准规定交货时现场加水和外加剂原则上是禁止的，但特殊情况下也可这样操作，但责任应由商品混凝土搅拌站承担；如果添加水，需对最终产品的一个样品进行合格性检查。在混凝土搅拌车中添加任何量的水、掺合料、染料或纤维（如果纤维含量已指定），都应记录在发货单上。对现场加外加剂后的重新搅拌也有严格规定。中国标准中未规定此类内容。

5.9　混凝土合格性评定

欧洲标准较先开展合格性评定，中国则滞后些。WTO 承诺要使我国的标准符合《贸易技术壁垒协定》，但是《贸易技术壁垒协定》中明确提出，标准、技术法规和合格评定程序三种文件中，标准是自愿的，技术法规是强制的，而合格评定程序是确定是否符合相应标准要求的技术程序。欧洲标准中将检验规则相应的内容单独放在合格评定程序。

对于混凝土的合格性控制，中欧标准的主要差异在于：中国标准对验收准则规定是有一项性能不符合规范要求时，判定为不合格品。判定时严格按照标准规定值，即只要不符合规定值就判定为不合格。而欧洲标准则是给出了基于统计和概率学的一致性判定指标与方法，判据包括最小值、平均值以及不达标个数。

中国标准 GB/T 14902 规定预拌混凝土质量检验分出厂检验和交货检验，质量验收应以交货检验结果作为依据。常规品应检验混凝土的强度、拌合物坍落度和设计要求的耐久性能，掺有引气型外加剂的混凝土还应检验拌合物的含气量。

5.9.1　混凝土抗压强度评定

1. 取样频率

欧洲标准 EN 206 中，在对抗压强度进行取样评定时，混凝土分为无历史资料可用的初始生产阶段和连续生产阶段，具体取样频率见表 5-9-1。

欧洲标准 EN 206 规定，初始生产阶段一直持续到获取至少 35 个测试数据为止；之后，在不超过 12 个月的期限内获取至少 35 个测试数据的生产阶段为连续生产阶段。如果某个配比的连续生产混凝土，被停产周期超过 12 个月，则需重新按照初期生产阶段的频率取样。在取样持续时间超过 3 个月的初期生产阶段，采用至少 35 个测试数据计算得出抗压强度标准差 σ，并用于紧接着的连续生产阶段的质量评定。当紧接着的连续生产阶段最后 15 个或更多个测试数据计算得出的标准差 s_n 满足标准差有效限值范围，见表 5-9-2，可将 σ 作为总体标准差进行抗压强度质量检验评定；当 s_n 超过标准差有效限值的上限，需重新再按初期生产阶段的取样频率取 35 个测试数据计算 σ。

欧洲标准中混凝土抗压强度评定的最小取样频率　　　　表 5-9-1

生产阶段	最小取样频率		
	最早生产的 50m³ 混凝土	最早生产的 50m³ 混凝土的后续产品ᵃ	
		有生产合格证的混凝土	无生产合格证的混凝土
初始生产(直到获取至少 35 个测试数据)	3 个样品	每生产 200m³ 混凝土取样一次或每 3d 生产期取样一次	每生产 150m³ 混凝土取样一次或每 1d 取样一次
连续生产ᵇ(当已获取至少 35 个测试数据)	—	每生产 400m³ 混凝土取样一次或每 5d 生产期取样一次ᶜ 或每个月取样一次	

　　a　取样应贯穿整个生产过程,每 25m³ 的产品取样不超过 1 次;
　　b　如果最后 15 个数据的标准差超过 1.37σ 或更多个数据的标准差超过限定范围的上限(表 5-9-2),则接下来 35 个测试数据的取样频率应提高到与初始生产取样频率一样的水平;
　　c　或如果在 7d 内有多于 5d 的生产日,则每周取样一次。

欧洲标准中连续生产阶段测试数据的标准差有效限值　　　　表 5-9-2

测试数据数量	标准差 s_n 有效限值
15~19	$0.63\sigma \leqslant s_n \leqslant 1.37\sigma$
20~24	$0.68\sigma \leqslant s_n \leqslant 1.31\sigma$
25~29	$0.72\sigma \leqslant s_n \leqslant 1.28\sigma$
30~34	$0.74\sigma \leqslant s_n \leqslant 1.26\sigma$
35	$0.76\sigma \leqslant s_n \leqslant 1.24\sigma$

　　此外,为了便于将特殊组成混凝土的合格性评定转换为普通混凝土的合格性评定,欧洲标准提出了混凝土家族的概念,并规定了是否属于混凝土家族成员的判定标准以及混凝土家族的抗压强度合格评定标准。

　　中国标准 GB/T 50107 和 GB/T 14902 中规定,混凝土检验项目和取样频率见表 5-9-3。

中国标准中混凝土检验项目和取样频率　　　　表 5-9-3

项目		取样频率
强度检验和坍落度检验	出厂检验	每 100 盘相同配合比混凝土取样不少于 1 次; 每工作班相同配合比混凝土不足 100 盘,取样不少于 1 次
	交货检验	每 100 盘相同配合比混凝土取样不少于 1 次; 每工作班相同配合比混凝土不足 100 盘,取样不少于 1 次; 一次连续浇筑的同配合比混凝土超过 1000m³ 时,每 200m³ 取样不少于 1 次
氯离子含量检验		同一配合比至少取样 1 次,海砂的检验符合相关标准规定
耐久性能检验		符合相关标准规定
含气量、扩展度		符合国家现行有关规定和合同规定

　　欧洲标准 EN 206 对混凝土强度检验评定的取样既详细又严格,无论是初始生产阶段的混凝土还是连续生产阶段的混凝土,必须至少取样 35 组,且在初始生产阶段,混凝土

的取样频率远高于中国标准 GB/T 50107 规定的取样频率。中国标准 GB/T 50107 未区分混凝土是否是初始生产或连续生产，但对于一次连续浇筑的混凝土，取样频率甚至高于欧洲标准中连续生产的有合格证的混凝土。在采用欧洲标准的海外工程中需注意中欧混凝土取样频率的区别。

2. 合格标准

混凝土强度的检验评定是欧洲标准 EN 206 中的重要内容。中国混凝土强度检验评定也有专门的标准。

欧洲标准对于混凝土的合格控制主要分为两个阶段：初始生产阶段和连续生产阶段，不同生产阶段混凝土的抗压强度合格标准见表 5-9-4。

欧洲标准中混凝土抗压强度合格标准　　　　　　　　　　表 5-9-4

混凝土种类	每组中几个抗压强度测试结果	标准 1 几个测试结果的平均值 f_{cm}/MPa	标准 2 任意单个测试结果 f_{ci}/MPa
新配混凝土	3	$\geq f_{ck}+4$	$\geq f_{ck}-4$
连续生产混凝土	≥ 15	$\geq f_{ck}+1.48\sigma$	$\geq f_{ck}-4$

注：f_{ck} 为混凝土抗压强度特征值。

初始生产阶段（刚进场，开始生产无经验的情况下）一般采用两个判断依据：试块强度的平均值和最低值。连续生产阶段，用统计的方法进行计算，有 15 个试样的情况下，强度保证率 1.48σ，相当于中国标准保证率的 80% 以上，较中国标准要求低。即设计强度时，按照欧洲标准特征值目标配制混凝土，与中国标准相比，可以把配制强度降低，即便按照单个值要求，强度也比中国标准要求低。

中欧标准都采取了两种混凝土强度评定方法：对大批量、连续生产的混凝土，采用标准差已知的统计方法评定；对小批量或零星生产的混凝土采用标准差未知的非统计方法评定。根据目前现场的施工生产水平，采用统计方法评定有一定的实施难度，主要原因是标准差往往需要生产方提供，而施工方一般并不认可该标准差，但对于预制构件生产企业采用标准差已知的统计方法评定是较合适的。在国外工程施工中，由于受施工条件的限制，往往只适合采用标准差未知的非统计方法评定。

中国标准 GB/T 50107 中的非统计评定方法规定，当样本容量<10 组时，一个验收批的强度应同时满足：

$$m_{f_{cu}} \geq \lambda_3 \cdot f_{cu,k} \tag{5-9-1}$$

$$f_{cu,min} \geq \lambda_4 \cdot f_{cu,k} \tag{5-9-2}$$

式中：λ_3、λ_4——合格评定系数，当混凝土强度等级<C60 时，$\lambda_3 = 1.15$，$\lambda_4 = 0.95$；

混凝土强度等级$\geq$C60 时，$\lambda_3 = 1.10$，$\lambda_4 = 0.95$；

$m_{f_{cu}}$——同一检验批混凝土立方体抗压强度的平均值；

$f_{cu,k}$——混凝土立方体抗压强度标准值；

$f_{cu,min}$——同一检验批混凝土立方体抗压强度的最小值。

将中欧标准中混凝土抗压强度标准差未知的非统计评定方法对比，可以看出欧洲标准中标准差未知的评定方法采用的"一刀切"的公式，这是由欧洲国家混凝土生产水平比较稳定决定的；中国标准中则采用强度特征值和常数组合评定的方式，普通混凝土和高强混凝土的强度合格评定系数不同。总体而言，中国标准的规定比欧洲标准的规定还略显严格。

5.9.2　混凝土劈裂抗拉强度评定

1. 取样频率

欧洲标准中，评定混凝土劈裂抗拉强度时，取样频率与抗压强度取样频率相同，见表5-9-1。

2. 合格标准

欧洲标准中，在对混凝土的劈裂抗拉强度进行评定时，同样是测试样品的28d强度。当规定了劈裂抗拉强度，应基于一个评估期之内获取的测试结果进行合格性评定。评估期的长短取决于测试频率，且应不超过以下时间：

1）对于测试频率低的工厂（每3个月，设计混凝土的测试数量小于35个），评估期间应获得至少15个最多35个连续的测试结果，并且评估期不超过6个月；

2）对于测试频率高的工厂（每3个月，设计混凝土的测试数量达35个或更多），评估期间应获得至少15个测试结果，并且评估期不超过3个月。

欧洲标准对于混凝土的劈裂抗拉强度评定，同样分为两个阶段：初始生产阶段和连续生产阶段，同样采用两个判断依据：试块强度的平均值和最低值。不同生产阶段混凝土的劈裂抗拉强度合格标准见表5-9-5。

如果测试结果满足表5-9-5中初期生产或连续生产的两个指标，则混凝土的劈裂抗拉强度特征值（$f_{ctk,sp}$）评定为合格。

欧洲标准中混凝土劈裂抗拉强度合格标准　　　　　　表 5-9-5

生产阶段	每组中 n 个测试结果	标准 1	标准 2
		n 个测试结果的平均值 $f_{ctm,sp}$/MPa	任意单个测试结果 $f_{cti,sp}$/MPa
初始生产	3	$\geqslant f_{ctk,sp}+0.5$	$\geqslant f_{ctk,sp}-0.5$
连续生产	$\geqslant 15$	$\geqslant f_{ctk,sp}+1.48\sigma$	$\geqslant f_{ctk,sp}-0.5$

中国标准中，混凝土质量评定的主要强度指标为抗压强度，一般较少将劈裂抗拉强度作为主要强度指标，且并未规定其质量评定合格标准。

5.9.3　混凝土其他性能的合格性评定

欧洲标准中混凝土其他性能的合格性评定包括混凝土工作性能、耐久性、组成成分等，如稠度、通过性、抗离析性、含气量、纤维混合均匀性、密度、最大水灰比、最小水泥用量等。中国标准中混凝土其他性能的合格性评定则包括坍落度、氯离子含量、耐久性、含气量、扩展度等。欧洲标准的合格性评定项目数量更多。

更重要的是，欧洲标准对混凝土的所有性能指标均是基于统计的概念来评定，需一段时间的连续检测，并通过统计方法计算平均值、标准差等，得到要求的特征值。而中国标准中仅有混凝土抗压强度是按照统计学的方式评定，其他性能均无此类要求，性能指标多以最低值、最大值等形式规定，测试数量较少，中欧标准在性能指标的合格性评定方面存在较大差异。

1. 取样频率

欧洲标准关于混凝土其他性能的合格性评定中，用于测试的混凝土批次应随机选择，并且按照相关标准进行取样。取样应在被认为在相同条件下生产的混凝土家族中进行。混凝土其他性能的取样频率和合格标准见表 5-9-6、表 5-9-7。

欧洲标准中交货点的新拌混凝土性能的取样频率和合格标准　　表 5-9-6

性能	测试方法或测定方法或标准号	最小取样或确定数量	单个测试结果超出规定限值或规定稠度等级限值的最大允许偏差[a]	
			下限值	上限值
外观	目视检查，比较该混凝土与正常外观的区别	每批次；对于车辆运输交货的，每次装货	—	—
坍落度	EN 12350-2	①同表 5-9-1 抗压强度取样频率；②当测试含气量；③若有疑问，进行目视检查	−10mm	+10mm
			−20mm[b]	+20mm[b]
密实度	EN 12350-4		−0.03	+0.03
			−0.04[b]	+0.04[b]
扩展度	EN 12350-5		−10mm	+10mm
			−20mm[b]	+20mm[b]
坍落扩展度	EN 12350-8			
粘度	EN 12350-8 或 EN 12350-9	如指定	不允许偏差	不允许偏差
通过性	EN 12350-10 或 EN 12350-12			
抗离析性	EN 12350-11			
新拌加气混凝土的含气量[d]	普通或重质混凝土见 EN 12350-7	1 个样品/生产日[c]	−0.5%，占体积百分比	+5.0%，占体积百分比
在混凝土搅拌车中加入纤维时，纤维在新拌混凝土中的混合均匀性	见 EN 206 B.5	同表 5-9-1 抗压强度取样频率[c]	见 EN 206 B.5	

a　若相关的稠度等级没有上下限，则这些偏差值不适用；
b　仅适用于从搅拌车或搅拌设备最初卸下的混凝土稠度测试；
c　除非混凝土使用地有效的规范要求更高的最小测试频率；
d　有抗冻性要求时

欧洲标准中混凝土其他性能的取样频率和合格标准　　表 5-9-7

性能	测试方法或测定方法或标准号	最小取样或确定数量	可接受不合格的数量	单个测试结果超出规定等级限值或规定目标值偏差的最大允许偏差[a]	
				下限值	上限值
新拌混凝土中钢纤维含量	EN 206 5.4.4	每天一测	见表 5-9-8	−5%，质量百分比	无限制[a]
新拌混凝土中聚合物纤维含量	EN 206 5.4.4	每天一测	见表 5-9-8	−10%，质量百分比	无限制[a]
重质混凝土密度	EN 12390-7	同表 5-9-1 的抗压强度取样频率	见表 5-9-8	−30kg/m³	无限制[a]

性能	测试方法或测定方法或标准号	最小取样或确定数量	可接受不合格的数量	单个测试结果超出规定等级限值或规定目标值偏差的最大允许偏差[a]	
				下限值	上限值
轻质混凝土密度	EN 12390-7	同表 5-9-1 的抗压强度取样频率	见表 5-9-8	$-30\text{kg}/\text{m}^3$	$+30\text{kg}/\text{m}^3$
最大水/水泥比，或最大水/(水泥＋掺合料)比[b]，或最大水/(水泥＋k×掺合料)比[b]	EN 206 5.4.2	每天一测	见表 5-9-8	无限制[a]	$+0.02$
最小水泥用量，最小(水泥＋掺合料)用量[b] 或最小(水泥＋k×掺合料)用量[b]	见 EN 206 5.4.2	每天一测	见表 5-9-7	$-10\text{kg}/\text{m}^3$	无限制[a]

a 除非有规定限值；
b 取决于使用的掺合料的概念，见本章 5.6.3 内容

中国标准 GB/T 14902 要求混凝土出厂检验应在搅拌地点取样；混凝土交货检验应在交货地点取样，交货检验试样应随机从同一运转车卸料量的 1/4～3/4 抽取。混凝土交货检验取样及坍落度试验应在混凝土运到交货地点时开始算起 20min 内完成，试件制作应在混凝土运到交货地点时开始算起 40min 内完成。混凝土其他性能的取样频率见表 5-9-3。

2. 合格标准

欧洲标准中给出了混凝土其他性能合格性评定的取样、试验方法、可接受不合格数量、样品是否合格的判定界限。

混凝土其他性能的合格性评定是先对各项性能的检验给出了规定限值、等级界限或目标值最大允许偏差，然后基于统计的方法，统计在评估期中测试结果超出了规定限值、等级界限或目标值允许偏差的数量，之后将不合格总数与最大可接受不合格数量进行比较。如果要求性能的合格性得到确认，需同时满足以下要求：

1）要求性能的单次测试结果未超出表 5-9-6 和表 5-9-7 中的规定限值、等级界限或目标值最大允许偏差范围；

2）对表 5-9-7 中要求性能的测试结果超出规定限值、等级界限或目标值允许偏差的数量不超过表 5-9-8 中规定的可接受不合格数量。

中国标准中混凝土其他性能的合格性评定的具体要求可参见本章 5.7 节内容。中国标准不允许出现不合格，保证率要求必须是 100%。欧洲标准允许出现不合格样品，但要满足一定的保证率。

此外，欧洲标准中明确规定了生产者在混凝土性能不合格时应采取的措施，包括：对测试结果再次检查消除误差；如果确认有不合格产品，采取改正措施；如果确认混凝土不符合标准，则通知指定者和使用者作出相应措施；记录所有采取的措施。这是中国标准中未提及的内容。

欧洲标准中混凝土其他性能合格性评定可接受的不合格样品数量　　表 5-9-8

接收质量限 $AQL=4\%$

测试结果数量	可接受不合格的测试结果数量
1～12	0
13～19	1
20～31	2
32～39	3
40～49	4
50～64	5
65～79	6
80～94	7
95～100	8

若测试结果数量超过 100，可接受不合格的测试结果数量从 ISO 2859-1:1999 的表 2-A 中选择

5.10　总　　结

欧洲混凝土性能、生产和合格性评价方法标准在欧洲各国及非洲和亚洲一些国家中都有应用，是一套通用性、系统性、理论性较强的标准规范，在业界具有较强的影响力和先进性。因此研究对比中欧混凝土性能、生产和合格性评定方法异同点，有助于解决混凝土生产施工中的问题，为进一步推动中国建筑企业走出去奠定基础。

通过对比分析，发现中欧标准在术语定义、暴露等级、混凝土分类、原材料要求和检验方法、混凝土质量要求、混凝土的生产、混凝土合格性评价等方面存在较大差异：

1）欧洲标准体系完整，涵盖的内容较全面，中国标准体系较零散，标准间的关联性较差。

2）欧洲标准中将混凝土分为设计混凝土、规定组成混凝土、标准规定组成混凝土，并提出了混凝土家族的定义，以便于将特殊组成混凝土的合格性评定转换为普通混凝土的合格性评定。

3）中国标准中对环境作用等级的划分参照了欧洲标准，并根据中国实际情况进行了改进。同样的环境类别，中欧标准中对应的暴露等级程度存在差别。中国标准在海水氯化物引起的腐蚀作用等级分类方面较欧洲标准划分得更细致；欧洲标准对碳化腐蚀、冻融侵蚀的环境作用等级分类更细致。

4）欧洲标准中混凝土强度等级的表达方式为：C 圆柱体抗压强度特征值/立方体抗压强度特征值，如 C45/55，与中国标准中仅以立方体抗压强度表示混凝土强度等级不同。在国际工程施工中，尤其要注意看清合同的设计文件中规定的混凝土强度等级是以立方体抗压强度还是圆柱体抗压强度表示的。

5）在原材料选用方面，欧洲标准仅规定选用原材料时需考虑的因素，并未提出原材料具体应满足哪些指标要求，中国标准规定较明确。但欧洲标准中也存在部分中国标准中易忽略的点，如欧洲标准规定当液体外加剂在混凝土中掺量超过 $3L/m^3$，在计算水灰比

时要将外加剂的含水量计入，中国标准中则一般未计入外加剂的含水量。

6）当混凝土中掺加矿物掺合料粉煤灰、硅灰和粒化高炉矿渣粉时，进行配合比计算时，欧洲标准要求采用 k 值法（即等值理论）计算，将掺合料等效成水泥，然后计算名义（等效）水泥用量，从而计算等效水灰比，这与中国配合比设计方法不同。

7）欧洲标准中原材料和混凝土的性能检验频次与中国标准明显不同，欧洲标准分初始生产阶段和连续生产阶段来确定检验频次，且初始生产阶段的检验频次明显加强，是正常阶段/常规阶段频次的双倍；连续生产阶段，有的试验参数中国标准检标验频次明显偏低，欧洲标准中明显较高，且检测的要求更具体。通常欧洲标准检验频次是按时间做分布来检验，区别于中国标准中多按方量/数量来检验的方式。

8）欧洲标准中非常重视混凝土的氯离子含量，该指标计算方法与中国标准明显不同，与原材料的氯离子含量密切相关。在采用欧洲标准的地区，采购混凝土原材料和进行配合比设计时，需重视各原材料和混凝土的氯离子含量。

9）混凝土生产过程中，中国标准对原材料的称量要求更精细、更严格。

10）在合格性评定（即验收准则）方面，中欧标准存在较大差异：欧洲标准中合格性评定指标与方法是基于统计学和概率学定义的，判据包括最小值、平均值以及不达标个数。中国标准除混凝土的抗压强度评定指标与方法基于统计学定义，其他性能均严格按照规定的最低值或最大值形式，测试数量较少。

第6章 中欧混凝土配合比设计方法对比研究

混凝土配合比设计是综合考虑建筑物结构特点、原材料性能、施工工艺及设备、施工环境等因素，结合混凝土的工作性能、力学性能和耐久性能要求确定混凝土中各原材料的比例用量，以获得满足工程要求、经济合理、安全耐久的混凝土结构的过程。混凝土配合比设计是混凝土设计、生产和应用中最重要的环节之一。混凝土配合比设计的成功与否，决定了混凝土技术先进性、成本可控性和发展可持续性等水平。本章将对中欧混凝土配合比设计方法进行对比分析，以期了解国内外混凝土配合比设计方法的异同。

6.1 标准设置

欧洲标准中涉及混凝土配合比设计的标准为《混凝土—规定、性能、生产和合格性》EN 206：2013＋A1：2016（以下简称"EN 206"），但该标准为框架标准，仅规定了混凝土配合比设计过程中相关参数和性能要求，未明确具体设计步骤。英国制定了《对 EN 206 的补充英国标准》BS 8500（以下简称"BS 8500"）系列标准，完善了混凝土配合比设计方法。该标准目前在欧洲范围应用较广泛，因此本章将该标准视作欧洲混凝土配合比设计的补充标准。

中国混凝土配合比设计的主要依据是行业标准《普通混凝土配合比设计规程》JGJ 55—2011（以下简称"JGJ 55"）。中欧混凝土配合比设计方法标准设置对比见表 6-1-1。

中欧混凝土配合比设计方法标准设置对比 表 6-1-1

项目	中国	欧洲
标准号	JGJ 55	EN 206 BS 8500

对于混凝土配合比设计，欧洲基本上是通过精确计算确定用量，先根据配制强度计算水灰比，再确定水泥用量和用水量，然后通过绘制骨料级配曲线来确定骨料比例，进而得到配合比（图 6-1-1）。

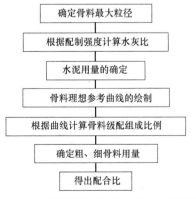

图 6-1-1 欧洲混凝土配合比设计主要步骤

图 6-1-2 中国混凝土配合比设计主要步骤

中国常用的配合比方法是计算-试配法，依据配制强度计算水灰比，再根据坍落度确定用水量，之后可得到水泥用量，最后根据砂率确定粗、细骨料的用量，进而得出配合比（图 6-1-2）。

6.2 混凝土配制强度的确定

中欧标准混凝土配合比设计中，混凝土配制强度的确定方法见表 6-2-1。中国标准 JGJ 55 的强度保证率较高，而欧洲标准中评价准则 2 可以根据工程的重要性、结构部位等参数调整强度保证率。

中欧标准混凝土配制强度的确定方法对比 表 6-2-1

方法	欧洲标准要求	中国标准要求
配制强度确定方法	准则 1：$f_{cm28} \geqslant f_{ck} + 4$ 准则 2：$f_{cm28} \geqslant f_{ck} + K \cdot \delta$	$f_{cu,0} \geqslant f_{cu,k} + 1.645\sigma$
评价	准则 1 适用于 3 个试验结果；准则 2 适用于至少 15 个试验结果。准则 2 的 K 值可以根据保证率调整	$t = 1.645$，强度保证率 P 较高，为 95%

6.3 用水量的确定

中欧标准混凝土配合比设计中，用水量的确定方法见表 6-3-1。中国标准 JGJ 55 使用的骨料为气干状态，而欧洲标准使用的骨料为饱和面干状态。此外，用水量还需考虑外加剂的品种和掺量的影响。由于骨料气干状态的含水率并不稳定，因而采用饱和面干状态骨料进行配合比设计能更准确地确定混凝土的用水量，使混凝土的浇筑质量更有保证。

中欧标准混凝土用水量的确定方法对比 表 6-3-1

方法	欧洲标准要求	中国标准要求
用水量确定方法	由坍落度、骨料种类及最大粒径确定	由坍落度、骨料种类及最大粒径确定
评价	骨料为饱和面干状态，更准确地确定混凝土的用水量	骨料为气干状态

6.4 水胶比的确定

中欧标准混凝土配合比设计中，水胶比的确定方法见表 6-4-1。欧洲标准在确定水胶比时考虑的因素较多，对服役环境的划分更细致。中国标准 JGJ 55 相对较为粗糙。

中欧标准混凝土水胶比的确定方法对比 表 6-4-1

方法	欧洲标准要求	中国标准要求
水胶比确定方法	由耐久性、渗透性、早期强度、抗折强度或抗拉强度等分别确定水胶比，选取最小值	由强度、混凝土结构类型及使用环境等确定水胶比，选取最小值

方法	欧洲标准要求	中国标准要求
评价	欧洲标准对水胶比的确定更为细致,特别是耐久性,对服役环境的划分更具体	对服役环境的划分相对粗糙

6.5 水泥用量的确定

中欧标准混凝土配合比设计中,水泥用量的确定方法见表 6-5-1。欧洲标准和中国标准 JGJ 55 均考虑了耐久性对水泥用量的限值要求。

中欧标准混凝土水泥用量的确定方法对比 表 6-5-1

方法	欧洲标准要求	中国标准要求
水泥用量确定方法	由用水量和水胶比计算得出,同时应提出不同服役环境的最小水泥用量限值	由用水量和水胶比计算得出,同时应提出不同服役环境的最小水泥用量限值
评价	考虑耐久性对水泥用量限值的要求	

6.6 砂率的确定

欧洲混凝土配合比设计中,没有砂率的概念,而是直接采用图像法或数值法搭配不同粒径的骨料,使骨料的颗粒级配达到最优。中国标准 JGJ 55 中提出了砂率概念。两者对比见表 6-6-1。

中欧标准混凝土砂率的确定方法对比 表 6-6-1

方法	欧洲标准要求	中国标准要求
砂率确定方法	没有砂率的概念,采用图像法或数值法搭配不同粒径的骨料,使骨料的颗粒级配达到最优	主要取决于水胶比和骨料最大公称粒径
评价	把砂、石整体考虑,直接优化骨料级配	考虑了砂率,配合比设计中要找到最佳砂率

6.7 混凝土配合比的计算方法

欧洲标准混凝土配合比设计计算方法主要采用体积法,而中国标准 JGJ 55 同时采用体积法和质量法,在方法上更丰富。两者对比见表 6-7-1。总体而言,混凝土配合比计算方法基本一致。由于欧洲方法把砂、石整体看作骨料,配合比计算时相对更简单,但前期的砂、石骨料搭配结合也需计算。

中欧标准混凝土配合比计算方法对比 表 6-7-1

方法	欧洲标准要求	中国标准要求
计算方法	体积法	重量法、体积法
评价	混凝土配合比计算方法基本一致。由于欧洲方法把砂、石整体看作骨料,配合比计算时相对更简单,但前期的砂、石骨料搭配结合也需计算	

6.8 总 结

总体来看，欧洲的混凝土配合比设计主要是基于数学模型，他们通过大量的试验，明确了很多原材料的性质及其对混凝土性能的影响，构建了混凝土性能（如流变性能、力学性能、弹性性能、化学性能、干缩性能、徐变性能、热学性能）及骨料颗粒粒径分布等众多数学模型。根据这些数学模型，按照简易配合比设计和复杂配合比设计的程序，可以设计满足不同性能要求的混凝土。

中国的混凝土配合比设计主要是基于室内试验，通过试验确定水胶比与强度、耐久性等之间的关系，确定用水量、砂率等参数，然后再进行试拌调试，调试后的混凝土仍然以试验检测其强度、抗渗性、耐久性等，最后再确定混凝土配合比。整个混凝土配合比设计都是以试验为基础，以性能试验调整和验证配合比。

与欧洲混凝土配合比设计相比，中国在这方面还有很多工作需要加强，特别是确定常用原材料的性质及其对混凝土性能的影响，建立混凝土相关性能的数学模型。如果中国的配合比设计能以数学模型为基础，就可以省去很多试验环节，节省时间和成本，并保证配制的混凝土能够满足设计要求。

第7章　中欧新拌混凝土性能测试方法对比研究

新拌混凝土是混凝土的各组成材料按一定的比例搅拌均匀而得到的尚未凝结硬化的塑性状态拌合物。新拌混凝土的性能参数包括多个方面，如密度、流动性、粘聚性、保水性、含气量等。其中，新拌混凝土的工作性能是指混凝土拌合物易于施工操作（拌合、运输、浇筑、振捣），且成型后质量均匀密实的性能，主要由流动性、粘聚性和保水性三方面组成，是关系混凝土质量的重要性能指标，直接影响工程浇筑施工质量和混凝土性能的发展。因此，新拌混凝土的性能测试方法也成为检测混凝土技术指标的重要手段。本章将选取欧洲新拌混凝土性能测试标准与中国标准进行对比研究，探究中欧标准在新拌混凝土性能测试的仪器设备、试验方法、结果处理间的差异性和优缺点，以期了解国内外新拌混凝土性能测试方法的异同。

7.1　标　准　设　置

欧洲标准中，新拌混凝土的性能测试标准主要为 EN 12350 系列，包含混凝土取样、坍落度测试、维勃稠度测试、密实度、扩展度、含气量测试和自密实混凝土工作性能测试等内容。其中，EN 12350-1 ～ EN 12350-7 为普通新拌混凝土的性能测试标准；EN 12350-8～EN 12350-12 则为新拌自密实混凝土的性能测试标准。

中国涉及新拌混凝土的性能测试的标准主要为国家标准《普通混凝土拌合物性能试验方法标准》GB/T 50080—2016、行业标准《自密实混凝土应用技术规程》JGJ/T 283—2012 等。中欧新拌混凝土性能测试标准设置对比见表 7-1-1。

中欧新拌混凝土性能测试标准设置对比　　　　　　　　　表 7-1-1

中国或欧洲	标准
中国	《普通混凝土拌合物性能试验方法标准》GB/T 50080—2016 《自密实混凝土应用技术规程》JGJ/T 283—2012
欧洲	《新拌混凝土试验—第 1 部分:取样和常用仪器》EN 12350-1:2019 《新拌混凝土试验—第 2 部分:坍落度试验》EN 12350-2:2019 《新拌混凝土试验—第 3 部分:维勃稠度试验》EN 12350-3:2019 《新拌混凝土试验—第 4 部分:密实度》EN 12350-4:2019 《新拌混凝土试验—第 5 部分:扩展度试验》EN 12350-5:2019 《新拌混凝土试验—第 6 部分:密度试验》EN 12350-6:2019 《新拌混凝土试验—第 7 部分:含气量-压力法》EN 12350-7:2019 《新拌混凝土试验—第 8 部分:自密实混凝土-坍落扩展度试验》EN 12350-8:2019 《新拌混凝土试验—第 9 部分:自密实混凝土-V 形漏斗试验》EN 12350-9:2010 《新拌混凝土试验—第 10 部分:自密实混凝土-L 形箱试验》EN 12350-10:2010 《新拌混凝土试验—第 11 部分:自密实混凝土-离析率筛析试验》EN 12350-11:2010 《新拌混凝土试验—第 12 部分:自密实混凝土-J 环试验》EN 12350-12:2010

7.2 混凝土取样方法

7.2.1 取样方法

欧洲标准《新拌混凝土试验—第1部分：取样和通用仪器》EN 12350-1：2019 中规定了新拌混凝土的两种取样方法：复合取样和单点取样，并对两种取样方法的定义、取样量、取样位置、取样步骤、取样后的操作进行了描述，但其不适用于试验室取样，当混凝土在试验室中搅拌、取样时，可能采用不同的取样方法。此外，还规定了当要求测试混凝土的保坍性时的取样方法。

欧洲标准《新拌混凝土试验—第1部分：取样和通用仪器》EN 12350-1：2019 指出，单点取样是从一批混凝土或大量混凝土的某部位中取出样品；复合取样是指由多批混凝土或大量混凝土中均匀取出大量样品，并完全搅拌均匀。

中国标准《普通混凝土拌合物性能试验方法标准》GB/T 50080—2016 规定了取样及试样的制备方法，适用于试验室和现场取样。默认的取样方法为多点取样法（即复合取样法）。中欧标准混凝土取样方法对比见表 7-2-1。

中欧标准混凝土取样方法对比   表 7-2-1

项目	中国标准要求	欧洲标准要求	异同
取样方法类别	一种：默认多点取样法（即复合取样）	两种：复合取样和单点取样，根据用途确定	欧洲标准取样方法更多样、更灵活
适用范围	适用于试验室和现场取样	适用于现场取样，不适用于试验室取样	中国标准取样方法适用范围更广
取样量	取样量应多于试验所需量的 1.5 倍，且不宜＜20L	取样量应多于试验所需量的 1.5 倍。当要求测试混凝土的保坍性时，取样量应多于平时试验所需量的 1.5 倍，且能充分填充密封容器至其离容器顶盖 25mm～50mm 处	中国标准对取样量的下限有要求，保证了后续试验所需样品量；欧洲标准对保坍性试验的取样量有具体要求
取样位置	同一组混凝土拌合物应在同一盘或同一车混凝土中取样。在同一盘混凝土或同一车混凝土中的约 1/4、2/4 和 3/4 处分别取样，从第一次取样到最后一次取样时间间隔不超过 15min	单点取样：从一个混凝土堆或大量混凝土的某部位中取出样品，如果从流淌的混凝土中取样，取样应遍布整个流体的深度和厚度；复合取样：如混凝土从静止的搅拌机或罐车里流出，试样不应取自最初流出和最后流出的部分；如从一批或多批混凝土中取样，应从混凝土的深度和表面宽度上至少 5 个不同位置均匀取样；如从流淌的混凝土中取样，取样遍布整个流体的深度和厚度。（从混凝土罐车中复合取样时，应至少取 4 份样品）	欧洲标准取样位置依据混凝土的状态而改变；中国标准取样可操作性更强，考虑了操作时间对混凝土的影响

续表

项目	中国标准要求	欧洲标准要求	异同
取样后的操作	取样后应搅拌均匀,并于 5min 内开始性能试验	取样后应搅拌均匀	中欧标准均提出了对混凝土再搅拌的要求,保证了混凝土后续试验的质量。且中国标准尽量减小了操作时间对混凝土性能的影响

由表 7-2-1 可知,中欧标准混凝土取样方法相同之处在于:均包含复合取样方法,混凝土取样量的下限值均应多于试验所需量的 1.5 倍,且取样后试样均应重新搅拌均匀,以保证后续试验混凝土的质量。

不同之处在于:中国标准的适用范围更广,既适用于现场取样也适用于试验室取样;欧洲标准中取样方法形式更灵活、更多样,可根据实际用途选择单点取样法或复合取样法,且复合取样的位置依据混凝土的状态而改变,中国标准中则未区分混凝土的状态,但考虑了操作时间对混凝土的影响,可操作性更强。

值得注意的是,中国标准对混凝土取样量的下限有最小数量要求,保证了后续试验所需样品量,且从取样到取样后的操作时间均进行了规定,尽量减小了操作时间对混凝土性能的影响,也有利于实际操作。

7.2.2　取样记录

欧洲标准《新拌混凝土试验—第 1 部分:取样和通用仪器》EN 12350-1:2019 规定的取样记录仅适用于现场取样,中国标准《普通混凝土拌合物性能试验方法标准》GB/T 50080—2016 中不仅对现场取样记录有规定,还对试验室取样记录进行了规定。中欧标准混凝土取样记录对比见表 7-2-2。

中欧标准混凝土取样记录对比

表 7-2-2

项目	中国标准要求	欧洲标准要求	异同
现场取样记录	1)取样日期、时间、取样人; 2)工程名称、结构部位; 3)混凝土加水时间和搅拌时间; 4)混凝土标记; 5)取样方法; 6)试样编号; 7)试样数量; 8)环境温度及取样的天气情况; 9)取样混凝土温度	1)参照标准; 2)样品名称; 3)取样部位; 4)取样日期和时间; 5)用于保坍性测试的试样数量(如相关); 6)样品类型(复合或单点); 7)任何偏离标准的取样方法; 8)专门负责取样的人员的按照标准文件取样的声明; 9)环境温度和天气条件; 10)取样混凝土温度	中欧标准取样记录大致相同,但欧洲标准增加了取样人员的声明,国家标准记录的信息更多
试验室取样记录	除上述内容外,还应包括试验室环境温湿度、原材料品种、规格及性能指标、混凝土配合比和材料用量	—	中欧标准取样方法适用范围有差异

151

由表 7-2-2 可知，中欧标准中，取样记录均应包括：取样日期和时间、取样部位、取样方法、环境温度和取样温度；但不同的是，欧洲标准中取样记录注重样品名称、取样情况和参照标准的情况；中国标准中取样记录注重样品的实际应用情况，如工程名称、结构部位、混凝土标记等。此外，中国标准还对试验室取样记录进行了规定。

7.2.3 总结

综上所述，中欧标准对新拌混凝土复合取样方法的取样量、取样记录规定基本相同，但欧洲标准中取样方法的步骤较详细，复合取样的位置依据混凝土的状态而改变，且规定了用于混凝土保坍性试验的取样方法等，这几点值得我们借鉴。而中国标准中对取样量的下限量化值、试验操作的时间进行了规定，尽量减小了操作时间对混凝土性能的影响，也有利于对试验质量的控制。

7.3 坍落度试验

坍落度试验是测量拌合物在重力作用下抵抗内部的屈服应力而产生流动的能力，是评价混凝土稠度的方法之一。对于普通新拌混凝土，应采用欧洲标准《新拌混凝土试验—第 2 部分：坍落度试验》EN 12350-2：2019 进行坍落度测试。该标准适用于粗骨料最大公称粒径≤40mm、坍落度为 10mm～210mm 的普通混凝土拌合物稠度的测定，不适用于坍落度筒移除后超过 1min 坍落度仍变化的混凝土稠度的测定。混凝土的坍落度经时损失也可采用欧洲标准 EN 12350-2 测试。

中国标准《普通混凝土拌合物性能试验方法标准》GB/T 50080—2016 中第 4.1 章节坍落度试验适用于粗骨料最大公称粒径≤40mm、坍落度≥10mm 的混凝土拌合物坍落度的测定；第 4.2 章节 坍落度经时损失试验适用于混凝土拌合物的坍落度随静置时间变化的测定。

中欧标准的坍落度试验方法均适用于粗骨料最大公称粒径≤40mm、坍落度 10mm～210mm 的混凝土拌合物稠度的测定，但中国标准对坍落度值无上限要求，适用范围更广。此外，欧洲标准《新拌混凝土试验—第 2 部分：坍落度试验》EN 12350-2：2019 中的坍落度试验方法不适用于坍落度筒移除后超过 1min 坍落度仍变化的混凝土稠度的测定。因为该类混凝土多为大流态混凝土，其抗离析性、匀质性更关键，将直接影响混凝土的各种性能，采用普通的坍落度法难以判断其抗离析性，因此不适用。

7.3.1 仪器设备

中国国家标准《普通混凝土拌合物性能试验方法标准》GB/T 50080—2016 和行业标准《混凝土坍落度仪》JG/T 248—2009 中规定，坍落度试验设备应由坍落度筒、漏斗、捣棒、尺和底板等组成。欧洲标准规定，坍落度试验仪器设备应由坍落度筒、漏斗、捣棒、尺、底板、方口铲和铁锹等组成。中欧标准混凝土坍落度试验仪器设备及参数对比见表 7-3-1。

中欧标准混凝土坍落度试验仪器设备及参数对比　　　　表 7-3-1

仪器设备	指标	参数要求		异同
		中国标准	欧洲标准	
坍落度筒	底部内径/mm	200±1	200±2	基本相同,仅精度不同
	顶部内径/mm	100±1	100±2	
	高度/mm	300±1	300±2	
	厚度/mm	整体铸造加工时,≥4;整体冲压加工时,≥1.5	≥1.5	
捣棒	直径/mm	16±0.2	16±1	基本相同,仅精度不同
	长度/mm	600±5	600±5	
	形状和材质	圆钢,表面光滑,端部呈半球形	钢制,圆头	
钢尺	长度/分度值	2 把,300mm,分度值 1mm	300mm,分度值≤5mm	欧洲标准钢尺零点位置与中国标准不同
	零点	—	零点应位于钢尺的末端	
底板	长×宽	不小于 1500mm×1500mm,最大挠度不超过 3mm	—	中国标准对底板的要求更具体
	厚度/mm	≥3		
	材质	钢板	不吸水、坚硬、平板	
铲子	—	—	方嘴	欧洲标准方嘴铲形状与中国标准不同
勺子	—	—	100mm 宽	中国标准未对勺子作规定

　　由表 7-3-1 可知,中欧标准混凝土坍落度试验仪器设备的构造、尺寸要求基本相同。欧洲坍落度筒、捣棒仅尺寸精度较中国标准略低外,其他参数均相同;欧洲标准对底板的材质和尺寸要求未作具体要求,中国标准对底板的材质和尺寸要求具体,因此在海外进行坍落度试验时,可按照中国标准配置坍落度筒、捣棒和底板。

　　但值得注意的是,欧洲标准钢尺零点位置与中国标准不同,欧洲标准钢尺的零点位于钢尺的末端,而中国标准钢尺的零点一般位于钢尺的首端或"0"刻划线处,且《普通混凝土拌合物性能试验方法标准》GB/T 50080—2016 中未说明采用何种零点的钢尺。此外,欧洲标准采用方嘴铲装料,以保证拌合物能充分搅拌。

7.3.2　试验步骤

　　中欧标准混凝土坍落度试验的试验步骤对比见表 7-3-2。

中欧标准混凝土坍落度试验步骤对比　　　　表 7-3-2

试验步骤	中国标准要求	欧洲标准要求	异同
装料前准备	坍落度筒内部和底板润湿无明水,底板和坍落度筒放置水平,装料时固定住坍落度筒	坍落度筒与底板湿润无明水,将坍落度筒水平放置在地板上,装料时固定住坍落度筒	相同

试验步骤	中国标准要求	欧洲标准要求	异同
分层装料和插捣方式	混凝土拌合物分三层均匀地装入筒内,用捣棒由边缘到中心按螺旋形均匀插捣25次,使捣实后每层高度为筒高的三分之一左右	分三层将坍落度筒捣实与填满,每层高度约为筒高的三分之一。每层用捣棒均匀插捣25次使之密实。插捣底层时,应使捣棒略微倾斜,朝坍落度筒中心呈螺旋捣实	中欧标准分层装料方式、插捣次数和插捣方式相同,但欧洲标准对底层插捣的方式有特殊要求
插捣深度	插捣底层时,捣棒应贯穿整个深度,插捣第二层和顶层时,应插透本层至下一层的表面	捣棒插捣底层时,应插至底部,但不得接触到底板。捣实第二层与顶层时,应插入到该层的底部,使捣棒刚好接触下一层的面层	基本相同,但欧洲标准规定在插捣底层时,不得接触到底板
顶层装料量	顶层装料高出筒口,插捣中料低于筒口时,随时添加	在装填与插捣顶层前,顶层应装入高出坍落度筒的混凝土。插捣过程中料低于筒口时,随时添加,使顶层混凝土一直高于坍落度筒的高度	相同
抹平方式	顶层插捣完,将多余混凝土拌合物刮去,并沿筒口抹平	顶层插捣完后,用镘刀刮去或用捣棒以锯和滚动的方式将顶部多余的混凝土除去	中欧用镘刀抹平的方式相同,但欧洲标准还用捣棒以锯和滚动的方式抹平,可以避免对混凝土表面施压,而镘刀抹平可能会改变其表面1cm~2cm的加料状态
提离方式和时间	垂直平稳地提起坍落度筒。坍落度筒的提离过程应在3s~7s内完成;从开始装料到提起坍落度筒的整个过程应连续,且应在150s内完成	在2s~5s内,垂直平稳提起坍落度筒;整个填料、捣实与提起坍落度筒的过程,应在150s内完成	基本相同,但中欧标准坍落度筒的提离时间存在差别,欧洲标准坍落度筒提离时间更短
测量坍落度	当试样不再继续坍落或坍落时间达30s时,用钢尺测量筒高与坍落后混凝土试体最高点之间的高度差,即为该混凝土拌合物的坍落度值	立即拿开坍落度筒,测定坍落度筒的高度与坍落后混凝土的最高点之间的距离	欧洲标准要求立即测定坍落度值,而中国标准要求试样不再继续坍落或坍落时间达30s时,方测量坍落度值
非正常坍落情况处理	坍落度筒提起后,如混凝土发生一边崩塌或剪坏现象,则应重新取样另行测定;如第二次试验仍出现上述现象,则表示该混凝土和易性不好,应予记录说明	混凝土坍落过程中,呈现侧向剪切状,则该次测试无效,应重新制备并测定坍落度;如第二次试验仍出现上述现象,则表示该混凝土塑性和黏聚性不好	相同。但欧洲标准对剪切型破坏等不合格的情形有典型的示意图,可参照判定无效情况

由表 7-3-2 可知，中欧标准中坍落度试验的试验步骤基本相同，但仍存在一些重要的细节差异：

1）欧洲标准对底层插捣的方式有特殊要求，底层捣实时，应使捣棒略微倾斜，朝坍落度筒中心呈螺旋捣实，且应贯穿底层，但不得接触到底板。中国标准中未对捣棒是否倾斜、插捣时能否接触到底板作规定；

2）装料后，中欧标准用镘刀抹平的方式相同，但欧洲标准还可用捣棒以锯和滚动的方式抹平，可以避免对混凝土表面施压，而镘刀抹平可能会改变其表面 1cm～2cm 的加料状态；

3）中欧标准中坍落度筒的提离时间存在差别，欧洲标准中应在 2s～5s 内完成，中国标准中应在 3s～7s 内完成，欧洲标准中坍落度筒提离时间更短；

4）中欧标准中提离坍落度筒后测量坍落度值的等待时间不同，欧洲标准要求立即测定坍落度值，而中国标准要求试样不再继续坍落或坍落时间达 30s 时，方测量坍落度值；

5）对于坍落呈现剪切型破坏等不合格的情形，欧洲标准中有典型的坍落形态示意图，见图 7-3-1，可参照此图判定无效情况，比中国标准更直观。

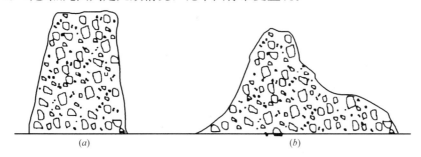

图 7-3-1　欧洲标准中坍落形态示意图
（a）真实坍落；（b）剪切坍落

7.3.3　试验结果处理

中国标准《普通混凝土拌合物性能试验方法标准》GB/T 50080—2016 规定，混凝土拌合物坍落度测量应精确至 1mm，结果应修约至 5mm。

欧洲标准《新拌混凝土试验—第 2 部分：坍落度试验》EN 12350-2：2019 规定，混凝土拌合物坍落度结果应修约至 10mm。

中欧标准对坍落度值的结果修约不同，将直接影响结果判定的合格性。

7.3.4　总结

综上所述，中欧标准对粗骨料最大公称粒径≤40mm、坍落度为 10mm～210mm 的普通混凝土拌合物坍落度试验用仪器设备的构造、尺寸要求和试验步骤基本相同，但仍存在一些重要的细节差异，结果处理方面也存在差异。在采用欧洲标准的海外工程中进行混凝土坍落度试验时，可按照中国标准配置坍落度筒、捣棒和底板，辅以欧洲标准的钢尺和方嘴铲，基本按照中国标准的试验步骤进行操作，但需注意中欧标准在底层插捣、抹平方式、坍落度筒的提离时间、测量坍落度值的等待时间等方面的区别，并对照欧洲标准中坍落形态示意图，判定坍落形态是否合格，将有效试验结果修约至 10mm。

7.4　维勃稠度试验

维勃稠度试验是测定混凝土拌合物稠度的另一种重要方法。欧洲标准中混凝土维勃稠度测试标准为：《新拌混凝土试验—第 3 部分：维勃稠度试验》EN 12350-3：2019。该标准适用于粗骨料最大公称粒径≤63mm、维勃稠度 5s～30s 的混凝土拌合物稠度的测定，不适用于混凝土中骨料粒径＞63mm 和维勃稠度＜5s 或＞30s 时的混凝土稠度的测定。

中国标准《普通混凝土拌合物性能试验方法标准》GB/T 50080—2016 中第 6 章节 维勃稠度试验适用于粗骨料最大公称粒径≤40mm、维勃稠度 5s～30s 的混凝土拌合物稠度的测定。该方法不适用于坍落度≤50mm 或干硬性混凝土和维勃稠度＞30s 的特干硬性混凝土拌合物的稠度测定，因该类混凝土用维勃稠度法难以准确判别试验的终点，使试验结果有较大偏差。该类混凝土宜采用增实因素法来测定稠度，详见第 7.5 章节。

由上可知，中欧标准中维勃稠度试验均适用于粗骨料最大公称粒径≤40mm、维勃稠度 5s～30s 的混凝土拌合物稠度的测定，但欧洲标准适用的混凝土中骨料最大公称粒径为 63mm，较中国标准中骨料最大公称粒径 40mm 更大。

7.4.1　仪器设备

中欧标准中，维勃稠度试验所用仪器主要为维勃稠度仪。欧洲标准《新拌混凝土试验—第 3 部分：维勃稠度试验》EN 12350-3：2019 和中国行业标准《维勃稠度仪》JG/T 250—2009 均规定，维勃稠度仪应由容器、坍落度筒、圆盘、旋转架和振动台等部件组成。中欧标准混凝土维勃稠度仪构造图见图 7-4-1 和图 7-4-2，其设备参数对比见表 7-4-1。

中欧标准混凝土维勃稠度仪设备参数对比　　　　　　表 7-4-1

仪器组成	指标	参数要求		异同
		中国标准	欧洲标准	
坍落度筒	底部内径/mm	200±1	200±2	基本相同，仅精度不同
	顶部内径/mm	100±1	100±2	
	高度/mm	300±1	300±2	
	厚度/mm	整体铸造加工时≥4；整体冲压加工时≥1.5	≥1.5	
容器	内径/mm	240±3	240±5	基本相同，仅精度不同
	高/mm	200±2	200±2	
	厚/mm	壁厚≥3，底厚≥7.5	壁厚约3，底厚约7.5	
圆盘	直径/mm	230±2	230±2	相同
	厚度/mm	10±2	10±2	
滑杆标尺	长度/最小分度值 mm/mm	300/1	300/5	基本相同，最小分度值不同
滑动部分	质量/g	2750±50	2750±50	相同
振动台	长/mm	380±3	380±3	基本相同，振动频率略有不同，且欧洲振动台规定需装减震器
	宽/mm	260±2	260±3	
	振动频率	50Hz±2Hz，空载振幅 0.5mm±0.02mm，水平振幅≤0.10mm	50Hz～60Hz，空载垂直振幅 0.5mm	
	减震器	—	4 个靠三条橡胶支架支撑的橡胶减震器	

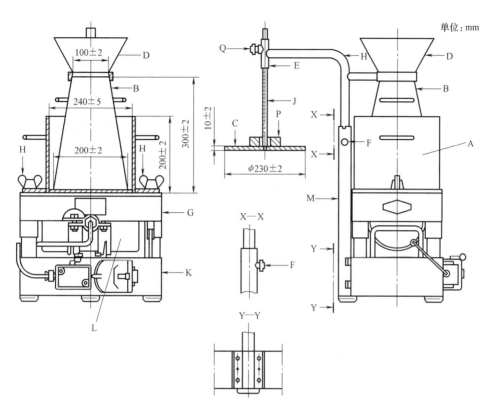

图 7-4-1　欧洲标准中混凝土维勃稠度仪构造图

A—容器；B—坍落度筒；C—透明圆盘；D—漏斗；E—套筒；F—定位螺钉；G—振动台；H—蝶形螺母；

J—标尺；K—空心底座；L—振动器元件；M—把柄；N—旋转臂；P—砝码；Q—螺丝钉

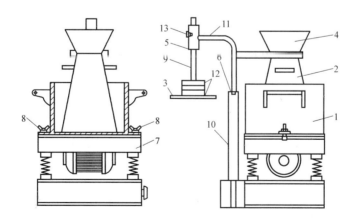

图 7-4-2　中国标准中混凝土维勃稠度仪构造图

1—容器；2—坍落度筒；3—圆盘；4—漏斗；5—套筒；6—定位器；7—振动台；

8—固定螺丝；9—滑杆；10—支柱；11—旋转架；12—砝码；13—测杆螺丝

由上可知，中欧标准中混凝土维勃稠度仪的构造相同，其尺寸要求也基本相同。欧洲标准中坍落度筒、容器、滑杆标尺仅尺寸精度较中国标准略低外，其他参数均相同。

不同之处主要在于振动台的频率略有不同以及是否装有减震器。中国标准中振动台频率为 50Hz±2Hz，空载振幅 0.5mm±0.02mm，水平振幅≤0.10mm，且未规定是否需装减震器；欧洲标准中振动台频率则为 50Hz～60Hz，空载垂直振幅 0.5mm，装有 4 个靠三条橡胶支架支撑的橡胶减震器。因此，在海外进行维勃稠度试验时，需注意选择符合标准要求的振动台。

7.4.2 试验步骤

中欧标准混凝土维勃稠度试验的试验步骤对比见表 7-4-2。

中欧标准混凝土维勃稠度试验步骤对比 表 7-4-2

试验步骤	中国标准要求	欧洲标准要求	异同
装料前准备	维勃稠度仪放置水平，容器、坍落度筒内壁和其他用具润湿无明水，喂料斗提到坍落度筒上扣紧，校正容器位置，拧紧固定螺钉	维勃稠度仪放置在刚性水平底座上，湿润坍落度筒，漏斗提到坍落度筒上扣紧，拧紧固定螺钉	相同
分层装料和插捣方式	混凝土拌合物分三层均匀地装入筒内，用捣棒由边缘到中心按螺旋形均匀插捣 25 次，使捣实后每层高度为筒高的三分之一左右	分三层将坍落度筒捣实与填满，每层高度约为筒高的三分之一。每层用捣棒均匀插捣 25 次使之密实。插捣底层时，应使捣棒略微倾斜，朝坍落度筒中心呈螺旋捣实	基本相同，但欧洲标准对底层插捣的方式有特殊要求
插捣深度	插捣底层时，捣棒应贯穿整个深度，插捣第二层和顶层时，应插透本层至下一层的表面	捣棒插捣底层时，应插至底部，但不得接触到底板。捣实第二层与顶层时，应插入到该层的底部，使捣棒刚好接触下一层的面层	基本相同，但欧洲标准规定在插捣底层时，不得接触到底板
顶层装料量	顶层装料高出筒口，插捣中料低于筒口时，随时添加	在装填与插捣顶层前，顶层应装入高出坍落度筒的混凝土。如有必要，插捣中可加料以保证顶层混凝土一直高于坍落度筒的高度	相同
抹平方式	顶层插捣完，喂料斗转离，沿坍落度筒口抹平顶面	顶层插捣完后，旋开漏斗，并确保坍落度筒不动，且不允许混凝土落入容器中。用镘刀刮去或用捣棒以锯和滚动的方式将顶部多余的混凝土除去	中欧标准用镘刀抹平的方式相同，但欧洲标准还可用捣棒以锯和滚动的方式抹平，可以避免对混凝土表面施压，而镘刀抹平可能会改变其表面 1cm～2cm 的加料状态
提离方式和时间	垂直地提起坍落度筒	在 2s～5s 内，垂直平稳提起坍落度筒	欧洲标准规定了坍落度筒提离时间
透明圆盘与混凝土的接触方式	将透明圆盘转到混凝土圆台体顶面，放松测杆螺钉，使透明圆盘转至混凝土锥体上部，并下降至与混凝土顶面接触	当坍落度正常时，将透明圆盘转到混凝土顶部，放松螺丝，使透明圆盘刚好与混凝土顶面最高点接触。拧紧螺丝，记录坍落度值。之后松开螺丝，使透明圆盘轻松滑入容器，直至完全停留在混凝土上	对于正常坍落的混凝土，欧洲标准增加了记录坍落度值的操作，且透明圆盘与混凝土接触的状态也不同

续表

试验步骤	中国标准要求	欧洲标准要求	异同
非正常坍落情况处理	—	坍落度筒提起后,如混凝土发生崩坍或崩坍到与容器壁接触或剪切现象,则应记录。并在测量维勃稠度值时,无需拧紧螺丝记录坍落度值,直接将透明圆盘转到混凝土顶部,放松螺丝,使透明圆盘刚好与混凝土顶面接触后,松开螺钉,使圆盘向下滑入容器中,直至停留在混凝土上	欧洲标准对剪切型、崩坍型等坍落不正的情形有典型的示意图和专门的维勃稠度测量处理方式
测量维勃稠度值	开启振动台,同时用秒表计时,当振动到透明圆盘的整个底面与水泥浆接触停止计时,并关闭振动台。秒表记录的时间即为维勃稠度值	启动振动台,同时计时。当透明圆盘的下表面与水泥浆完全接触时停止计时,并关闭振动台。记录所需时间。从装料至整个过程应在 5min 内完成	中欧标准试验结束状态的判定方式相同。但欧洲标准对整个试验操作时间有要求,可操作性更强

由表 7-4-2 可知,中欧标准中维勃稠度试验的试验步骤基本相同,试验结束状态的判定方式也相同,但仍存在一些重要的细节差异,其中,底层插捣、抹平方式之间的区别与坍落度试验相同,此处不再赘述,其他细节差异主要体现在中欧标准坍落度筒的提离时间、透明圆盘与混凝土接触方式、非正常坍落情况的处理方式和整个试验的操作时间等方面。

1) 中欧标准中坍落度筒的提离时间存在差别,欧洲标准中应在 2s～5s 内完成,中国标准则未对时间作要求,欧洲标准的可操作性更强;

2) 中欧标准中透明圆盘与混凝土的接触方式不同,欧洲标准根据混凝土的坍落形态是否正常而采取不同的接触方式,而中国标准未对混凝土的坍落形态进行区分。对于正常坍落的混凝土,在透明圆盘刚好与混凝土顶面最高点接触后,欧洲标准增加了拧紧螺丝、记录坍落度值的操作。之后再松开螺丝,使透明圆盘轻松滑入容器,直至完全停留在混凝土上。而中国标准无记录坍落度值的操作,透明圆盘也无需卜滑全完全停留在混凝土上;

3) 对于坍落呈现剪切型、崩坍型等坍落不正常的情形,欧洲标准有典型的坍落形态示意图,见图 7-4-3。可参照此图判定坍落度不正常的情况,比中国标准更直观。同时,欧洲标准还规定了坍落不正常时的维勃稠度测量处理方式;

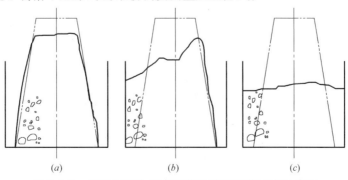

图 7-4-3　欧洲标准中提离坍落度筒后坍落形态示意图
（a）真实坍落；（b）剪切坍落；（c）崩坍

4）欧洲标准对整个试验操作时间有要求，应在 5min 内完成，中国标准未对整个试验操作时间作规定，欧洲标准可操作性更强。

7.4.3　试验结果处理

中欧标准中维勃稠度值的结果均为自开启振动台至透明圆盘的底面与水泥浆完全接触的瞬间，秒表所读出的时间。结果均精确至 1s。

7.4.4　总结

综上所述，欧洲标准维勃稠度试验方法的适用性较中国标准更广，可适用于骨料最大公称粒径≤63mm 的混凝土。中欧标准对粗骨料最大公称粒径≤40mm、维勃稠度 5s～30s 的混凝土拌合物稠度的测定方法基本相同，采用的维勃稠度仪除振动台略有差别外，其他元部件均可按中国标准配置；试验步骤基本相同，试验结束状态的判定方式也相同。但在采用欧洲标准的海外工程中，需注意中欧标准在底层插捣、顶层装料、抹平方式、坍落度筒的提离时间、透明圆盘与混凝土接触方式、非正常坍落情况的处理方式和整个试验的操作时间等方面的区别，在将坍落度筒提离后，应根据坍落形态是否真实而采取不同的处理方式，测量维勃稠度值，并保证在 5min 内完成整个试验。

7.5　密实度试验

对于坍落度≤50mm 或干硬性混凝土和维勃稠度＞30s 的特干硬性混凝土拌合物的稠度可采用密实度法/增实因数法来测定。欧洲标准中混凝土密实度法的标准为：《新拌混凝土试验—第 4 部分：密实度》EN 12350-4：2019。该标准对应中国标准《普通混凝土拌合物性能试验方法标准》GB/T 50080—2016 中附录 A 增实因数法，均可测定混凝土的稠度，且适用范围大致相同，均适用于粗骨料最大公称粒径≤40mm、密实度＞1.05 的混凝土拌合物稠度的测定，但欧洲标准适用的混凝土中骨料最大公称粒径为 63mm，较中国标准中骨料最大公称粒径 40mm 更大，且欧洲标准对密实度的上限进行了限定，该方法不适用于密实度大于 1.46 的混凝土。

7.5.1　试验原理

欧洲标准《新拌混凝土试验—第 4 部分：密实度》EN 12350-4：2019 中，密实度法的原理为用铲刀将新拌混凝土装满容器，无需振实，待混凝土表面与容器顶部平齐，振实混凝土，之后测量振实后的混凝土表面与容器上边缘的距离，通过振实前后混凝土的距离变化，确定密实度。

中国标准《普通混凝土拌合物性能试验方法标准》GB/T 50080—2016 中，增实因数法的原理是利用跳桌振实一定量的混凝土拌合物（绝对体积为 3L 的混凝土拌合物的质量），使其密度增大，用混凝土拌合物振实后的密度与理想密实状态下的密度之比作为稠度指标，其中密度的表现形式为振实前后混凝土的距离变化。

由上可知，中国标准中增实因数法与欧洲标准中密实度法的原理相同，均表现为混凝土拌合物振实前后的高度之比，本质为振实后的密度与振实前的密度之比。但中国标准中试验对象为定量的混凝土拌合物，即绝对体积为 3L 的混凝土拌合物，排除了气泡、空隙等；欧洲标准中试验对象无需精确测定混凝土拌合物的质量，主观目测与容器平行即可，可能包含气泡、空隙等。

7.5.2　仪器设备

中国标准《普通混凝土拌合物性能试验方法标准》GB/T 50080—2016 中，增实因数试验的仪器设备主要为跳桌、圆筒、量尺和天平。欧洲标准《新拌混凝土试验—第 4 部分：密实度》EN 12350-4：2019 中，密实度试验的仪器设备主要为内部振动器/振动台、棱柱体装料容器、尺子、铲刀等。中欧标准密实度试验仪器设备的形状、尺寸构造均存在较大差异，其设备参数对比见表 7-5-1。中欧标准密实度试验仪器设备见图 7-5-1～图 7-5-3。

中欧标准密实度试验仪器设备及参数对比　　　　　　　表 7-5-1

仪器设备		中国标准要求	欧洲标准要求	异同
振动装置	名称	跳桌,符合标准要求	内置振动器/振动台	中欧标准振动装置不同
	设备参数	频率:1Hz	内置振动器最小频率:120Hz,且直径不超过承装容器的最小尺寸的 1/4;振动台最小频率:40Hz	
	桌面尺寸/mm	直径 300±1	—	
装料容器	形状	圆筒	棱柱形箱	中欧标准装料容器不同,且欧洲标准装料容器所需料较多,其容积为 16L,中国标准圆筒容积为 5.3L
	尺寸参数/mm	直径 150 ± 0.2 高度 300 ± 0.2	底部长×宽:(200±2)×(200±2);高度:400±2;底厚、壁厚:≥1.5	
	重量/kg	连提手 4.3±0.3	—	
	构造	2 个提手,带盖板(盖板重 4.5kg)	—	
测量装置	名称	量尺	尺子	中欧标准测量尺子不同
	构造	由互相垂直的横尺和具有刻度的竖尺构成,见图 7-5-1	—	
	尺寸参数	刻度误差≤1%	量程 300mm,精度 5mm	
铲刀	构造和尺寸	—	倒梯形;下口宽度 90mm±10mm;上口宽度 110mm±20mm;长 160mm±25mm	欧洲标准铲刀和中国标准常用铲刀外型和尺寸均不同

由表 7-5-1 和图 7-5-1～图 7-5-3 可知，中欧标准中密实度试验所用仪器设备存在较大差异：

1）中欧标准采用的振动装置不同。中国标准采用符合《水泥胶砂流动度测定方法》GB/T 2419—2005 中技术要求的跳桌作为振动装置，其振动频率为 1Hz；欧洲标准则采

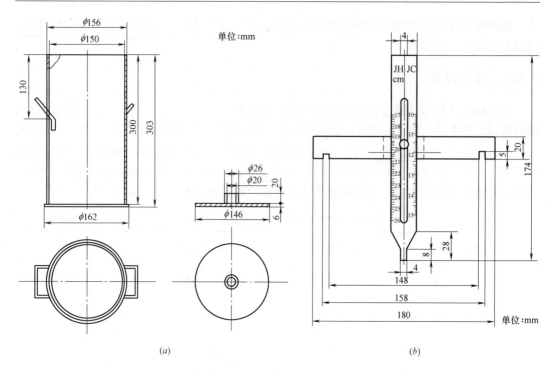

单位:mm

(a)　　　　　　　　　　　　(b)

图 7-5-1　中国标准中增实因数试验仪器的构造和尺寸

（a）圆筒及盖板构造和尺寸；（b）量尺构造和尺寸

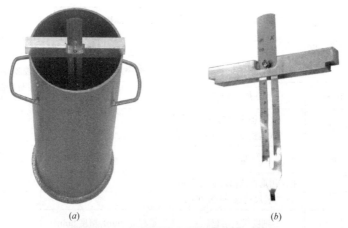

(a)　　　　　　　　　(b)

图 7-5-2　中国标准中增实因数试验仪器

（a）圆筒实例；（b）量尺实例

用最小频率 120Hz 的内部振动器或最小频率 40Hz 的振动台；

2）中欧标准承装混凝土的容器不同，其形状、构造和尺寸均不同。中国标准中，承装混凝土的容器为带盖板的圆筒，且圆筒中部设置有提手；欧洲标准中，承装混凝土的容器为棱柱形箱。且欧洲容器容积为 16L，中国圆筒的容积仅为 5.3L，欧洲容器所需承装的混凝土拌合物较多，试验时需拌制更多的混凝土；

3）中欧标准辅助装料或抹平的小工具形状和尺寸不同。欧洲标准采用的铲刀为倒梯形，下口窄、上口宽，中国标准通常采用的铲刀下口较宽；

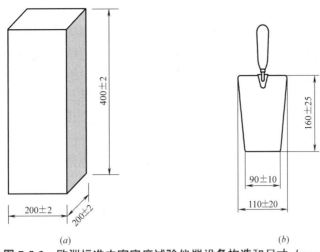

图 7-5-3　欧洲标准中密实度试验仪器设备构造和尺寸（mm）
（a）密实度试验容器构造和尺寸；（b）铲刀外观和尺寸

4）中欧标准测量用的尺子构造和尺寸均不同。中国标准采用的增实因数专用量尺，由互相垂直的横尺和具有刻度的竖尺构成，竖尺上可同时量取增实因数 JC 和增实后的高度 JH；欧洲则采用的普通尺子测量。

7.5.3　试验步骤

中欧标准混凝土密实度试验的试验步骤对比见表 7-5-2。

中欧标准混凝土密实度试验步骤对比　　　　表 7-5-2

试验步骤	中国标准要求	欧洲标准要求	异同
装料前准备	确定、称取绝对体积为 3L 的混凝土拌合物质量	湿润容器内部	不同
装料	将圆筒放在天平上，将混凝土拌合物装入圆筒，不施加任何振动或扰动	用铲刀从容器的四个角处，将新拌混凝土装满容器	中欧标准装料量和装料方式略有不同
抹平	用不吸水的小尺轻拨拌合物表面，使其大致成为一个水平面，然后将盖板轻放在拌合物上	刮平混凝土表面，使之与容器顶部平行	中欧标准在是否需对混凝土加载方面，要求不同
振实	将圆筒轻轻移到跳桌台面中央，使跳桌台面以每秒一次的速度连续跳动 15 次	采用内置振动器或振动台振实混凝土至混凝土体积不发生变化，振实过程中避免出现漏浆现象	中欧标准振实设备和方式不同，中国标准规定了振实次数，而欧洲标准振实过程结束的状态较难判断
测量增实因数/密实度	将量尺的横尺置于筒口，使筒壁卡入横尺的凹槽中，滑动有刻度的竖尺，将竖尺的低端插入盖板中心的小筒内，读取混凝土增实因数 JC，精确至 0.01	于容器的每边中央处，测量振实后的混凝土表面与容器上边缘的距离，并求取平均值，精确到 mm，确定密实度	中欧标准测量密实度的方式不同，中国标准的更直观、简便

中欧标准混凝土密实度试验步骤的基本操作类似，均包含装料、抹平、振实、测量增

实因数/密实度，但具体操作存在较大差异。

1) 中国标准中，试验的前提条件为在将混凝土装入圆筒前，须先确定、称取绝对体积为 3L 的混凝土拌合物的质量，欧洲标准则无需称取一定量的混凝土；

2) 中欧标准的装料量和装料方式略有不同。中国标准中仅需装填绝对体积 3L 的混凝土拌合物，欧洲标准中则需将容器装满，约需 16L 的混凝土拌合物；欧洲标准要求用铲刀从容器的四个角处装填混凝土拌合物，中国标准无装料工具和角度要求；

3) 中欧标准在是否需对混凝土加载方面要求不同。中国标准中，在装料完后，在混凝土顶部加 6mm 厚的钢盖板，一方面使混凝土受压均匀沉落，一方面也便于测量混凝土增实的高度；欧洲标准无需加盖板或施加另外的力；

4) 中欧标准采用的振实设备和方式不同。中国标准采用跳桌跳 15 次来振实混凝土，而欧洲标准采用振动台或内置振动器振实混凝土至其体积不发生变化为止，该状态较难直观判断出来，主观性较强，可能影响试验结果；

5) 中欧标准测量密实度的方式不同。中国标准采用专用量尺测量，能准确定位振实后的位置，并直接读取增实因数和增实后的高度，更直观、简便；欧洲标准仅采用普通尺子测量，精确度较中国标准略低。

7.5.4 试验结果处理

欧洲标准《新拌混凝土试验—第 4 部分：密实度》EN 12350-4：2019 中，采用以下公式计算密实度：

$$c = \frac{h}{h-s} \tag{7-5-1}$$

式中：h——容器的内部高度，单位为 mm；

s——从密实混凝土表面至容器顶部边缘的四个距离的平均值，精确至 mm。见图 7-5-4 欧洲标准中混凝土密实前后平面变化示意图。

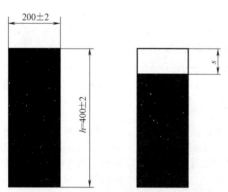

图 7-5-4 欧洲标准中混凝土密实前后平面变化示意图（mm）

中国标准中，增实因数 JC 可用量尺直接读取，也可用增实后混凝土的高度 JH 与理想状态下混凝土的高度之比来计算，见式（7-5-2）。

$$JC = JH/169.8 \tag{7-5-2}$$

式中：JH——增实后的混凝土拌合物高度，单位为 mm；

169.8——筒内拌合物在理想状态下体积为 3L 时的高度，单位为 mm。

中欧标准均采用高度变化作为密实度的指标，且结果均精确至 0.01。但欧洲标准中分母为变量，中国标准中分子为变量。

7.5.5 总结

综上所述，中欧标准对混凝土拌合物的密实度测试方法适用范围和原理大致相同，但仪器设备和试验步骤方面差异较大。且中国标准中主要以定量的混凝土拌合物为对象，仪器设备、试验步骤等要求更严格；欧洲标准中则无需测定混凝土质量，操作较方便，但主观性较强。总体而言，中国标准的密实度试验方法具有一定的先进性。

7.6　扩展度试验

扩展度试验是测定新拌混凝土流动性的重要手段。对于普通新拌混凝土，应采用欧洲标准《新拌混凝土试验—第 5 部分：扩展度试验》EN 12350-5：2019 测定混凝土的流动性。该标准适用于扩展度为 340mm～600mm 的混凝土，不适用于自密实混凝土、泡沫混凝土、无细骨料混凝土或骨料最大粒径超过 63mm 的混凝土。该标准采用单侧跳桌流动度法，通过测量混凝土受到振动时在桌面上的扩展度来确定新拌混凝土的流动性。

与欧洲标准对应的中国标准《普通混凝土拌合物性能试验方法标准》GB/T 50080—2016 中第 5.1 章节 扩展度试验适用于粗骨料最大公称粒径≤40mm、坍落度≥160mm 的混凝土扩展度的测定。该试验方法主要通过测量混凝土自由流动展开的扩展面的最大直径和其垂直方向的直径来确定新拌混凝土的流动性。

欧洲标准的扩展度试验可适用于粗骨料最大公称粒径≤63mm 的混凝土，适用范围较中国标准更广。

7.6.1　仪器设备

中国标准《普通混凝土拌合物性能试验方法标准》GB/T 50080—2016 中，扩展度试验仪器设备与坍落度试验所用仪器设备相同，详见文中 7.3.1。欧洲标准《新拌混凝土试验—第 5 部分：扩展度试验》EN 12350—5：2019 中，单侧跳桌流动度法所用仪器主要包括跳桌、小型坍落度筒、捣棒等，其尺寸构造与中国标准均不同。

欧洲标准采用的跳桌为一种可上下移动的装置，其平面尺寸为（700mm±2mm）×（700mm±2mm），表面覆盖厚度不小于 2mm 的金属片。跳桌的质量为 16kg±0.5kg，平面中部为十字交叉结构，中心圈直径为 210mm±1mm。该跳桌与中国水泥胶砂流动度试验采用的跳桌不同，其示意图和实图分别见图 7-6-1、图 7-6-2。

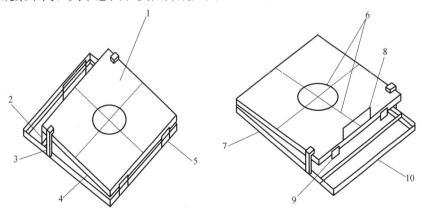

图 7-6-1　欧洲标准中跳桌示意图

1—金属板；2—行程限制为 40mm±1mm；3—上止动块；4—桌面；5—外部铰链；6—标记；
7—基架；8—提升手柄；9—下止动块；10—脚踏板

图 7-6-2　欧洲标准中跳桌实图

欧洲标准采用的小型坍落度筒外型与中国标准中的坍落度筒相似，但尺寸不同。其顶部直径较宽、较矮，其底部直径 200mm ± 2mm，顶部直径 130mm±2mm，高 200mm±2mm，厚度不小于 1.5mm，上部设有 2 个把手，其示意图见图 7-6-3。

欧洲标准采用的捣棒的形状和尺寸与中国标准均不同。欧洲捣棒的插捣端为方形截面，总长度较中国短。其方形截面尺寸 40mm±1mm、长度 200mm，外延一端有长度为 135mm±15mm 的圆形手柄，其示意图见图 7-6-4。

此外，中欧标准采用的尺子量程和分度值也不同，欧洲标准尺子量程≥700mm，分度值≤5mm，中国标准尺子量程为 1000mm，分度值≤1mm，中国标准尺子的精度要求更高、量程更大。

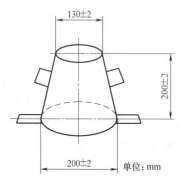

图 7-6-3　欧洲标准中小型坍落度筒示意图

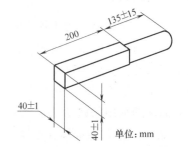

图 7-6-4　欧洲标准中捣棒示意图

7.6.2　试验步骤

中国标准中，混凝土扩展度试验按本章中 7.3.2 坍落度试验的相关步骤进行试验操作后，用钢尺测量混凝土自由扩展面的最大直径和其垂直方向的直径，得到扩展度值。

欧洲标准中，混凝土扩展度试验与中国标准扩展度试验存在本质区别。其采用单侧跳桌流动度法，通过在跳桌可活动的一侧，将桌面重复上提下落，对混凝土施加一个剪切力，测量混凝土受到振动时在桌面上的扩展度值。

中欧标准混凝土扩展度试验步骤对比见表 7-6-1。

中欧标准混凝土扩展度试验步骤对比　　　　　　　　　　　表 7-6-1

试验步骤	中国标准要求	欧洲标准要求	异同
装料前准备	坍落度筒内部和底板湿润无明水，底板和坍落度筒放置水平，装料时固定住坍落度筒	跳桌和小型坍落度筒润湿无明水，并放置水平，将小型坍落度筒放置在跳桌中部，并固定住	除仪器设备不同外，准备工作基本相同

试验步骤	中国标准要求	欧洲标准要求	异同
分层装料和插捣方式	坍落度筒内部和底板润湿无明水,底板和坍落度筒放置水平,装料时固定住坍落度筒	用料勺分两层填装混凝土,每层用捣棒轻捣 10 次	中欧标准分层装料方式、插捣次数不同
插捣深度	坍落度筒内部和底板润湿无明水,底板和坍落度筒放置水平,装料时固定住坍落度筒	—	欧洲标准未作要求,中国标准可操作性更强
顶层装料量	坍落度筒内部和底板润湿无明水,底板和坍落度筒放置水平,装料时固定住坍落度筒	在第 2 层可添加较多的混凝土,使其超过小型坍落度筒顶部。用捣棒插捣上层混凝土	相同
抹平方式	坍落度筒内部和底板润湿无明水,底板和坍落度筒放置水平,装料时固定住坍落度筒	上层插捣完后,用捣棒或镘刀除去多余的混凝土	中欧抹平方式的异同见表 7-3-2 中的对比分析
提升操作	垂直平稳地提起坍落度筒。坍落度筒的提离过程应在 3s~7s 内完成;从开始装料到提起坍落度筒的整个过程应连续,且应在 150s 内完成	刮除混凝土后等待 10s~30s,之后在 1s~3s 内将小型坍落度筒垂直提起。在小型坍落度筒提起后的 10s 内,踩住跳桌的脚踏板 1s~3s 以固定桌面。之后重复将桌面提升至上止动块再落下至下止动块的动作 15 次,每次操作时间 1s~3s	因采用的设备不同,中欧标准提升操作存在本质差别
测量扩展度	当拌合物不再扩散或扩散持续时间已达 50s 时,用钢尺测量展开扩展面的最大直径,以及与最大直径呈垂直方向的直径	待混凝土扩展稳定后,测量混凝土在平行于桌面的两个相邻边方向扩展的最大直径 d_1 和 d_2,并计算结果。记录循环结束和测量间的时间间隔	中国标准对扩展稳定的状态规定较明确
非正常扩展情况处理	当这两个直径之差小于 50mm 时,用其算术平均值作为扩展度值;否则,应重新取样另行测定	—	中国标准规定了非正常扩展情况的量化指标
操作时间	从开始装料到测得扩展度值的整个过程应连续,且应在 4min 内完成	—	中国标准规定了具体操作时间要求
离析判定	如发现粗骨料在中央集堆或边缘有水泥浆析出,表示此混凝土拌合物抗离析性不好,应记录说明	如发现粗骨料边缘有水泥浆析出,表示此混凝土拌合物抗离析性不好,应予记录,并判定试验不合格	中国标准对离析情况仅进行记录,欧洲则直接判定试验不合格

由表 7-6-1 可知,中欧标准中扩展度试验因试验原理和仪器设备不同,导致试验步骤存在显著差异,主要体现在分层装料方式、插捣方式、抹平方式、提升操作、扩展稳定状态的规定、非正常扩展情况处理、离析判定等方面。其中,抹平方式的区别与坍落度试验相同,此处不再赘述。

1) 中欧标准的分层装料方式、插捣方式不同。中国标准分三层装料,且每层用捣棒插捣 25 次,并规定了捣棒插捣的深度。欧洲标准分两层装料,每层插捣 10 次,且未规定插捣深度,中国标准可操作性更强;

2) 中欧标准的提升操作存在本质区别。中国标准仅将坍落度筒垂直平稳提离即可测量自由流动扩展度,且坍落度筒提离时间较欧洲标准长。欧洲标准则需在刮除混凝土后等待 10s~30s,之后在 1s~3s 内将小型坍落度筒垂直提起,在小型坍落度筒提离后的 10s

内，踩住跳桌的脚踏板 1s～3s 以固定桌面，之后再将桌面重复提升下落 15 次后再测量扩展度，在单侧振动情况下对混凝土施加了一个剪切力后，测量混凝土的受振扩展度；

3）中欧标准关于扩展稳定状态的规定不同。中国标准规定混凝土拌合物不再扩散或扩散持续时间已达 50s 时，方可测量扩展度。欧洲标准则仅规定待混凝土扩展稳定后测量扩展度，却未说明何种状态时混凝土已扩展稳定，使试验过程易受主观判断影响。比较而言，中国标准的可操作性更强；

4）中国标准规定了非正常扩展情况的量化指标和处理方式。当测量的最大直径及其垂直直径之差超过 50mm 时，即为非正常扩展，需重新取样测定。欧洲标准未作要求；

5）中欧标准对混凝土的离析情况重视程度不同。中国标准对离析情况仅进行记录，欧洲标准则直接判定试验不合格。

7.6.3 试验结果处理

中国标准《普通混凝土拌合物性能试验方法标准》GB/T 50080—2016 规定混凝土拌合物扩展度值测量应精确至 1mm，结果表达修约至 5mm。

欧洲标准《新拌混凝土试验—第 5 部分：扩展度试验》EN 12350—5：2019 规定，混凝土拌合物扩展度结果应修约至 10mm。

中欧标准对扩展度值的结果修约不同，将直接影响结果判定的合格性。

7.6.4 总结

综上所述，中欧标准在混凝土扩展度试验原理、仪器设备、试验步骤、试验结果处理等方面存在显著差异。在试验原理方面，中国标准主要通过测量混凝土自由流动扩展度来确定新拌混凝土的流动性。欧洲标准则采用单侧跳桌流动度法，通过测量混凝土受到振动时在桌面上的扩展度来确定新拌混凝土的流动性。在试验步骤方面，中国标准对于装料插捣、扩展稳定状态、非正常扩展情况的处理规定更详细，可操作性更强，欧洲标准则对混凝土的离析要求较严。在试验结果处理方面，中国标准要求较严。

笔者认为，欧洲标准的单侧跳桌流动度法比自由流动扩展度测试方法更能真实、合理地反映混凝土的流动性。因为单侧跳桌流动度法通过反复提升下落单侧桌面的操作，对桌面上的混凝土施加了一个剪切力，消除了可能影响混凝土自由流动扩展度的因素，该剪切力与施工时的实际情况更类似。因施工时泵压力能让混凝土克服剪切力，且施工时混凝土体量较大，自重和堆载影响较大，而试验室小体量情况下无法体现出来混凝土自重和堆载等因素的影响。因此，欧洲标准的单侧跳桌流动度能更客观地反映不同混凝土在实际施工条件下流动性的差异，且该方法还能考察混凝土在受振情况下的抗离析性，该方法值得中国借鉴。

7.7 密 度 试 验

欧洲标准《新拌混凝土试验—第 6 部分：密度》EN 12350-6：2019 可用于测定新拌混凝土密实后的密度，但不适用于自流平混凝土、泡沫混凝土、无砂混凝土或骨料最大粒径超过 63mm 的混凝土。中国对应的标准《普通混凝土拌合物性能试验方法标准》GB/T 50080—2016 中第 14 章表观密度试验可适用于各种混凝土拌合物。

除中国标准适用范围较广外，中欧标准中新拌混凝土的密度试验采用的仪器设备和试验结果处理方法相同，试验方法基本相同，均为校准容量筒（密度容器）测定其容积、称量容量筒（密度容器）的质量、装填密实混凝土、称量容量筒（密度容器）和混凝土的质量、计算混凝土的表观密度，仅部分细节存在差异，具体如下：

1）校准容量筒（密度容器）时，中国标准未要求水温，且规定水的密度为 $1000kg/m^3$，欧洲标准则要求水温为 $20℃±5℃$，且水的密度为 $998kg/m^3$。

2）中欧标准中，混凝土的装料方式和密实方式不同。中国标准根据混凝土坍落度大小，采用不同的装料方式和密实方式。对于坍落度不大于 90mm 的混凝土，采用一次性装料和振动台振实，振至表面出浆为止；对于坍落度大于 90mm 的混凝土，用捣棒插捣密实，并根据容量筒的大小决定分层和插捣次数。采用 5L 容量筒时，分两层装料，每层插捣 25 次；当容量筒大于 5L 时，每层混凝土的高度不大于 100mm，插捣次数为每 $10000mm^2$ 不小于 12 次。欧洲标准则提出，应分两层或多层装料，也可利用填充框架来装料，且每次装料量应使振实后混凝土层可达到密度容器高度的 10%～20%。可采用振动台、内部振动器或捣棒进行密实，采用振动台、内部振动器时避免过振，采用捣棒时每层插捣 25 次。

综上所述，除水温和水的密度欧洲标准要求更严格外，其他要求中国标准中更详尽。因此，在采用欧洲标准的海外工程中进行新拌混凝土密度试验时，可按照中国标准的试验步骤进行操作，但需注意水温和水的密度间的区别。

7.8　含气量试验

欧洲标准《新拌混凝土试验—第 7 部分：含气量-压力法》EN 12350-7：2019 中，可采用水压法和气压法测定新拌混凝土的含气量，且规定混凝土应为普通混凝土或骨料最大公称粒径不超过 63mm 的相对密实的混凝土。该标准不适用于坍落度小于 10mm 的混凝土，也不适用于轻骨料、气冷高炉矿渣或多孔骨料制成的混凝土，因多孔骨料的修正系数比普通混凝土含气量更大。中国对应的标准《普通混凝土拌合物性能试验方法标准》GD/T 50080—2016 中第 15 章 含气量试验主要采用气压法测定骨料最大公称粒径不大于 40mm 的混凝土拌合物的含气量，适用混凝土种类较欧洲标准广。

7.8.1　试验原理

中欧标准中，混凝土含气量试验均是基于波义耳定律，由空气的压力与体积之间的相互变化关系来确定混凝土含气量。欧洲标准中的水压法是在密闭容器中将水注入已知体积的密实混凝土上方，然后施加一定的空气压力，通过观察水位的下降高度，即可测得混凝土含气量；气压法是在密闭容器中将已知压力和体积的空气与含气量未知的混凝土混合，根据校正压力表读数确定混凝土含气量。中国标准普遍采用气压法测混凝土含气量，原理与欧洲标准的气压法相同。

7.8.2　仪器设备

中欧标准气压法含气量测定仪构造图见图 7-8-1。

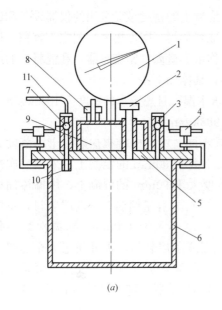 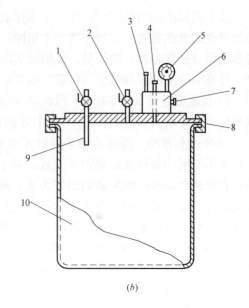

(a) (b)

图 7-8-1　中欧气压法含气量测定仪构造图

(a) 中国标准采用打气筒加压的含气量测定仪；　　　　(b) 欧洲标准气压法含气量测定仪

1—含气量-压力表；2—操作阀；3—排气阀；　　　　1—阀门 A；2—阀门 B；3—泵；4—操作阀；

4—固定卡子；5—盖体；6—容器；7—进水阀；　　　　5—压力表；6—气室；7—气室排气阀；

8—进气阀；9—气室；10—取水管；11—标定管　　　　8—固定卡子；9—校准检查用伸长管；10—容器

由图 7-8-1 可知，中欧标准所用气压法含气量测定仪的构造基本相同，均由容器和盖体组成，其中盖体部分主要由进水阀、进气阀（泵）、气室、操作阀、排气阀、压力表/含气量-压力表等部件组成，但部件的具体参数仍存在少许差异。

1）中国标准较欧洲标准对容器的参数要求更具体，且采用的容器容积较大，对容器内表面的粗糙度有等级要求。中国标准要求容器容积应为 7L±0.025L，内部直径与深度相等，内表面光滑、粗糙度不低于 Ra1.6。欧洲标准对容器参数要求则较笼统，仅要求容器容积不小于 5L，内部直径与高度的比值应在 0.75～1.25。中国标准采用的容器符合欧洲标准要求，且对内表面粗糙度要求更高。

2）中国标准以往采用的老式压力表仅能显示压力值，在校准含气量测定仪时需确定含气量与压力值之间的关系曲线，随着技术进步，压力表已更新成新型含气量-压力表，可显示含气量和压力两种数值，压力量程为 0～0.25MPa，含气量范围为 0～8%。欧洲标准采用的压力表仅显示含气量，其范围为 0～8% 或 0～10%，更直观、简便。中欧标准压力表的最小分度值要求相同。

欧洲标准中所用水压法含气量测定仪也由容器和盖体组成，其中盖体部分主要由压力表、玻璃立管、止回阀、排气阀、排水阀、气泵及其他附件等组成，其构造见图 7-8-2，该构造与气压式含气量测定仪不同。其压力表量程为 0～0.2MPa，玻璃立管上的刻度可显示含气量范围 0～8% 或 0～10%，刻度的最小分度值代表 0.1%，每个刻度间距不小于 2mm，零点位于刻度标尺的最上端。

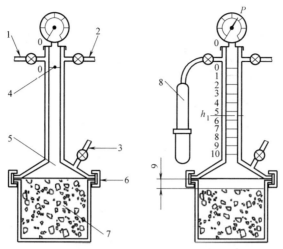

图 7-8-2　欧洲标准水压法含气量测定仪构造图
1—止回阀；2—排气口或阀门；3—排水阀；4—刻度；5—水；6—固定卡子；7—混凝土；
8—气泵；9—加压后混凝土表面下降水平

7.8.3　试验步骤

中欧标准气压法测混凝土含气量试验步骤对比见表 7-8-1。

中欧标准气压法测混凝土含气量试验步骤对比　　　　　表 7-8-1

试验步骤	中国标准要求	欧洲标准要求	异同
装料前准备	标定和率定仪器，测定骨料含气量(骨料含气量需测得压力值后，根据仪器标定的含气量与压力表读数关系曲线确定)	标定和率定仪器，测定骨料含气量(普通骨料可认为校正系数为0，骨料校正系数可直接由压力表显示)	基本相同,但中国标准需根据压力值确定其与含气量间的关系曲线;欧洲标准则可直接测量含气量
分层装料和密实方式	坍落度≤90mm,一次性装料,振动台振实,振至表面出浆为止。坍落度>90mm,捣棒插捣密实,分3层装料,每层插捣25次后,用橡皮锤敲击容器外壁5次~10次,直至表面插捣孔消失。自密实混凝土一次装料,无需振动插捣	用方口铲分多层装料,依据稠度采用内置振动器、振动台或捣棒振实。内置振动器、振动台应避免过振。捣棒插捣25次后,用木槌轻敲容器侧面,直至表面不再出现较大气泡,且插捣孔消失。稠度相当于S3类或更大坍落度的混凝土一次装料	基本相同,但欧洲标准规定较笼统,中国标准对分层装料和密实方式规定更详细、明确,可操作性更强
顶层装料量	顶层装料高出筒口,插捣中料低于筒口时,随时添加	顶层添加的混凝土量应足以填满容器且无需清除多层混凝土。尽量避免出现清除多余混凝土的情况	欧洲标准对顶层装料量要求更严格
抹平方式	刮去表面多余的混凝土拌合物,用抹刀刮平,表面有凹陷应填平抹光	用捣棒整平顶部,并用镘刀或抹子抹平	基本相同,欧洲标准增加了用捣棒整平步骤
密封	擦净容器口及边缘,加盖并拧紧螺栓,保持密封不透气	擦净容器口及边缘,加盖并拧紧螺栓,保持密封不透气	相同

试验步骤	中国标准要求	欧洲标准要求	异同
注水排气	关闭操作阀和排气阀,打开排水阀和加水阀,通过加水阀向容器内注入水,直至水从排水阀流出不出现气泡,再关闭加水阀和排水阀	关闭操作阀,打开阀门 A 和 B,通过阀门 A 或 B 注水,直至另一个阀门有水流出。用木槌轻敲仪器,排除气泡	基本相同。欧洲标准增加了用木槌轻敲排除气泡的操作,能加快试验进程
施加气压	关闭排气阀,向气室内打气加压,使表压稍大于 0.1MPa,微调排气阀将表压调到 0.1MPa,关闭排气阀	关闭排气阀,将空气泵入气室,使压力表指针处于初始压力线上,等待几秒钟,待压缩空气冷却至环境温度,微调阀门使表压稳定	基本相同。但欧洲标准未明确施加气压的数值,且需将气体冷却至室温
测量含气量	打开操作阀,使气室里的空气进入容器,待压力表指针稳定后,读取压力表读数,查得所测混凝土未校正含气量值 A_0,精确至 0.1%	关闭阀门 A 和 B,打开操作阀。急剧地轻敲容器侧面。在轻敲压力表的同时,读取其显示值,即空气的表观百分比含量 A_1,精确至 0.1%	基本相同。但欧洲标准轻敲容器和压力表,以使压力表的示值稳定
测量结果处理	含气量 A_0 取两次测量结果的平均值。如两次测量的含气量相差 >0.5%,应重新试验	—	中国标准要求测量两次,并规定了不合格情况及处理方式,充分减小误差

由表 7-8-1 可知,中欧标准中气压法测混凝土含气量的试验方法基本相同,但在分层装料和密实方式及一些细节方面存在部分差异。

1) 在分层装料和密实方式方面,中国标准规定根据混凝土坍落度是否超过 90cm 来选择分层数和密实方式,欧洲标准则仅规定根据稠度选择分层数和密实方式,要求较笼统,中国标准要求更详细、明确,可操作性更强。

2) 在顶层装料量、抹平方面,欧洲标准要求应尽量避免清除顶层多余混凝土,且抹平先用捣棒施压整平后再抹平,保证了表面的平整度,要求较中国标准更严格。

3) 在施加气压方面,欧洲标准未明确施加气压的数值,导致可操作性降低,但要求需等待几秒,将气体冷却至室温后再进行后续操作。

4) 在测量含气量时,欧洲标准要求轻敲容器和压力表,以使压力表的示值稳定,加快了试验进度。

5) 中国标准要求测量两次含气量,取其平均值作为试验结果,并规定了测量结果不合格的情况及处理方式,能充分减小试验误差,保证试验的准确性。欧洲标准则仅测量一次结果,且无法判断测量结果是否准确。

欧洲标准中水压法测混凝土含气量的试验方法与气压法的分层装料、密实、抹平操作相同,之后在混凝土上放置挡水板后再密封,注水排气,使玻璃立管的水位刻度到零点,此时含气量为零。然后再施加气压,记录立管上的读数 h_1,之后释放气压,再次读取立管上的读数 h_2。当 $h_2 \leqslant 0.2\%$ 时,将数值 (h_1-h_2) 作为混凝土表观含气量 A_1,精确至 0.1%。因施加气压后,将导致水位明显下降,而释放气压后,混凝土中截留的空气将使得水位无法回复到零点,可能略低于零点,此时立管上的气压减少量即混凝土中的含气量。当 h_2 大于 0.2% 时,则应再次施加气压,记录立管上的读数 h_3,之后释放气压,再次读取立管上的读数 h_4。若 (h_4-h_2) 为 0.1% 或更低,则将数值 (h_3-h_1) 作为表观空气含量。若 (h_4-h_2) 大于 0.2%,则可能有泄漏情况,应忽略该次试验。

7.8.4 试验结果处理

欧洲标准《新拌混凝土试验—第 7 部分:含气量-压力法》EN 12350-7:2019 中,采用以下公式计算混凝土含气量：

$$A_c = A_1 - G \tag{7-8-1}$$

式中：A_c——混凝土含气量，精确至 0.1%；

　　　A_1——混凝土表观含气量，精确至 0.1%；

　　　G——骨料的校正系数，一般 $G=0$，除非要求测试或已知。

中国标准《普通混凝土拌合物性能试验方法标准》GB/T 50080—2016 中，采用以下公式计算混凝土含气量：

$$A = A_0 - A_g \tag{7-8-2}$$

式中：A——混凝土含气量，精确至 0.1%；

　　　A_0——混凝土未校正含气量，精确至 0.1%；

　　　A_g——骨料的含气量。

中欧标准中混凝土含气量结果计算方法和精度要求相同，均为未校正含气量扣除骨料含气量。但中国标准中必须测试骨料的含气量，欧洲标准中除非另有要求，一般认为普通骨料校正系数为 0。

7.8.5　总结

综上所述，中欧标准中混凝土气压法含气量试验在试验原理、仪器设备、试验步骤、试验结果处理等方面均基本相同，但在含气量测定仪的压力表显示形式、分层装料和密实方式等细节方面存在差异。近年来中国也开始大量使用欧式直读式含气量测定仪。总体而言，中国标准较欧洲标准对容器的参数要求更具体，在分层装料、密实和测量结果处理等方面要求也更详细、明确，可操作性更强，且要求重复测量两次，充分减小了试验误差，保证了试验的准确性。因此，在采用欧洲标准的海外工程中进行混凝土含气量试验时，可按照中国标准的试验方法进行操作，但需注意所采用的含气量测定仪的显示形式为压力或含气量（直读式），并注意分层装料、抹平等细节方面与欧洲标准的差异。

7.9　自密实混凝土工作性能试验

中欧标准均将自密实混凝土定义为：具有高流动性、均匀性和稳定性，浇筑时无需外力振捣，能够在自重作用下流动并充满模板空间的混凝土。

自密实混凝土拌合物除应满足普通混凝土拌合物对凝结时间、粘聚性和保水性等要求外，还应满足自密实性能要求。中欧标准对新拌自密实混凝土的性能指标包括坍落扩展度、扩展时间 t_{500}、J 环间隙通过性、离析率、V 形漏斗流出时间以及 L 形箱通过率等，并根据各个指标进行分类，具体指标要求见表 7-9-1。

中欧标准自密实混凝土性能指标对比　　　　　　　　　　表 7-9-1

性能指标	中国标准		欧洲标准	
	性能等级	技术要求	性能等级	技术要求
坍落扩展度/mm	SF1	550～655	SF1	550～650
	SF2	660～755	SF2	660～750
	SF3	760～850	SF3	760～850

性能指标	中国标准		欧洲标准	
	性能等级	技术要求	性能等级	技术要求
扩展时间 t_{500}/s	VS1	≥2	VS1	<2
	VS2	<2	VS2	≥2
J环间隙通过性/%	PA1	25<PA1≤50	PJ1	≤10,12根钢筋
	PA2	0≤PA2≤25	PJ2	≤10,16根钢筋
离析率/%	SR1	≤20	SR1	≤20
	SR2	≤15	SR2	≤15
V形漏斗通过时间/s	Ⅰ级	10～25	VF1	<9.0
	Ⅱ级	7～25	VF2	9.0～25.0
	Ⅲ级	4～25	/	/
L形箱通过率	Ⅰ级	≥0.8,间距40mm	PL1	≥0.80,2根钢筋
	Ⅱ级	≥0.8,间距60mm	PL2	≥0.80,3根钢筋

表 7-9-1 可知，在坍落扩展度、离析率和 L 形箱通过率方面，中欧标准基本一致；扩展时间 t_{500} 方面，两者的性能等级与技术要求正好相反；J 环间隙通过性方面，两者对于结果评价方式不同，因此其技术要求存在一定差异；除此之外，两者对于 V 形漏斗流出时间性能等级分类及技术要求也有所不同。

7.9.1 自密实混凝土坍落扩展度试验

坍落扩展度和扩展时间 t_{500} 可用于评价自密实混凝土在无障碍情况下的流动性和流动速率。坍落扩展度可以表征自密实混凝土的填充性，扩展时间 t_{500} 是衡量自密实混凝土流动速度和相对粘度的指标。欧洲标准《新拌混凝土试验—第 8 部分：自密实混凝土-坍落扩展度试验》EN 12350-8：2019 明确了自密实混凝土的坍落扩展度和扩展时间 t_{500} 的测试方法，且该测试方法不适用于粗骨料最大公称粒径大于 40mm 的混凝土。

中国标准《自密实混凝土应用技术规程》JGJ/T 283—2012 规定了坍落扩展度和扩展时间试验方法，该方法适用于各等级自密实混凝土的流动性能测定。

1. 仪器设备

除了表 7-9-2 所列仪器设备，其他仪器应与文中第 7.3.1 章节所用仪器设备一致。

中欧标准混凝土坍落扩展度测试仪器设备对比　　　　表 7-9-2

仪器设备	中国标准要求	欧洲标准要求	异同
底板	材质为硬质不吸水的光滑的材料；边长应为 1000mm，最大挠度不得超过 3mm；平板表面标出坍落度筒的中心位置和直径分别为 200mm、300mm、500mm、600mm、700mm、800mm 及 900mm 的同心圆；见图 7-9-3	由一个平的钢板制成，该材料为基准材料；如平板采用其他材料制作，其长期使用性能的测试数据应与钢板的相同；其平面面积至少为 900mm×900mm，可放置混凝土，底板最大挠度不得超过 3mm；平板的中央为十字交叉结构，并在与平板边缘平行的区域标有直径分别为 210mm±1mm 和 500mm±1mm 的同心圆；所有线的最大宽度为 2mm，深 1mm，见图 7-9-1	底板材质不一样，中国标准中面积稍大；中国标准中底板上同心圆较多，但未指明线的宽度等细节
轴套	—	轴套可允许测试由一个人即可完成，质量至少 9kg，见图 7-9-2	中国标准中未配置

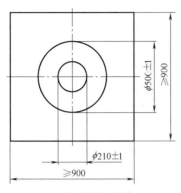

图 7-9-1　欧洲标准-底板（mm）

图 7-9-2　欧洲标准-钢轴套（mm）

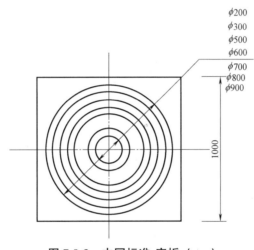

图 7-9-3　中国标准-底板（mm）

由上可知，中欧标准中自密实混凝土坍落扩展度测试所需仪器设备基本一致，但欧洲标准中还有可选设备轴套，便于单人操作。

2. 试验步骤

中欧标准自密实混凝土坍落扩展度试验步骤对比见表 7-9-3。

中欧标准混凝土坍落扩展度试验步骤对比　　　　　　　　　　表 7-9-3

试验步骤	中国标准要求	欧洲标准要求	异同
装料前准备	润湿底板和坍落度筒，坍落度筒内壁和地板上应无明水，底板应放置在坚实的水平面上，并把筒放在内壁和底板上	将底板放置在坚实的水平面上，免受外界振动干扰。用水平仪检查其表面是否平整，湿润坍落度筒与底板，并使其表面无明水	中国标准仅定性指出水平要求，未要求用水平仪检测
固定坍落度筒	用脚踩住两边的脚踏板，坍落度筒在装料时应保持在固定的位置	将坍落度筒放在底板 210mm 的圆环上，并用脚踩住脚踏板上（或用轴套），保证混凝土装料时不会漏料	欧洲标准中可以使用轴套固定坍落度筒

续表

试验步骤	中国标准要求	欧洲标准要求	异同
装料	在混凝土拌合物不产生离析的状态下,利用盛料容器一次性使混凝土拌合物均匀填满坍落度筒,且不得捣实或振动。用刮刀刮除坍落度筒顶部及周边混凝土余料,使混凝土与坍落度的上缘齐平	在混凝土不产生离析的状态下,将混凝土一次性均匀填满坍落度筒,不得捣实或振动。刮除坍落度筒顶部的混凝土余料。填充料的过程应不超过30s,且应刮除溢出的混凝土	中国标准未对装料过程时间进行限定
提升方式和时间	将坍落度筒沿铅直方向匀速地向上提起300mm左右的高度,提起时间宜控制在2s	1s~3s内垂直提起坍落度筒,不影响到混凝土的流动	中国标准规定了较准确的提起推荐时间以及提起高度
扩展时间t_{500}测定	自坍落度筒提起离开地面时开始,至扩展开的混凝土外缘初触平板上所绘直径500mm的圆周为止,应采用秒表测定时间,精确至0.1s	以秒表计时,自坍落度筒离开底板开始,直至混凝土扩展开的外缘初触底板上所绘直径500mm的圆周为止,精确至0.5s	中国标准t_{500}的精确度更高
扩展度测定	待混凝土停止流动后,测量拌合物扩展面的最大直径以及与最大直径呈垂直方向的直径,取两直径平均值	当混凝土的自由流动稳定后,测量混凝土扩展的最大直径,记作d_1,再测量其垂直方向的扩展直径,记作d_2	相同
非正常情况处理	当两直径差值超过50mm,作废,需重新检测;当粗骨料在中央堆积或最终扩展后的混凝土边缘有水泥浆析出时,可判定混凝土拌合物抗离析性不合格,应予记录	如d_1、d_2间的差距超过50mm,应重新制样,并重新测试。如果两次连续试验测得的d_1、d_2间的差距都超过50mm,则混凝土的流动性不适合用坍落扩展法测试,检查混凝土最终坍落后是否离析,在报告中记录有无离析/离析严重程度	中国标准中未对出现两次试验不合格作出情况说明
时间规定	自开始入料至填充结束应在1.5min内完成,坍落度筒提起至测量拌合物扩展直径结束应控制在40s之内完成	—	中国标准对试验整体时间提出了明确要求

由表7-9-3可知,中欧标准自密实混凝土坍落扩展度试验步骤整体上基本相同,但在部分操作上存在明显差异。在底板放置时,中国标准未进行水平检测;在装料过程中,中国标准未对时间作具体要求;在t_{500}测定时,中国标准规定了较准确的提起推荐时间和提起高度,且t_{500}的精确度更高;在对异常情况的处理上,欧洲标准规定更详细;在试验整体时间控制上,中国标准提出了明确要求。

3. 试验结果处理

中国标准《自密实混凝土应用技术规程》JGJ/T 283—2012规定拌合物的坍落扩展度值测量应精确至1mm,结果修约至5mm;扩展时间t_{500}测量结果精确至0.1s。

欧洲标准《新拌混凝土试验—第8部分:自密实混凝土—坍落扩展度试验》EN 12350-8:2019规定,混凝土拌合物扩展度测量值和结果修约至10mm,扩展时间t_{500}测量结果精确至0.5s。

4. 总结

综上所述,中欧标准中自密实混凝土坍落扩展度试验在仪器设备、试验步骤等方面基本相同,但在试验整体时间、试验结果处理方面存在明显差异,中国标准对试验的整体时间提出了明确要求,且对试验结果的精度要求更高。

7.9.2　自密实混凝土 J 环扩展度试验

J 环试验用于评估自密实混凝土通过钢筋与其他障碍物间的间隙，且未离析或堵塞的能力（即间隙通过性）。欧洲标准《新拌混凝土试验—第 12 部分：自密实混凝土-J 环试验》EN 12350-12：2010 规定了自密实混凝土的 J 环扩展度和 t_{500J} 的测试方法，包括窄钢筋间距、宽钢筋间距两种试验方法，该方法不适用于粗骨料最大公称粒径大于 40mm 的混凝土。

中国标准《自密实混凝土应用技术规程》JGJ/T 283—2012 中规定了 J 环扩展度试验方法，该方法适用于测试自密实混凝土拌合物的间隙通过性。

1. 仪器设备

中欧标准自密实混凝土 J 环扩展度试验所用仪器设备除了文中第 7.3.1 章节所列仪器设备外，还包括 J 环，见表 7-9-4。

中欧标准自密实混凝土 J 环扩展度试验仪器设备对比　　　　表 7-9-4

仪器设备	中国标准要求	欧洲标准要求	异同
窄间隙 J 环	—	光滑的钢筋（ϕ 为 18mm±0.5mm），固定在一个直径为 300mm±2mm 的圆环上，钢筋间距为 41mm±1mm，尺寸见图 7-9-4 和图 7-9-5	中欧标准 J 环的钢筋直径、钢筋长度和钢筋间隙不同。中国标准 J 环间隙与欧洲标准宽间隙 J 环的钢筋间距一致，但钢筋数量较欧洲标准多、直径较细
宽间隙 J 环	圆环中心直径和厚度应分别为 300mm、25mm，并用螺母和垫圈将 16 根 ϕ16mm×100mm 圆钢锁在圆环上，圆钢中心间距应为 58.9mm，见图 7-9-7	光滑的钢筋（ϕ 为 18mm±0.5mm），固定在直径为 300mm±2mm 的圆环上，钢筋间距为 59mm±1mm，尺寸见图 7-9-4 和图 7-9-6	

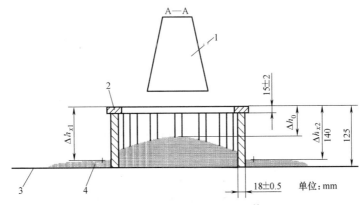

图 7-9-4　欧洲标准-J 环 A-A 截面
1—坍落度筒；2—J 环；3—底板；4—混凝土

由表 7-9-4 和图 7-9-5～图 7-9-7 可知，中欧标准中自密实混凝土 J 环扩展度试验所用仪器设备名称基本相同，主要仪器均为 J 环、坍落度筒和底板；两者在 J 环规格尺寸方面存在一定的差异，欧洲标准中 J 环所用钢筋直径为 18mm±0.5mm，中国标准中所用钢筋直径为 16mm；同时欧洲标准中 J 环分为窄间隙 J 环（钢筋间距为 41mm±1mm）和宽间隙 J 环（钢筋间距为 $59mm\pm1mm$）两种，中国标准中 J 环钢筋中心间距为 $58.9mm$，可以看出中国标准中的 J 环与欧洲标准中的宽间隙 J 环钢筋间距基本一致。

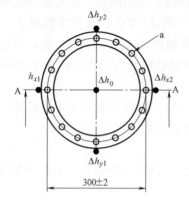

图 7-9-5　欧洲标准-窄间隙 J 环（mm）

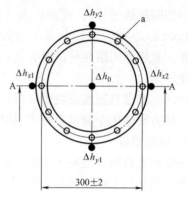

图 7-9-6　欧洲标准-宽间隙 J 环（mm）

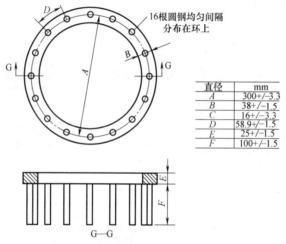

直径	mm
A	300+/-3.3
B	38+/-1.5
C	16+/-3.3
D	58.9+/-1.5
E	25+/-1.5
F	100+/-1.5

图 7-9-7　中国标准-J 环的形状和尺寸

2. 试验步骤

中欧标准自密实混凝土 J 环扩展度试验步骤对比见表 7-9-5。

中欧标准自密实混凝土 J 环扩展度试验步骤对比　　　　　　　　　表 7-9-5

试验步骤	中国标准要求	欧洲标准要求	异同
准备工作	先润湿底板、J 环和坍落度筒，坍落度筒内壁和底板上应无明水，底板应放置在坚实的水平面上	将底板放置在坚实的水平面上，免受外界振动干扰。用水平仪检查其表面是否平整，湿润坍落度筒与底板，并使其表面无明水	中国标准未要求用水平仪检测
固定坍落度筒	将 J 环放在底板中心，坍落度筒倒置在底板中心，并与 J 环同心	将坍落度筒居中放置在底板上 210 mm 的圆环内，并其固定在适当位置上（或使用加重轴套），确保混凝土不会从坍落度筒下部漏料；将 J 环放在底板上，与坍落度筒同心	欧洲标准将坍落度筒固定

续表

试验步骤	中国标准要求	欧洲标准要求	异同
装料	将混凝土一次性填充至满;采用刮刀刮除坍落度筒顶部及周边混凝土余料	将混凝土一次性填满坍落度筒,无需任何振捣或机械压实,将坍落度筒顶部多余的混凝土移除,填充满的坍落度筒静置不超过30s;在此期间,清除底板上泼洒的混凝土,确保底板湿润但无多余的水	欧洲标准对填充物料的时间进行了限定
提升方式和时间	随即将坍落度筒沿垂直方向连续地向上提起300mm,提起时间宜为2s,自开始入料至提起坍落度筒应在1.5min内完成	在不影响混凝土流动的情况下,将坍落度筒沿垂直方向一次提起,提起时间宜为1s~3s	中国标准对提起的距离和提起时间进行了严格规定,对整个检测过程的时间进行了限定
t_{500J} 测定	—	当坍落度筒提起离开底板之时,立即启动秒表,并记录混凝土的任一点达到500mm圆周所需的时间,精确至0.1s	中国标准无t_{500J}的检测要求和评价
J 环扩展度检测	待混凝土停止流动后,测量展开扩展面的最大直径以及与最大直径呈垂直方向的直径,J环扩展度为两个直径平均值,测量应精确值1mm,结果修约至5mm	在不影响底板或混凝土的情况下,测量扩展面的最大直径,并记录为d_1,修约至10mm。然后测量与d_1呈垂直方向的直径,并记录为d_2,修约至10mm。取d_1与d_2的平均值为J环扩展度,结果修约至10mm	检测值修约原则不同,中国标准要求更精确
间隙通过性性能指标(PA)	自密实混凝土间隙通过性性能指标(PA)结果为测得混凝土坍落扩展度与J环扩展度的差值	将直尺平放在J环顶部,测量直尺内侧与中心位置以及J环边缘处四个位置混凝土表面的相对高度差Δh_0,X方向两个Δh_{x1},Δh_{x2},Y方向另两个Δh_{y1},Δh_{y2}(垂直于X),见图7-9-4,精确到1mm	中国标准对J环通过性评价采用扩展度差值表征;欧洲标准则通过高度差进行评价
异常情况处理	目视检查J环圆钢附近是否有骨料堵塞,当粗骨料在J环圆钢附近出现堵塞时,可判定混凝土拌合物间隙通过性不合格,予以记录	检查混凝土扩展是否有离析迹象,并进行定性评价	中国标准判断J环是否堵塞;欧洲标准判断是否离析

由表7-9-5可知中欧标准中试验步骤大致相同,但在细节方面存在差异,欧洲标准中过程描述较为详细。在试验准备阶段,欧洲标准对坍落度筒进行了水平检测和固定;在装料过程中,欧洲标准对坍落度筒填充时间进行了限定,中国标准则对整个检测过程时间进行了限定;在J环扩展度数据修约处理上,欧洲标准中先将测量数据修约至10mm,再求平均值并修约至10mm得到结果,中国标准是将测量数据精确至1mm,再求平均值后修约至5mm得到结果;在J环通过性评价上,欧洲标准通过高度差进行评价,测量规定较为详细,结果能够准确地反映混凝土的通过性能,而中国标准通过坍落扩展度和J环扩展度的差值进行评价。

3. 试验结果处理

欧洲标准中J环试验结果处理情况如下:

1)通过性

采用障碍步骤测得的J环通过性 PJ,按照式(7-9-1)计算,结果修约至1mm;

$$PJ = \frac{(\Delta h_{x1} + \Delta h_{x2} + \Delta h_{y1} + \Delta h_{y2})}{4} - \Delta h_0 \qquad (7\text{-}9\text{-}1)$$

2）扩展度 $SF_{\rm J}$

J 环扩展度 $SF_{\rm J}$ 是 d_1、d_2 的平均值，修约至 10mm，按照式（7-9-2）计算：

$$SF_{\rm J}=\frac{(d_1+d_2)}{2} \tag{7-9-2}$$

3）流动时间 $t_{500\rm J}$

J 环的流动时间 $t_{500\rm J}$ 是坍落度筒离开底板之时至自密实混凝土初触 500mm 圆环所需的时间，$t_{500\rm J}$ 单位为 s，结果修约至 0.5s。

中国标准中 J 环试验结果处理如下：

1）自密实混凝土 J 环扩展度为混凝土拌合物坍落扩展终止后扩展面相互垂直的两个直径的平均值，测量应精确至 1mm，结果修约至 5mm。

2）自密实混凝土间隙通过性能指标（PA）结果应为测得混凝土坍落扩展度与 J 环扩展度的差值。

4. 总结

综上所述，中欧标准中自密实混凝土 J 环扩展度试验在仪器设备、试验步骤、试验结果处理等方面存在显著差异。在试验仪器方面，欧洲标准中有宽、窄两种 J 环；在试验步骤方面，中国标准对提起方式和异常情况处理方面规定更加详细，其他步骤中，欧洲标准描述更加详细准确；在试验结果处理方面，中国标准对 J 环扩展度的修约要求更加精确，欧洲标准中以扩展面中心部位高度与扩展面互相垂直边缘四处高度算术平均值之差来表征间隙通过性，而中国标准中则以自密实混凝土坍落扩展度与 J 环扩展度的差值来表征间隙通过性；另外，欧洲标准中对流动时间 $t_{500\rm J}$ 进行了说明，而中国标准中未有相关阐述。总体而言，欧洲标准的 J 环扩展度试验更加详细。

7.9.3 自密实混凝土离析率筛析试验

离析率筛析试验主要用于评价自密实混凝土的抗离析性。欧洲标准《新拌混凝土试验—第 11 部分：自密实混凝土-离析率筛析测试》EN 12350-11：2010 中规定了自密实混凝土抗离析试验方法，并指明该试验方法不适用于纤维混凝土或轻骨料混凝土。

中国标准《自密实混凝土应用技术规程》JGJ/T 283—2012 中规定了离析率筛析试验方法，该方法适用于测试自密实混凝土拌合物的抗离析性。

1. 仪器设备

中欧标准中自密实混凝土离析率筛析试验仪器设备对比见表 7-9-6。

中欧标准自密实混凝土离析率筛析试验仪器设备对比　　　　表 7-9-6

仪器设备	中国标准要求	欧洲标准要求	异同
筛	试验筛，应选用公称直径为 5mm 的方孔筛，且应符合现行中国标准的规定	穿孔板筛，公称直径 5mm 的方孔筛，框架直径不小于 300mm，高度至少为 30mm，符合相关标准的要求，配有一个接收器，可通过垂直提起该接收器移除筛子	中国标准未配置接收器，可通过垂直提起该接收器移除筛子
天平	称量 10kg，感量 5g 的电子天平	具备平坦的平台，该平台可容纳筛底，可称重量至少为 10kg，且其称量度为 0.01kg	其精度要求不一致，中国标准更精确

续表

仪器设备	中国标准要求	欧洲标准要求	异同
盛料器	应采用钢或不锈钢,内径为208mm,上节高度为60mm,下节带底净高为234mm,在上、下层连接处需加宽3mm~5mm,并设有橡胶垫圈(图7-9-8)	由吸收性材料制成的刚性容器,其最小内径为200mm,容量至少为11L,其中,容器内部应标出10L位置所在点	内径尺寸和要求具有较大的差异,但对试验结果对比影响不大
计时器	—	测量精度为1s	—
温度计	—	测量精度为1℃	—

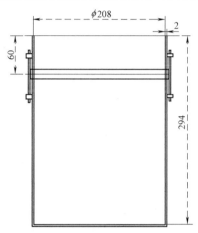

图 7-9-8　中国标准-盛料器形状和尺寸（mm）

由表 7-9-6 可知,中欧标准中自密实混凝土离析率筛析试验用主要仪器设备一致,但中国标准中试验设备未配置接收器、计时器和温度计等辅助工具。

2. 试验步骤

中欧标准自密实混凝土离析率筛析试验步骤对比见表 7-9-7。

中欧标准自密实混凝土离析率筛析试验步骤对比　　　　　　表 7-9-7

试验步骤	中国标准要求	欧洲标准要求	异同
混凝土装料静置	应先取10L±0.5L混凝土置于盛料器中,放置在水平位置,静置15min±0.5min	用温度计记录混凝土的温度,精确到1℃,将10L±0.5L混凝土放入盛料器中,盖上盖子以防止蒸发,将其放在水平位置,静置15min±0.5min	中国标准未对温度和水分蒸发进行限定
方孔筛固定称重	将方孔筛固定在托盘上	保持天平水平且稳定,将筛底放在天平上,并记录其质量 m_p,单位为g,随后将干燥的筛子放置在筛底上,再次记录质量或将天平归零	基本相同
观察混凝土状态	—	静置结束后,取下盛料器上的盖子,观察并记录混凝土表面是否出现泌水现象	中国标准未对混凝土状态进行判断
混凝土称重过筛	将盛料器上节混凝土移出,倒入方孔筛,用天平称量其 m_0,精确到1g	保持筛子和筛底在天平上,将盛料器中4.8kg±0.5kg混凝土从筛子上方500mm±50mm处一次性倒入筛子中心处(图7-9-9),记录筛子上混凝土的质量 m_c,单位为g	中国标准未对混凝土投放方式、高度进行限定

试验步骤	中国标准要求	欧洲标准要求	异同
砂浆称重	倒入方孔筛静置 120s±5s 后，先将筛及筛上的混凝土移走，用天平称量筛孔流到托盘上的浆体质量 m_1，精确到 1g	保持混凝土在筛子上静置 120s±5s，随后在不晃动的情况下垂直取出筛子，记录接收器和通过筛子的砂浆的质量 m_{ps}，单位为 g	相同

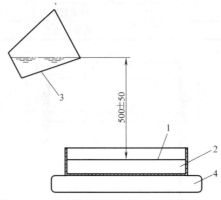

图 7-9-9　欧洲标准-筛析过程示意图（mm）

1—筛子；2—筛底；3—样品容器；4—天平

中欧标准试验步骤存在明显差异，欧洲标准中关于试验步骤要求的描述较为详细、规范；中国标准未对温度、水分蒸发、混凝土检测试样质量和投放方式、高度等进行限定。

3. 试验结果处理

欧洲标准中离析率按式（7-9-3）计算，结果精确至 1%。

$$SR = \frac{(m_{ps} - m_p) \times 100\%}{m_c}$$ (7-9-3)

式中：SR——离析率，%；

m_{ps}——筛底和过筛砂浆的总质量，单位为 g；

m_p——筛底的质量，单位为 g；

m_c——倒入筛子中混凝土初始质量，单位为 g。

中国标准中离析率按式（7-9-4）计算：

$$SR = \frac{m_1}{m_0} \times 100\%$$ (7-9-4)

式中：SR——混凝土拌合物离析率，%，精确到 0.1%；

m_1——通过标准筛的砂浆质量，单位为 g；

m_0——倒入标准筛混凝土的质量，单位为 g。

中欧标准中对离析率的计算仅仅是公式的表达方式不同，其计算方法和结果相同；在结果修约要求上，欧洲标准规定精确至 1%，中国标准规定精确至 0.1%。

4. 总结

综上所述，中欧标准中自密实混凝土离析率筛析试验所需试验主要仪器设备、试验结果处理大致相同，但在试验步骤和结果修约要求上存在明显差异。试验仪器设备方面，两者在天平的称量精度和盛料器的规格方面存在细微差异，欧洲标准更详细地列出了辅助工具；试验步骤方面，试验过程、时间节点完全一致，但是在描述上欧洲标准更加详细规范；试验结果处理方面，中欧标准计算公式虽不一致，但计算方法本质完全相同。总体而言，中欧标准在自密实混凝土离析率筛析试验方面基本相同。

7.9.4　自密实混凝土V形漏斗试验

V形漏斗试验主要用于评价自密实混凝土的流动性和填充性。欧洲标准《新拌混凝土试验—第9部分：自密实混凝土-V形漏斗试验》EN 12350-9：2010规定了V形漏斗试验方法，适用于骨料最大粒径不超过22.4mm的自密实混凝土的流动性和填充性的测定。

中国标准《普通混凝土拌合物性能试验方法标准》GB/T 50080—2016规定了混凝土漏斗试验方法，适用于骨料最大公称粒径不大于20mm的混凝土拌合物稠度和填充性能的测定。

1. 仪器设备

中欧标准自密实混凝土V形漏斗试验仪器设备对比见表7-9-8。

中欧标准自密实混凝土V形漏斗试验仪器设备对比　　　　表7-9-8

仪器设备	中国标准要求	欧洲标准要求	异同
支撑台架	支撑漏斗的台架宜有调整装置，应确保台架的水平，且易于搬运	整个装置由框架支撑保持漏斗顶部水平，漏斗底部装有水密性转轴盖或滑动阀门的快速释放装置，阀门下方应保持有放置容器的空间	相同
V形漏斗	漏斗由厚度不小于2mm钢板制成，其内表面应经过加工，在漏斗出料口应附设快速开启的密封盖，形状和尺寸见图7-9-10，容量约为10L	V形漏斗由相关金属材料制成，表面应光滑且不易被水泥浆侵蚀或生锈。内部尺寸和形状见图7-9-11	基本相同，仅厚度和精度要求不同
盛料容器	接料容器，容积不小于12L	收集测试试样，容量不小于12L	相同
秒表	精度不低于0.1s	精度为0.1s	相同
刮刀	用于刮平漏斗顶部混凝土	用于刮平漏斗顶部混凝土	相同

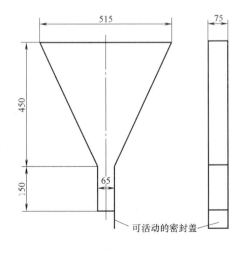

图7-9-10　中国标准-漏斗（mm）

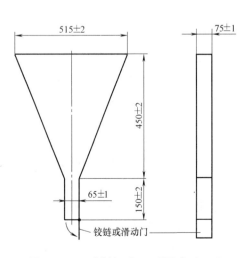

图7-9-11　欧洲标准-V形漏斗（mm）

中欧标准中，V形漏斗试验所用主要仪器设备均为V形漏斗、支承台架、盛料容器和秒表等，其中V形漏斗尺寸方面基本一致，但欧洲标准对V形漏斗的尺寸进行了极限偏差限定；中国标准对V形漏斗材料厚度提出了要求。

2. 试验步骤

中欧标准自密实混凝土V形漏斗试验步骤对比见表7-9-9。

中欧标准自密实混凝土V形漏斗试验步骤对比 表7-9-9

试验步骤	中国标准要求	欧洲标准要求	异同
准备工作	将漏斗稳固于台架上,应使其上口呈水平,本体为垂直,漏斗内壁应润湿无明水,关闭密封盖	清洗漏斗和底部阀门,将包括阀门在内的内表面润湿	相同
装料	应用盛料容器将混凝土拌合物由漏斗的上口平稳地一次性填入漏斗至满,装料过程不应搅拌合振捣,应用刮刀沿漏斗上口将混凝土拌合物试样的顶面刮平,在出料口下方放置盛料容器	关闭阀门,将混凝土试样一次性倒入漏斗内,过程中不得有任何振捣和机械压实,随后用直尺刮去多余的混凝土使其与漏斗上边缘齐平,将容器置于漏斗下方,便于收集混凝土	相同
测试	漏斗装满试样静置10s±2s,应将漏斗出料口的密封盖打开,用秒表测量自开盖至漏斗内混凝土拌合物全部流出的时间。在5min内完成2次试验,以2次测试结果的平均值为试验结果	待漏斗中装满混凝土10s±2s后,迅速打开底部阀门,并用秒表记录从打开阀门到第一次通过漏斗垂直看到下面容器所用时间 t_u,该时间即为V形漏斗流出时间	中国标准要求在5min内完成2次试验,以2次测试结果的平均值为试验结果
异常情况处理	混凝土出现堵塞状态,应重新试验,再次出现堵塞,应记录说明	如果出现堵塞,应重新试验,如果再次出现堵塞,混凝土缺乏必要的粘度和填充能力,应在报告上记录	相同

中欧标准中自密实混凝土V形漏斗试验方法基本相同，主要差异体现在V形漏斗试验操作时间和测试结果评定上。中国标准要求应在5min内完成2次试验，以2次测试结果的平均值为试验结果，欧洲标准未限定试验操作时间，且仅在混凝土出现堵塞后才要求重新试验。

3. 试验结果处理

欧洲标准中，以一次测试的结果作为V形漏斗流出时间。

中国标准中，以两次测试结果的算数平均值作为试验结果，精确至0.1s。

4. 总结

综上所述，中欧标准中V形漏斗试验在试验仪器设备、试验步骤上基本相同，在试验适用范围、试验操作时间和结果评价上有明显差异。中欧标准对混凝土中骨料的最大粒径要求不同；试验结果评定方面，中国标准要求应在5min内完成2次试验，以2次测试结果的平均值为试验结果，欧洲标准未限定试验操作时间，且仅在混凝土出现堵塞后才要求重新试验。因此中国标准的结果准确度更高。总体而言，中欧标准在V形漏斗试验部分重合性较高，但也存在一些影响试验结果的细微差别，因此在使用过程中应按标准要求严格执行。

7.9.5　自密实混凝土 L 形箱试验

L 形箱试验主要用于评价自密实混凝土的间隙通过性。欧洲标准《新拌混凝土试验——第 10 部分：自密实混凝土-L 形箱测试》EN 12530-10：2011 中规定了可用于测试自密实混凝土的间隙通过性的方法。

中国土木工程学会标准《自密实混凝土设计与施工指南》CCES 02—2004 中规定 L 形箱试验方法，可用于评估自密实混凝土在有隔离或堵塞的情况下通过包括钢筋和其他障碍物之间间隙在内的密闭开口的能力。

1. 仪器设备

中欧标准自密实混凝土 L 形箱试验仪器设备对比见表 7-9-10。

中欧标准自密实混凝土 L 形箱仪测试装置对比　　　　　　　　　　　表 7-9-10

仪器设备	中国标准要求	欧洲标准要求	异同
L 形箱	L 形箱为硬质不吸水材料制成，由前槽（竖向）和后槽（水平）组成，具体外形尺寸见图 7-9-14，前槽与后槽之间由一活动门隔开，活动门前设有一垂直钢筋栅，钢筋栅由 3 根或 2 根长为 150mm 的 $\phi12$ 光圆钢筋组成，钢筋净间距为 40mm 或 60mm	L 形箱体为刚性结构，表面光滑、平整，不容易被水泥浆侵蚀或生锈，立式料斗可拆卸，便于清洗；其形状和尺寸见图 7-9-12，阻隔系统由 2 根或 3 根直径 12mm±0.2mm 的光滑钢筋组成，钢筋之间的间距分别为 59mm±1mm 或 41mm±1mm，见图 7-9-13	尺寸基本相同；欧洲标准中 L 形箱立式料斗可以拆卸，中国标准中 L 形箱为前槽后槽一体式
标尺或卷尺	—	量程不小于 500mm，最小刻度不超过 1mm，且其零点位于标尺或卷尺的末端	欧洲标准对试验仪器辅助设备均有相应规格要求及用途说明，中国标准中仅给出了辅助工具的名称
容器	—	盛装样品，容量不小于 14L	
水平仪	—	用于在试验前检查 L 形箱底座的水平度	
抹刀	抹刀	用于刮平 L 形箱底部的混凝土	
其他	铲子、秒表	—	

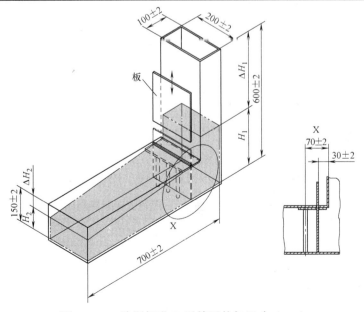

图 7-9-12　欧洲标准-L 形箱形状与尺寸（mm）

图 7-9-13　欧洲标准-L 形箱内钢筋分布（mm）

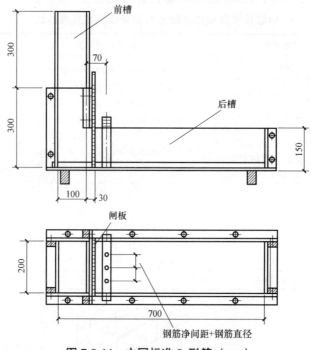

图 7-9-14　中国标准-L 形箱（mm）

中欧标准中主要设备 L 形箱构造基本相同，但欧洲标准的尺寸描述更加规范准确。另外，欧洲标准对试验仪器辅助设备均有相应规格要求及用途说明，中国标准仅给出了辅助工具的名称，并未有详细说明。

2. 试验步骤

中欧标准自密实混凝土 L 形箱试验步骤对比见表 7-9-11。

中欧标准自密实混凝土 L 形箱试验步骤对比　　　　　　　表 7-9-11

试验步骤	中国标准要求	欧洲标准要求	异同
检测装置放置	将仪器水平放在地面上，保证活动门可以自由地开关，润湿仪器内表面，清除多余的水	将 L 形箱放置在水平面上，并用水平仪检查其水平度；在测试前清洗 L 形箱使其润湿，但不能有明水，并关闭垂直槽和水平槽之间的阀门	中国标准中未进行 L 形箱的水平检测

续表

试验步骤	中国标准要求	欧洲标准要求	异同
装料	用混凝土将 L 形箱前槽填满，静置 1min	通过容器将混凝土倒入 L 形箱的料斗中，期间不得有任何振捣和机械压实，随后用直尺刮除多余的混凝土，使其与 L 形箱顶部水平，并静置 60s±10s	中国标准对装料过程描述较为简单，欧洲标准对装料过程中是否振捣和抹平均有详细描述
混凝土性能检测及记录	迅速提起滑动门使混凝土拌合物流进水平部分，见图 7-9-15。混凝土拌合物停止流动后，测量并记录 H_1、H_2，整个试验在 5min 内完成	连续平稳的抽出闸门，使混凝土流入水平槽，测量垂直槽中混凝土下降高度（为等距离 3 个点测量值的算数平均值），精确至 1mm，混凝土的平均深度 H_1 为垂直槽高度与 Δh 的差值；同理测得水平槽末端混凝土平均深度 H_2，结果精确至 1mm	中国标准中对 H_1 和 H_2 测量方法及结果修约没有详细的说明，欧洲标准中有较为详细的说明（为等距离 3 个点测量值的算数平均值，精确至 1mm）

在试验步骤上，欧洲标准中阐述比较严谨，介绍比较详细，中国标准中描述略显简单，其部分细节并未进行说明；两者在打开阀门步骤中存在差异，欧洲标准中为连续平稳的方式，而中国标准中为迅速打开，这一操作可能对试验结果存在一定的影响。

3. 试验结果处理

欧洲标准中，通过 L 形箱测得的通过率 PL 由式（7-9-5）计算得到，结果精确至 0.01：

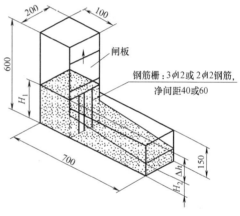

图 7-9-15　中国标准-L 形箱试验（mm）

$$PL = \frac{H_2}{H_1} \qquad (7\text{-}9\text{-}5)$$

式中：PL——L 形箱通过率；

$\quad\quad H_1$——垂直槽中混凝土平均深度；

$\quad\quad H_2$——水平槽末端混凝土平均深度。

中国标准中，以测得的 H_1 和 H_2 作为试验结果。

中欧标准对结果的处理方式不同，但是它们均能体现自密实混凝土拌合物的间隙通过性。

4. 总结

综上所述，对于自密实混凝土 L 形箱测试，欧洲标准阐述比较详细，中国标准内容略显简单。试验仪器方面，欧洲标准均有相应规格要求及用途说明，中国标准仅给出了辅助工具的名称；试验步骤方面，欧洲标准操作比较严谨，介绍比较详细，中国标准介绍比较简洁，其部分细节并未进行说明；两者在打开阀门步骤中存在差异；对于试验结果计算方面，两者基本一致。总体而言，欧洲标准中内容更为充分，思路更为严谨，值得借鉴和学习。

7.9.6　自密实混凝土浇筑

欧洲标准《混凝土结构施工》EN 13670：2009 对自密实混凝土浇筑进行了规定。

中国标准《自密实混凝土应用技术规程》JGJ/T 283—2012 对自密实混凝土浇筑进行了相关要求。

1. 浇筑差异对比

中欧标准自密实混凝土浇筑要求对比见表 7-9-12。

中欧标准自密实混凝土浇筑要求对比　　　　　　　　　　表 7-9-12

项目	中国标准要求	欧洲标准要求	异同
天气温度	高温施工时,自密实混凝土入模温度不宜超过 35℃;冬期施工时,自密实混凝土入模温度不宜低于 5℃。在降雨、降雪期间,不宜在露天浇筑混凝土	在混凝土浇筑和振实过程中,应保护混凝土免受太阳辐射、强风、冰冻、水、雨和雪的不利影响	中国标准规定了具体的温度数据
大体积混凝土	大体积自密实混凝土入模温度宜控制在 30℃以下;混凝土在入模温度基础上的绝热温升值不宜大于 50℃,混凝土的降温速率不宜大于 2.0℃/d	—	中国标准对大体积混凝土有明确的要求。欧洲标准未提及
振捣	建筑结构复杂、配筋密集的混凝土构件中,可在模板外侧进行辅助敲击	一般不需要振捣,因振捣会导致其粗骨料与浆体分离,因此只有在证明不对混凝土质量和均匀性产生影响的情况下才能采用轻微振捣的方式	中国标准提及在复杂结构中可进行振捣
浇筑连续性	自密实混凝土泵送和浇筑过程应保持连续性。大体积自密实混凝土采用整体分层连续浇筑或推移式连续浇筑时,应缩短间歇时间,并应在前层混凝土初凝之前浇筑次层混凝土,同时应减少分层浇筑的次数	为了确保混凝土一次性连续浇筑,应尽可能使运输率与浇筑率保持一致,连续混凝土层间的间隙时间不得超过最大时间	中国标准描述更加详细、准确
混凝土性能	浇筑自密实混凝土时,现场应有专人进行监控,当混凝土自密实性能不能满足要求时,可加入适量的与原配合比相同成分的外加剂,外加剂掺入后搅拌运输车滚筒应快速旋转,外加剂掺量和旋转搅拌时间应通过试验验证	其新拌混凝土应符合具体要求,具体如下:约束条件与混凝土的几何形状和数量,钢筋、嵌件和凹部的种类和位置有关;浇筑设备(泵车、搅拌车、运输车等);浇筑方式;收光方法。这些要求可用下列方式来表达和证明:流动性和填充性、粘度(流速的量度)、通过性(无阻碍流动)、抗离析性	中国标准阐述了详细的调整混凝土性能的方式
倾倒高度和水平流距	自密实混凝土浇筑最大水平流动距离应根据施工部位具体要求确定,且不宜超过 7m。布料点应根据混凝土自密实性能确定,并通过试验确定混凝土布料点的间距;柱、墙模板内的混凝土浇筑倾落高度不宜大于 5m,当不能满足规定时,应加设串筒、溜管、溜槽等装置	为避免对混凝土质量和均匀性产生不利影响,应限制其自由落体高度和水平流动距离	中国标准提出了详细的数值要求,且更加详细

2. 总结

综上所述,中欧标准中对自密实混凝土浇筑的规定内容大致相同,但中国标准阐述更为详细,对其入模温度以及大体积自密实混凝土的温控要求和浇筑要求进行了相关说明,对其浇筑过程中也作出了具体说明,指导意义更强。

第8章 中欧硬化混凝土性能测试方法对比研究

硬化混凝土的性能参数包括多个指标,如抗压强度、抗折强度、劈裂抗拉强度、抗渗性、抗碳化性等,可以为评价混凝土结构的安全性、适用性和耐久性提供科学依据,具有重要的工程和科学研究意义。目前,国内外对硬化混凝土的性能测试均制定了相应的标准,本章选取了欧洲与中国硬化混凝土性能测试标准进行对比研究,以期了解国内外硬化混凝土性能测试方法的异同,补足中国标准的遗漏,发挥中国标准的优势,助力海外混凝土工程施工顺利进行。

8.1 标准设置

欧洲标准中,硬化混凝土性能测试标准主要为《硬化混凝土试验》EN 12390 系列,包含混凝土试件制备、抗压强度、抗折强度、劈裂抗拉强度、密度、抗渗性、抗碳化性、抗氯离子渗透性等物理力学性能和耐久性试验内容。

中国涉及硬化混凝土性能测试的标准主要为国家标准《混凝土物理力学性能试验方法标准》GB/T 50081—2019 和《普通混凝土长期性能和耐久性能试验方法标准》GB/T 50082—2009。

中欧硬化混凝土性能测试标准设置对比见表 8-1-1。

中欧硬化混凝土性能测试标准设置对比 表 8-1-1

中国或欧洲	标准
中国	《混凝土物理力学性能试验方法标准》GB/T 50081—2019
	《普通混凝土长期性能和耐久性能试验方法标准》GB/T 50082—2009
欧洲	《硬化混凝土试验—第 1 部分:试件和模具的形状、尺寸和其他要求》EN 12390-1:2012
	《硬化混凝土试验—第 2 部分:强度试验用试件的制作和养护》EN 12390-2:2019
	《硬化混凝土试验—第 3 部分:试件的抗压强度》EN 12390-3:2019
	《硬化混凝土试验—第 4 部分:抗压强度-试验机的规格》EN 12390-4:2019
	《硬化混凝土试验—第 5 部分:试件的抗折强度》EN 12390-5:2019
	《硬化混凝土试验—第 6 部分:试件的劈裂抗拉强度》EN 12390-6:2009
	《硬化混凝土试验—第 7 部分:硬化混凝土的密度》EN 12390-7:2019
	《硬化混凝土试验—第 8 部分:压力渗水深度》EN 12390-8:2019
	《硬化混凝土试验—第 10 部分:混凝土的抗碳化性测定》EN 12390-10:2018
	《硬化混凝土试验—第 11 部分:单向扩散法测混凝土的抗氯离子渗透性》EN 12390-11:2015
	《硬化混凝土试验—第 12 部分:混凝土抗碳化性的测定-加速碳化法》EN 12390-12:2020
	《硬化混凝土试验—第 14 部分:半绝热法测定混凝土硬化过程中的放热量》EN 12390-14:2018
	《硬化混凝土试验—第 15 部分:绝热法测定混凝土硬化过程中的放热量》EN 12390-15:2019
	《硬化混凝土试验—第 16 部分:混凝土收缩的测定》EN 12390-16:2019
	《硬化混凝土试验—第 18 部分:氯离子迁移系数测定》EN 12390-18:2021

8.2 试件与试模

混凝土试件是混凝土构件的一个代表样本，直接反映混凝土构件质量。对于同批混凝土，当采用不同形状、尺寸的试件时，测得的混凝土强度值不同，一般较小尺寸试件测得的强度较高，混凝土测得的强度与试件尺寸和形状密切相关。因此，选择标准的试模制作出标准的混凝土试件，在混凝土的破坏过程中承受的负荷才能正确计算出混凝土的强度，反映混凝土真实的质量水平。

8.2.1 试件

中国标准中混凝土试件分为标准试件和非标准试件，欧洲标准未对试件进行区分。中欧标准混凝土试件尺寸单位均为毫米（mm）。

欧洲标准《硬化混凝土试验—第1部分：试件和模具的形状、尺寸和其他要求》EN 12390-1：2012规定每种试件的形状和尺寸，包括立方体、圆柱体和棱柱体，基本尺寸 d 至少应为混凝土中骨料公称粒径的3.5倍。中国标准《混凝土物理力学性能试验方法标准》GB/T 50081—2019中提出试件的最小横截面尺寸应根据混凝土中骨料的最大粒径选定。中欧标准混凝土试件尺寸选用表见表8-2-1。

中欧标准混凝土试件尺寸选用表 表 8-2-1

试件横截面尺寸/mm	中国标准		欧洲标准
	骨料最大粒径/mm		试件尺寸/mm
	劈裂抗拉强度试验	其他试验	
100×100	19.0	31.5	对于每种形状的试件,包括立方体、圆柱体和棱柱体,基本尺寸 d 至少应为混凝土中骨料公称粒径的3.5倍
150×150	37.5	37.5	
200×200	—	63.0	

当用于不同试验时，中欧标准混凝土试件形状尺寸对比见表8-2-2，中欧标准混凝土试件尺寸公差对比见表8-2-3。

中欧标准混凝土试件形状尺寸对比 表 8-2-2

试件用途	试件形状	中国标准		欧洲标准	图示
		标准试件/mm	非标准试件/mm	公称尺寸/mm	
抗压强度和劈裂抗拉强度	立方体(d)	150	100,200	100,150,200,250,300	
	圆柱体($\phi/d×2d$)	150×300	100×200 200×400	100×200,113×226 150×300,200×400 250×500,300×600	

续表

试件用途	试件形状	中国标准		欧洲标准	图示
		标准试件/mm	非标准试件/mm	公称尺寸/mm	
轴心抗压强度和静力受压弹性模量	棱柱体($d×d×L$)	150×150×300	100×100×300 200×200×400	($L\geqslant3.5d$) 100×100×L 150×150×L 2000×200×L 250×250×L 300×300×L	
	圆柱体($\phi/d×2d$)	150×300	100×200 200×400	100×200,113×226 150×300,200×400 250×500,300×600	
抗折强度	棱柱体(d)	150×150×600(550)	100×100×400	($L\geqslant3.5d$) 100×100×L 150×150×L 2000×200×L 250×250×L 300×300×L	

中欧标准混凝土试件尺寸公差对比　　　　　　　　表 8-2-3

试件	中国标准要求	欧洲标准要求
立方体(d)		规定尺寸应与公称尺寸相同。 (1)在成型表面之间,规定尺寸(d)的公差应小于1.0%; (2)抹光顶面和成型底面之间,规定尺寸的公差应小于1.5%; (3)潜在承重表面平整度的公差应小于0.0006$d$mm; (4)立方体侧面的垂直度,以底座为基准,公差应小于0.5mm
圆柱体(ϕ/d)	(1)试件承压面的平面度公差不得超过0.0005d(d 为边长); (2)试件相邻面间的夹角应为90°,其公差不得超过0.5°; (3)试件各边长、直径和高的尺寸公差不得超过1mm	规定尺寸可在公称尺寸的±10%范围内选择。 (1)规定直径(d)的公差为1.0%; (2)承重表面平整度公差为0.0006$d$mm; (3)侧面相对于端面的垂直度公差为0.007$d$mm; (4)高度($2d$)的公差为5%; (5)对于用于劈裂抗拉强度试验的试件,圆柱体母线的直线度公差为0.2mm
棱柱体(d)		规定尺寸可在公称尺寸的±10%范围内选择。 (1)在成型表面之间,规定尺寸(d)的公差应为1.0%; (2)抹光顶面和成型底面之间,规定尺寸的公差应为1.5%; (3)棱柱体侧面相对于底座垂直度的公差应为0.5mm; (4)在弯曲强度试验中,与滚轴接触的表面直线度公差为0.2mm; (5)对于用于劈裂抗拉强度试验的试件,承重表面的直线度公差为0.2mm

由表 8-2-2 可知，欧洲标准中混凝土试件的形状尺寸种类更多。由表 8-2-3 可知，欧洲标准中不同试件的尺寸公差要求项目较多，对试件边长尺寸、不同面之间的尺寸公差、平整度、垂直度等的公差均有不同的规定。而中国标准则对所有试件的尺寸公差要求项目和标准均相同，均为试件承压面平整度、试件相邻面夹角、边长直径和高的尺寸公差。此外，中国标准对试件承压面平整度的公差要求比欧洲标准高，在试验时，可参照中国标准的试件尺寸要求。

8.2.2 试模

中国标准《混凝土试模》JG 237—2008 中规定了混凝土试模的分类、规格与标记、要求、试验方法等。该标准中，混凝土试模按制作材料可分为铸铁或铸钢试模和塑料试模，按形状分为立方体试模、棱柱体试模、圆台体试模和圆柱体试模，此外还可按密封形式和联接形式进行分类。欧洲标准《硬化混凝土试验—第 1 部分：试件和模具的形状、尺寸和其他要求》EN 12390-1：2012 中规定了铸铁混凝土立方体试模、棱柱体试模和圆柱体试模的规格与检验项目。中欧标准混凝土试模分类与检验项目对比见表 8-2-4。

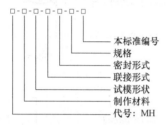

中国标准中混凝土试模标记由代号、试模形状、联接形式、密封形式、规格和标准编号组成，见图 8-2-1。

图 8-2-1　中国标准混凝土试模标记

中欧标准混凝土试模分类与检验项目对比　　　　表 8-2-4

对比内容	中国标准	欧洲标准
分类	立方体试模、圆柱体试模、圆台体试模、棱柱体试模	立方体试模、圆柱体试模、棱柱体试模
检验项目	粗糙度、内部尺寸误差、平面度误差、夹角、缝隙、耐用性表观	尺寸误差、平面度公差、垂直度公差

由表 8-2-4 可知，中国标准《混凝土试模》JG 237—2008 中混凝土试模的分类、检验内容更全面，检验项目更多，对试模的质量要求更严格。

8.3 试件的制作和养护

强度是混凝土硬化后的最重要的力学性能指标，根据受力方式的不同反映混凝土抵抗压、拉、弯、剪等应力的能力。水灰（胶）比、水泥品种和用量、骨料的品种和用量以及搅拌、成型、养护，都直接影响混凝土的强度。因此，混凝土试件的制作很重要。为了使混凝土强度能够很好地发展，混凝土成型后必须进行适当的养护，以保证水泥水化过程的正常进行，从而获得质量良好的混凝土。

8.3.1 试件的制作

根据欧洲标准《硬化混凝土试验—第 2 部分：强度试验用试件的制作和养护》EN 12390-2：2019 制作试件时，应符合《硬化混凝土试验—第 1 部分：试件和模具的形状、尺寸和其他要求》EN 12390-1：2012 的具体要求，而中国则根据《混凝土物理力学性能试验方法标准》GB/T 50081—2019 制作试件，且需符合《普通混凝土拌合物性能试验方法标准》GB/T 50080—2016 和《混凝土试模》JG 237—2008 的具体要求。其中，GB/T 50080—2016 规定试验室搅拌混凝土时，其材料用量应以质量计，水泥、掺合料、水和外加剂的称量精度为±0.2%，骨料的称量精度为±0.5%。

对于普通混凝土，中欧标准均要求在试件成型前，应在试模内壁均匀地涂刷一薄层不与混凝土发生反应的隔离剂，混凝土拌合物入模前应搅拌均匀，且宜根据混凝土拌合物的稠度确定适宜的成型方法（振动台振实、人工振捣制作、插入式振捣棒振实），并充分密实，避免分层离析，但中欧标准混凝土试件不同方式的成型方法细节存在部分差异，见表 8-3-1。

中欧标准混凝土试件不同成型方法对比   表 8-3-1

成型方法		中国标准要求	欧洲标准要求	异同
振动台振实制作		拌合物一次装入试模，装料时用抹刀沿内部插捣，振动时防止试模自由跳动，振至表面出浆且无大气泡溢出，不得过振	将试模固定在振动台上，在必要的最短时间内执行振动，以实现混凝土的完全密实，不得过振	中国标准更具体，可操作性更强；欧洲标准无具体操作
装料振实制作	人工插捣制作	分两次装料，每层厚度大致相同，捣棒垂直插捣，插捣上层时捣棒贯穿上层后插入下层 20mm～30mm，每层 10000mm² 截面积内插捣次数不少于 12 次，每层插捣完后，用抹刀沿内壁插拔数次。装料插捣完后轻敲试模四周，直至消除插捣留下的孔洞为止	根据混凝土的稠度和振实方式决定装料分层数。稠度等级为 S1 和 S2 级，插捣次数一般为 25 次，均匀插捣。每层插捣时不得触及试模底部或明显贯穿前一层。插捣完后用捣棒轻敲试模，直至消除插捣留下的孔洞为止	中欧标准基本相同，仅装料、插捣次数、深度不同，中国标准的要求更具体
	插入式振捣棒振实制作	拌合物一次装入试模，装料时用抹刀插捣，用直径 φ25mm 的捣棒插入试模，距试模底板 10mm～20mm，振捣 20s，振至表面出浆且无明显大气泡溢出，不得过振，拔出后不得留有孔洞	在必要的最短时间内振实。应小心使用捣棒，垂直插捣，不得触及试模底板或侧壁，避免过振，防止含气量损失。采用棱柱体时，应将捣棒至少在长度方向 3 处位置进行振实	中国标准更具体，可操作性更强
后续处理		将试模上口多余的混凝土刮除，待混凝土临近初凝时，用抹刀将表面整平。试件表面与试模边缘的高度差不得超过 0.5mm	将试模上口多余的混凝土刮除，待混凝土临近初凝时，用抹刀将表面整平	中国标准对表面整平的要求更明确试件表面与试模边缘的高度差不得超过 0.5mm

由表 8-3-1 可知，对于普通混凝土，中欧标准均提供了 3 种混凝土试件成型方法，可根据混凝土拌合物的稠度选择适宜的成型方法。总体而言，除人工插捣方法的装料、插捣次数和插捣深度不同外，中欧标准的混凝土试件成型方法基本相同，且中国标准《混凝土物理力学性能试验方法标准》GB/T 50081—2019 中试件制作成型方法更详细，可操作性更强，有利于试验人员按照具体操作步骤进行，可以减少试验误差。因此，可根据中国标准制作混凝土试件。

此外，《混凝土物理力学性能试验方法标准》GB/T 50081—2019 还特别规定了自密实混凝土和干硬性混凝土试件的成型方法，与普通混凝土试件的成型方法不同，见表 8-3-2。而欧洲标准中仅提出自密实混凝土应一次性装料，且不宜振捣，对于干硬性混凝土无特别规定,仅需根据混凝土的稠度选择表 8-3-1 中的成型方法即可。

中国标准中自密实混凝土和干硬性混凝土试件的成型方法　　　　表 8-3-2

混凝土种类	成型方法
自密实混凝土	分两次将混凝土拌合物装入试模,每层装料厚度相等,中间间隔 10s,混凝土应高出试模
干硬性混凝土	用四分法将混合均匀的干硬性混凝土料装入试模约 1/2 高度,用捣棒沿边缘向中心均匀垂直插捣,底层插捣密实后,加上套模后第二次装料,略高于试模顶面,继续均匀插捣,插捣上层时捣棒贯穿上层后插入下层 10mm～20mm。每层 10000mm² 截面积内插捣次数不少于 12 次。每层插捣完后,用抹刀插一遍。 装料插捣完毕后,将试模固定在振动台上,放置压重钢板或加压装置,并根据混凝土拌合物稠度调整压力,振动时间不少于混凝土的维勃稠度,且应至表面泛浆为止

8.3.2　试件的养护

养护是保证混凝土质量的一项重要工序。在混凝土强度增长期,为避免表面蒸发和其他原因造成的水分损失,使混凝土水化作用充分进行,保证混凝土的强度、耐久性等技术指标,同时为防止因干燥而产生裂缝,必须对混凝土进行养护。

中国标准《混凝土物理力学性能试验方法标准》GB/T 50081—2019 和欧洲标准《硬化混凝土试验—第 2 部分:强度试验用试件的制作和养护》EN 12390-2:2019 均对混凝土试件采用标准养护,在温度为 20℃±5℃的环境中静置 1d～2d(或 >16h,不得超过 3d),然后对试件进行编号、拆模,之后立即放入温度为 20℃±2℃,相对湿度为 95％以上的标准养护室中或 20℃±2℃的水中养护。此外,中国标准还提出可在温度为 20℃±2℃的不流动的 $Ca(OH)_2$ 饱和溶液中养护。在养护期间,均应定期检查养护室内试样表面是否保持湿润状态。

在试件的制作和养护过程中,需要整理试验报告或试验记录资料。中欧标准混凝土试件的制作和养护报告记录对比见表 8-3-3。

中欧标准混凝土试件的制作和养护报告记录对比　　　　表 8-3-3

对比内容	中国标准	欧洲标准
试验报告或试验记录	试件编号; 试件制作日期; 混凝土强度等级; 试件的形状与尺寸; 原材料的品种、规格和产地以及混凝土配合比; 成型方法; 养护条件; 试验龄期; 要说明的其他内容	参照标准; 试件标识; 试件制作日期和时间; 模具中混凝土的振实方法; 脱模前试件存放的详细信息,包括持续时间和条件; 脱模后、运输过程中(如适用)试样的养护方法,给出温度范围和养护时间; 接收时试件的状况,以便养护(如相关); 与制作和养护试样标准方法的任何偏差; 技术负责人的试样是按照标准制作的声明; 重新搅拌的混凝土的温度

8.3.3　总结

混凝土试件的质量能够真实地反映整个工程混凝土的质量情况。混凝土的养护能够使水泥充分水化，加速混凝土硬化，同时防止混凝土成型后因暴晒、风吹、寒冷等条件而出现不正常收缩、裂缝等破损现象，因此，混凝土试件的制作和养护各环节需进行严格的质量控制。

中欧混凝土制作与养护标准中，对于混凝土制作成型过程，除人工插捣方法的装料、插捣次数和插捣深度不同外，中欧标准的混凝土试件成型方法基本相同，且中国标准比欧洲标准要求更具体、详细，可操作性更强；对于混凝土养护过程，中欧标准相同，仅试验报告记录的内容存在细微区别。

8.4　压力试验机

8.4.1　压力试验机级别分类

欧洲标准《金属材料—静态单轴向试验机的校准和验证·第 1 部分：拉伸/压缩试验机-压力测量系统的校准和验证》EN ISO 7500-1：2018 中将压力试验机级别划分为 0.5、1、2、3 级，分别对应着测试等级的精确度为 0.5%、1.0%、2.0%、3.0%。欧洲标准《硬化混凝土试验—第 4 部分：抗压强度—试验机的规格》EN 12930-4：2019 中指出，对于 2000 年后制造的压力试验机，其测量精度应符合 EN ISO 7500-1：2018 中的 1 级试验机，即测量精度为±1%；对于 2000 年前制造的压力试验机，测量精度应为±2%。

中国标准《混凝土物理力学性能试验方法标准》GB/T 50081—2019 中第 5 节规定压力试验机应符合《液压万能试验机》GB/T 3159—2008 及《试验机通用技术要求》GB/T 2611—2007 中的技术要求，并要求其测量精度为±1%。《液压式万能试验机》GB/T 3159—2008 中将试验机级别划分为 0、1、2 级，分别对应着测试等级的精确度为 0、1%、2%。

8.4.2　环境与工作条件

中欧标准压力试验机使用环境与工作条件对比见表 8-4-1。

中欧标准压力试验机使用环境与工作条件对比　　　　表 8-4-1

环境与工作条件	中国标准	欧洲标准	异同
室温	10℃～35℃	10℃～35℃	相同
相对湿度	不大于 80%	不大于 80%	相同
额定电压波动	±10%以内	−14%～+10%	欧洲标准中额定电压的波动范围较中国标准宽
其他	周围无振动、无腐蚀性介质；在稳固的基础上水平安装，水平度为 0.2/1000	如存在可能会影响精确度的电气或其他干扰，有必要采取特殊措施来解决	中国标准对压力机的使用环境描述更为精确

由表 8-4-1 可知，欧洲标准中额定电压的波动范围较中国标准宽。中国标准对影响精确度的其他干扰作了具体的规定，如周边介质、水平安装等。欧洲标准对影响精度的干扰说法较模糊，并未说明有具体的"特殊措施"。

8.4.3 压力试验机误差

中欧标准压力试验机测力系统的误差对比见表 8-4-2。

中欧标准压力试验机测力系统的误差对比　　　　　　　　表 8-4-2

试验机级别	中国标准				欧洲标准				试验机级别
	最大允许值/%				最大允许值/%				
	示值相对误差	示值重复性相对误差	零点相对误差	相对分辨力	示值相对误差	示值重复性相对误差	零点相对误差	相对分辨力	
0	±0.5	0.5	±0.05	0.25	±0.5	0.5	±0.05	0.25	0.5
1	±1.0	1.0	±0.10	0.50	±1.0	1.0	±0.10	0.50	1
2	±2.0	2.0	±0.20	1.00	±2.0	2.0	±0.20	1.00	2
3	—	—	—	—	±3.0	3.0	±0.30	1.50	3

由表 8-4-2 可知，中欧标准中同级别压力试验机的测力系统各项误差的最大允许值均相同。

8.4.4 压力试验机构造

中欧标准压力试验机的构造对比见表 8-4-3。

中欧标准压力试验机构造对比　　　　　　　　表 8-4-3

试验机部件	中国标准要求	欧洲标准要求	异同
承压板	上、下承压板的平面度公差不大于 0.04mm；平行度公差不大于 0.05mm； 表面硬度不小于 55HRC； 表面粗糙度不大于 0.8μm（不符合要求时，要在承压板与试件间垫满足承压面要求的钢垫板）； 下压板刻线的最小深度和宽度应易于观察，并不影响试验结果	压板与辅助压板平面度公差不大于 0.03mm；平行度公差不大于 0.05mm； 表面硬度不小于 53HRC； 表面粗糙度在 0.4μm～3.2μm； 辅助压板的厚度不小于 23mm； 下压板如配备中心线，不得超过 0.5mm 宽、1.0mm 深	表面粗糙度不同，平面度、硬度略不同
钢垫板（隔离块）	钢垫板平面尺寸不小于试件的承压面积，厚度不小于 25mm，放置在承压板与试件之间	隔离块最小直径或边长为 200mm，不得与试件接触	用途不同
球座	置于试件顶面，凸面朝上，支承应配合良好，活动自如	球面支承应与上压板的接触区域中心一致，并允许至少转动 3°	本质相同

中欧标准压力试验机都对机器压板各指标进行了规定，但不完全相同，主要体现在压板表面粗糙度和硬度上。中国标准规定表面粗糙度的最大值为 0.8μm，压板硬度不应低于 55HRC，而欧洲标准的规定分别是 0.4μm～3.2μm、53HRC。此处的规定表明欧洲标准的压板表面光滑程度可波动范围较大，且硬度较中国略低。压板的粗糙度在一定程度上会影响混凝土的强度试验。混凝土试件在受压时，在沿加荷方向产生纵向变形的同时，也按泊松比效应产生横向变形。压力机上下两块钢压板的横向变形小于混凝土的横向变形，对试件的横向膨胀起着约束的作用，称之为"环箍效应"。压板表面越粗糙，"环箍效应"

越明显，混凝土强度值要比实际值偏高。因此，欧洲标准规定的表面粗糙度范围对强度的影响波动较大，较中国标准所规定的表面粗糙度更利于强度的增长。

中国标准在上下压板中心线、下压板刻线、压板球面支承上进行了规定说明，规定压板刻线的最小深度和宽度以易于观察，并不影响试验结果为准；压板的球面支承应配合良好，活动自如。欧洲标准对辅助压板厚度、辅助压板直径进行了规定说明，规定如配备中心线，宽度不得超过 0.5mm、深度不得超过 1.0mm；球面支承应与上压板的接触区域中心一致，并允许至少转动 3°。两者的表述虽然相差较大，但表达意思均为压板中心线不得影响试验结果；球面支承应与压板配合良好等。

中国标准还规定，当承压板的表面平整度、平行度、表面硬度和粗糙度等不满足要求时，应在承压板与试件间加满足要求的钢垫板。而欧洲标准规定，当需缩小压板间的距离时，可在竖向机轴的正向位置放置至少 4 块隔离块，不得与试件接触。中欧标准钢垫板与隔离块的用途和放置的位置不同。

8.4.5　力的施加

压力试验机在运行的时候，中欧标准都有相应的规定，其中相同点为：①试验机在施加和卸除试验力的过程中应平稳，无冲击和振动现象；②试验机有试验力施加速度的指示装置，确保值的可读性，且不受试件的爆炸破裂影响；③任何定位装置不应限制样本在试验期间的变形。

不同点为：①欧洲标准规定测速器显示处于设定速度的 ±5% 以内，中国标准无规定；②欧洲标准规定系统应该确保最大力值的持久可读，中国标准规定该保持时间应不少于 30s，且在此期间，力的示值变动范围不应超过试验机最大力的 0.2%；③欧洲标准规定在试验时上压板自对齐、机械构件对齐、上压板移动限制的最大允许应变率，中国标准无规定；④欧洲标准在噪声声级上无规定，中国标准规定了不同容量的试验机的最大噪声声级。

中欧标准在这些规定上存在细节的差异，使用标准时需注意。

8.5　试件的抗压强度

混凝土的抗压强度是混凝土的最基本力学性能，在诸强度特性中受到特别重视，常用来作为评定混凝土质量的指标。混凝土的抗压强度通过混凝土试块所能承受的压力来确定。

欧洲标准中，混凝土强度等级可按圆柱体抗压强度特征值 $f_{ck,cyl}$ 和立方体抗压强度特征值 $f_{ck,cub}$ 确定。采用圆柱体（ϕ150mm×300mm）或边长为 150mm 的立方体标准试件，在标准养护（20℃±2℃温度的水中或在 20℃±2℃温度、相对湿度在 95% 以上）条件下养护 28d，然后在试验室按照规定的加载速度进行试验，测得具有 95% 保证率的抗压强度值。

中国标准中，混凝土强度等级应按立方体抗压强度标准值 $f_{cu,k}$ 确定，并引入轴心抗压（拉）强度标准值和设计值两个参数。立方体抗压强度标准值是指按标准方法制作的边长为 150mm 的立方体标准试件，在标准养护（温度 20℃±2℃、相对湿度在 95% 以上）条件下养护，在 28d 或设计龄期以标准试验方法测得的具有 95% 保证率的抗压强度值。

欧洲标准《硬化混凝土试验—第 3 部分：试件的抗压强度》EN 12390-3：2019 规定

了硬化混凝土试件的抗压强度试验方法。中国标准《混凝土物理力学性能试验方法标准》GB/T 50081—2019 第 5 节：抗压强度试验和附录 C 中提供了混凝土立方体试件和圆柱体试件的抗压强度试验方法。

8.5.1　试件尺寸

中欧标准中，当试件到达试验龄期时，从养护地点取出后，均应检查其尺寸及形状。用于抗压强度测试的混凝土试件形状尺寸和尺寸公差见前文 8.2.1 章节内容。

中国标准对于试件尺寸有着严格的规定，不符合标准中规定的尺寸要求的试件不允许采用。

欧洲标准规定试件尺寸应符合标准要求，但允许试件尺寸或形状不符合标准要求时，可拒收试件或采取一定的方式测量确定受压截面面积或对试件端部进行调整。调整的方式可分为：研磨法、加盖法，见表 8-5-1。当试件需要缩小尺寸时，可采用研磨法。

欧洲标准中试件端部调整方法的约束　　　　　　　　　　表 8-5-1

调整方法		基于(预期)测量强度的约束
研磨		无限制
加盖法	铝酸钙水泥砂浆	最高约 50MPa
	硫化物	最高约 50MPa
	砂盒	无限制

当试件尺寸公差满足标准要求后，中国标准要求要尽快进行抗压强度试验。欧洲标准尽管也要求尽快进行试验，但允许最长不超过 10h 内进行试验，且欧洲标准对测试设备所在环境温度和试件在设备中的存放时间也作了规定：测试设备所处环境温度应为 20℃±5℃或 25℃±5℃，试件在测试设备中存放的时间最多不超过 4h，且应覆盖湿的粗麻布或不渗水的薄膜防止试件水分损失。

8.5.2　仪器设备

中欧标准均采用压力试验机测定混凝土的抗压强度，均要求其具有加荷速度指示装置或加荷速度控制装置，并能均匀连续地加荷。此外，中国标准还提出压力试验机的测量精度为±1%，试件破坏荷载应大于压力机全量程的 20%且小于压力机全量程的 80%。

8.5.3　加荷速度

中欧标准抗压强度试件加荷速度要求见表 8-5-2。

中欧标准抗压强度试件加荷速度要求　　　　　　　　　表 8-5-2

对比内容	中国标准要求	欧洲标准要求	异同
加荷速度	在试验过程中应连续均匀地加荷。 混凝土强度等级<C30 时，加荷速度取 0.3MPa/s~0.5MPa/s； 混凝土强度等级≥C30 且<C60 时，取 0.5MPa/s~0.8MPa/s； 混凝土强度等级≥C60 时，取 0.8MPa/s~1.0MPa/s	在 0.6MPa/s±0.2MPa/s 的范围内选择一个恒定加荷速度； 在施加初始载荷(不超过破坏载荷的 30%)后，以非冲击的方式向试件施加载荷，并以选定的恒定速率±10%连续增大载荷，直至试件无法承受更大的载荷	相同点：连续、均匀地加荷； 不同点：中国标准按照强度等级有不同的加荷速度

由表 8-5-2 可知，对于试件加荷速度，中国标准规定的更详细，按照强度等级有不同的加荷速度。其中，当混凝土强度等级≥C30 且＜C60 时，中欧标准加荷速度范围相同。

8.5.4　抗压试件的破坏形态

由于试件内部混凝土的不均匀及试件制作、试件放置位置等过程中的偏差，容易导致试件破坏形态多样化。欧洲标准将混凝土破坏后的形态分为"已圆满破坏形态"以及"未圆满破坏形态"，并列图进行详细说明，能更直观地判断试验是否已圆满完成。其中，立方体试件有 3 种圆满破坏形态和 9 种未圆满破坏形态，见图 8-5-1、图 8-5-2；圆柱体试件有 4 种圆满破坏形态和 11 种未圆满破坏形态。欧洲标准还规定，如果试件破坏不圆满，则应记录与实际破坏形态最接近的图 8-5-2 中的未圆满破坏形态。中国标准未对此作相应的要求和说明。

在中国国内因为试件不规范、操作不规范或者压力机故障等各种原因，导致试件表面受力不均匀，容易产生如图 8-5-2 所示的混凝土破坏形态。在这种情况下，混凝土实测强度会与真实强度有偏差。而试验员在操作中，因无破坏形态示例图可参照，常常忽略观察试件的破坏形态以判断试验是否标准，试验结果是否准确。

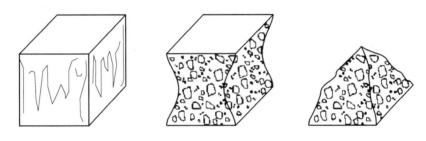

图 8-5-1　欧洲标准中立方体试件的圆满破坏形态

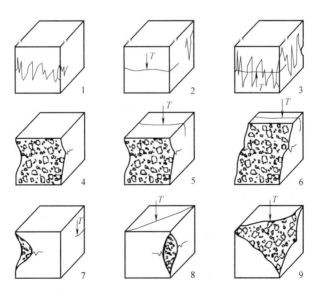

图 8-5-2　欧洲标准中立方体试件的部分非圆满破坏形态

8.5.5 试验结果处理

中欧标准混凝土抗压强度计算见表 8-5-3。

中欧标准混凝土抗压强度计算

表 8-5-3

抗压强度计算	中国标准内容	欧洲标准内容
计算方式	$$f = \frac{F}{A}$$ f—抗压强度,单位为 MPa; F—为破坏时的最大荷载,单位为 N; A—试件的横截面积,单位为 mm^2	
结果表示	精确到 0.1 MPa	
强度值要求	(1)3 个试件测值的算术平均值; (2)3 个测值中的最大值或最小值中如有一个与中间值的差值超过中间值的 15% 时,则把最大及最小值一并剔除,取中间值作为该组试件的抗压强度值; (3)当最大值和最小值与中间值的差均超过中间值的 15% 时,该组试件的试验结果无效; (4)用非标准试件测得的强度值均应乘以尺寸换算系数	(1)BS 1881 进行的数个试验,2 个立方体强度的平均值的百分比,其差值与重复性(r)或再现性(R)进行比较,r 的概率通常不大于二十分之一,R 的概率通常不大于二十分之一; (2)3 个圆柱体强度的平均值的百分比,其差值与重复性(r)或重现性(R)进行比较,直到满足要求; (3)用非标准试件,需要调整试件才能测定

由表 8-5-3 可知,中欧标准抗压强度计算方式相同,但对强度值而言,欧洲标准更加精确、严谨。

8.5.6 总结

综上所述,中国标准立方体抗压强度试验方法与欧洲标准立方体抗压强度特征值试验方法基本一致。但欧洲标准中允许试件尺寸或形状不符合标准要求时,采取一定的方式测量确定受压截面面积或对试件端部进行调整,且列图说明了试件"已圆满破坏形态"和"未圆满破坏形态",能更直观地判断试验是否已圆满完成。此外,欧洲标准还规定了圆柱体试件抗压强度试验方法,较中国标准内容更广。

8.6 试件的抗折强度

8.6.1 标准设置

欧洲标准《硬化混凝土试验—第 5 部分:试件的抗折强度》EN 12390-5:2019 规定了硬化混凝土试件抗折强度的测定方法,提出了两种试验方法:三分点加载法和中心点加载法。

中国标准《混凝土物理力学性能试验方法标准》GB/T 50081—2019 第 10 节:抗折强度试验仅规定了采用三分点加载法测定混凝土抗折强度的方法。

三分点加载法即在试件跨度的两个三分点处施加两个相等的集中荷载,测定其弯曲破坏荷载;中心点加载法即在试件跨度的中心点处施加一个集中荷载,测定其弯曲破坏荷载。据研究结果表明,中心点加载法测得的抗折强度值一般要比三分点加载法测得的值高出 13% 左右。

8.6.2　仪器设备

1. 三分点加载法

中欧标准中抗折强度试验三分点加载法设备相同，均由压力试验机和抗折试验装置组成。中欧标准三分点法抗折试验装置分别见图 8-6-1、图 8-6-2。

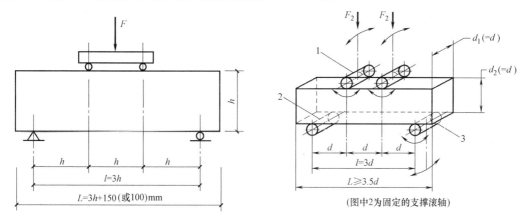

图 8-6-1　中国标准抗折试验装置（三分点加载法）　图 8-6-2　欧洲标准抗折试验装置（三分点加载法）

由图 8-6-1 和图 8-6-2 可知，中欧标准三分点法抗折试验装置相同。抗折试验装置包含硬钢材质、圆柱形的两个支座和两个加荷头（滚轴），其中一个支座立脚点为固定铰支，其他三个为滚动支点。两个加荷头（滚轴）均布置在试件跨距的两个三分点处。且中欧标准加荷头（滚轴）和支座均采用硬钢圆柱，其尺寸相同，直径均为 20mm～40mm，长度比试件宽度大至少 10mm。

2. 中心点加载法

欧洲标准中提出的中心点加载法与三分点加载法采用的仪器设备相同，仅加荷头（滚轴）的数量和放置的位置有区别；中心点法仅需在跨距中线位置布置 1 个加荷头（滚轴）并施加荷载（图 8-6-3），且加荷速度与三分点法加荷速度有所区别：加荷速度为三分点法加荷速度的 2/3 倍。

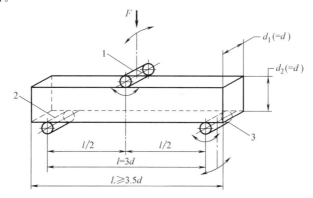

图 8-6-3　欧洲标准抗折试验装置（中心点加载法）

1—加载滚轴（可用于旋转和倾斜条件下）；2—支撑滚轴；3—支撑滚轴（可用于旋转和倾斜条件下）

8.6.3 试验步骤

中欧标准中硬化混凝土试件的抗折强度试验均采用棱柱体试件，其尺寸见文中表 8-2-2。

中欧标准抗折强度试验步骤基本一致：试件到达试验龄期后，取出试件，检查试件的尺寸及形状，是否满足表 8-2-3 中的规定，之后将试件擦拭干净，正确放置到试验机的中心部位（试件的承压面应为试件成型时的侧面），施加荷载直至试件破坏。但是，中国标准强调了试件取出后应及时进行试验，欧洲标准中也要求尽快进行试验，但允许最长不超过 10h 内进行试验，且欧洲标准对测试设备所在环境温度和试件在设备中的存放时间也作了规定：测试设备所处环境温度应为 20℃±5℃ 或 25℃±5℃，试件在测试设备中存放的时间最多不超过 4h，且应覆盖湿的粗麻布或不渗水的薄膜防止试件水分损失。

欧洲标准规定的加荷速度为 0.04MPa/s～0.06MPa/s，在施加初始荷载之后，以恒定速率的±10%持续增加荷载，初始荷载不得超过破坏荷载的 20%。而中国标准规定的加荷速度为：当混凝土强度等级＜C30 时，加荷速度为 0.02MPa/s～0.05MPa/s；当混凝土强度等级≥C30 且＜C60 时，取 0.05MPa/s～0.08MPa/s；当混凝土强度等级≥C60 时，取 0.08MPa/s～0.10MPa/s。

试验机的加荷速度会影响混凝土强度试验，加荷速度越大，测得的混凝土强度值越高（大部分情况下会出现这种规律）。中国标准中加荷速度依据混凝土强度等级进行划分，更为合理，且对于 C30 及以上强度等级的混凝土，加荷速度较欧洲标准规定得快。

8.6.4 试验结果处理

中欧标准混凝土试件的抗折强度计算公式一致，见式（8-6-1）：

$$f_{cf}=\frac{Fl}{bh^2} \qquad (8-6-1)$$

式中：f_{cf}——抗折强度，单位为 MPa；

F——试件破坏荷载，单位为 N；

l——支座间跨度，单位为 mm；

h——试件截面高度，单位为 mm；

b——试件界面宽度，单位为 mm。

抗折强度均精确至 0.1MPa。

中国标准对数值的处理有另外的规定：三个试件中若有一个折断面位于两个集中荷载之外，则混凝土抗折强度值按另两个试件的试验结果计算。若这两个测值的差值不大于这两个测值的较小值的 15% 时，则该组试件的抗折强度值按这两个测值的平均值计算，否则该组试件试验无效。若有两个试件的下边缘断裂位置位于两个集中荷载作用线之外，则该组试件试验无效。

中国标准规定了非标准试件的尺寸换算系数：当试件为尺寸 100mm×100mm×400mm 的非标准试件时，应乘以尺寸换算系数 0.85；当混凝土强度等级≥C60 时，宜采用标准试件；使用非标准试件时，尺寸换算系数应由试验确定。

欧洲标准对非正常断裂混凝土的处理以及非标准试件均无规定。

8.6.5　总结

综上所述，欧洲标准中抗折强度试验可采用三分点加载法和中心点加载法两种方法，两者采用的仪器设备，仅加荷头（滚轴）的数量和放置的位置有区别，且中心点加载法的加荷速度低于三分点加载法。

中国标准中抗折强度试验仅可采用三分点加载法。中欧标准中三分点加载法采用的仪器设备相同，试验步骤基本一致，但欧洲标准对试件取出后进行试验前的最大允许放置时间和环境条件进行了规定，且中欧加荷速度存在区别：中国标准中加荷速度依据混凝土强度等级进行了划分，且对于 C30 及以上的混凝土，规定的加荷速度较欧洲标准快。此外，中国标准还规定了抗折强度试验数据的无效性判断依据，更有利于保证试验的准确性。

8.7　试件的劈裂抗拉强度

8.7.1　标准设置

欧洲标准《硬化混凝土试验—第 6 部分：试件的劈裂抗拉强度》EN 12390-6：2009 规定了硬化混凝土圆柱体试件的劈裂抗拉强度的测定方法，在规范性附录中也提供了使用立方体或棱柱体试件的试验方法。

中国标准《混凝土物理力学性能试验方法标准》GB/T 50081—2019 第 9 节：劈裂抗拉强度试验适用于测定混凝土立方体试件的劈裂抗拉强度，在附录中也提供了圆柱体劈裂抗拉强度的试验方法。

8.7.2　仪器设备

中欧标准中，混凝土试件劈裂抗拉强度测试所用仪器相同，主要为压力试验机、垫条、垫块和定位架，其中圆柱体试件对应的为棱柱体垫块，圆柱体试件用定位架见图 8-7-1；立方体或棱柱体试件对应的为半径为 75mm 的弧形垫块，拱高 20mm，长度应与试件相同，立方体/棱柱体试件用定位架见图 8-7-2。

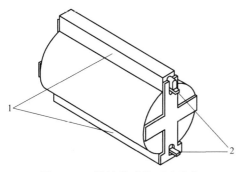

图 8-7-1　圆柱体试件用定位架
1—棱柱体垫块；2—垫条

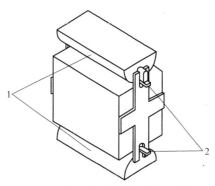

图 8-7-2　立方体/棱柱体试件用定位架
1—弧形垫块；2—垫条

中国标准中垫条为胶合板或硬质纤维板，宽度为 20mm，厚度为 3mm～4mm；欧洲标准为硬纸板材质，宽度为 15mm±1mm、厚度为 4mm±1mm。两者长度均要大于接触线长度，不得重复使用。

8.7.3　试验步骤

中欧标准试验步骤基本一致，主要为：先取出试件，检查其尺寸、形状，看是否满足规定的尺寸公差，之后采用一定方法，标出两条承压线（这两条线应位于同一轴向平面，并彼此相对，两线的末端在试件的端面上相连，以便能明确地表示出承压面，承压面与试件成型时的顶面垂直），再将立方体（棱柱体）或圆柱体试件置于试验机中心，在上下压板与试件承压线之间各垫一条垫条，立方体（棱柱体）或圆柱体轴线应在上下垫条之间保持水平，垫条的位置上下对准，连续均匀地加荷，直至试件破坏。

欧洲标准规定的加荷速度为 0.04MPa/s～0.06MPa/s，而中国标准规定的加荷速度为：当混凝土强度等级<C30 时，加荷速度取 0.02MPa/s～0.05MPa/s；当混凝土强度等级≥C30 且<C60 时，取 0.05MPa/s～0.08MPa/s；当混凝土强度等级≥C60 时，取 0.08MPa/s～0.10MPa/s。此处的加荷速度和混凝土的抗折强度加荷速度一致，中国标准针对不同等级混凝土作出不同加荷速度要求，且要高于欧洲标准，使测得的强度会与欧洲标准有所不同。

8.7.4　试验结果处理

中国标准中混凝土劈裂抗拉强度计算公式为：

立方体：
$$f_{ts}=\frac{2\times F}{\pi A}=0.637\frac{F}{A} \tag{8-7-1}$$

圆柱体：
$$f_{ts}=\frac{2\times F}{\pi\times L\times d}=0.637\frac{F}{A} \tag{8-7-2}$$

式中：f_{st}——劈裂抗拉强度，单位为 MPa；

　　　F——试件破坏荷载，单位为 N；

　　　A——试件劈裂面面积，单位为 mm^2。

欧洲标准中圆柱体或棱柱体试件的劈裂抗拉强度计算公式均为：

$$f_{ct}=\frac{2F}{\pi\times L\times d} \tag{8-7-3}$$

式中：F_{ct}——劈裂抗拉强度，单位为 MPa；

　　　F——最大加载荷载，单位为 N；

　　　L——试件接触线长度，单位为 mm；

　　　d——横截面尺寸，单位为 mm。

欧洲标准中提出，棱柱体试件劈裂抗拉强度可能比圆柱体试件试验结果高 10% 左右。

中欧标准中劈裂抗拉强度计算公式本质上相同，但中国标准中将公式以荷载和开裂面面积的形式给出，更加的简洁明了。

此外，中国标准对数值的处理有另外的规定：三个试件劈裂抗拉强度测值中的最大值或最小值中有一个与中间值的差值超过中间值的 15% 时，应将最大及最小值一并舍除，取中间值作为该组试件的劈裂抗拉强度；当最大值和最小值与中间值的差值均超过 15% 时，该组试件试验无效。

中国标准规定了非标准试件的尺寸换算系数：当试件为尺寸 100mm×100mm×100mm 的非标准试件时，应乘以尺寸换算系数 0.85；当混凝土强度等级≥C60 时，宜采用标准试件。

计算精度方面，中国标准中劈裂抗拉强度精确至 0.01MPa。欧洲标准中劈裂抗拉强度精确至 0.05MPa。中国标准更为精确。

8.7.5　总结

综上所述，中欧标准中混凝土的劈裂抗拉试验方法、仪器设备、计算公式均相同，仅在试件形状及尺寸、加荷速度、无效试验结果判断、计算精度等方面存在细微区别。在试件形状及尺寸方面，欧洲标准中混凝土的劈裂抗拉试验采用的试件可以是圆柱体、立方体和棱柱体，中国标准中则主要采用立方体和圆柱体试件；在加荷速度方面，中国标准中加荷速度依据混凝土强度等级进行了划分，且对于 C30 及以上强度等级的混凝土，规定的加荷速度较欧洲标准快；在无效试验结果判断方面，中国标准还规定了抗折强度试验数据的无效性判断依据，更有利于保证试验的准确性；在计算精度方面，中国标准要求更为精确。

8.8　硬化混凝土的密度

8.8.1　标准设置

欧洲标准《硬化混凝土试验—第 7 部分：硬化混凝土的密度》EN 12390-7：2019 对硬化混凝土的密度给出了规范的测试方法，其原理为测定硬化混凝土试件的质量和体积并计算其密度。该标准适用于轻质、常规、重质混凝土，能测定样品质量的三种状态，分别为未作处理状态（即原样状态）、饱水状态、干燥状态，测定试件体积有三种方法，分别为水中称重法、根据实际测量数据计算的方法、对于立方体用检查过的指定尺寸来计算的方法，但通过水中称重法测定体积最精确。

中国标准《混凝土物理力学性能试验方法标准》GB/T 50081—2019 与 2002 年标准相比，新增了第 19 节：硬化混凝土密度试验内容，适用于测定硬化混凝土的表观密度、原样体积密度、饱水体积密度和烘干体积密度。也可根据样品的状态（原样、饱水、干燥状态），采用不同的测定样品体积的方法（水中称重法、测量尺寸法）确定不同的密度。

与欧洲标准中对各类密度无明确定义相比，中国标准对表观密度、原样体积密度、饱水体积密度、烘干体积密度、表观体积和总体积的定义作了更明确的说明。

8.8.2　术语和定义

中国标准《混凝土物理力学性能试验方法标准》GB/T 50081—2019 中规定，表观密度是硬化混凝土烘干试件的质量与表观体积之比，表观体积是硬化混凝土固体体积加闭口孔隙体积。其中，表观体积可通过烘干试件的质量与水中试件的质量差计算得到。

原样体积密度是硬化混凝土试件在收样原状态下的质量与总体积之比；饱水体积密度是硬化混凝土饱水试件的表干质量与总体积之比；烘干体积密度是硬化混凝土烘干试件的质量与总体积之比。其中，总体积是混凝土固体体积、内部闭口孔隙体积与开口孔隙体积三者之和，可通过饱水试件的表干质量与水中试件的质量差计算得到。对于形状规则的试件，也可通过测量尺寸计算总体积。中国标准中不同种类密度的计算依据见表8-8-1。欧洲标准中未对各种密度对应的体积计算方法进行说明。

中国标准中不同种类密度的计算依据 表 8-8-1

密度种类	表观密度	原样体积密度	饱水体积密度	烘干体积密度
计算公式	$\rho_a = \dfrac{m_d}{V_a}$	$\rho_r = \dfrac{m_r}{V_t}$	$\rho_s = \dfrac{m_s}{V_t}$	$\rho_d = \dfrac{m_d}{V_t}$
质量	烘干质量	原样质量	饱水表干质量	烘干质量
体积	表观体积 （固体体积加 闭口孔隙体积）	总体积 （固体体积、内部闭口孔隙体积与开口孔隙体积）		

8.8.3 仪器设备

中欧标准中，硬化混凝土试件的密度测试所需仪器设备大部分相同，均需采用游标卡尺或直尺、电子天平、水槽、鼓风干燥箱、干燥器，仅在水中称重法需采用的称量装置处有部分区别。中欧标准水中称重装置分别见图8-8-1和图8-8-2。

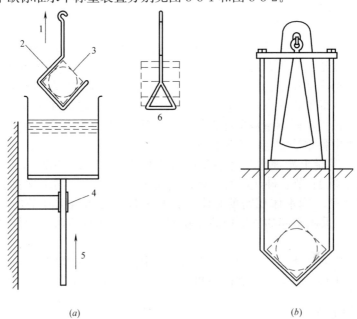

(a)　　　　　　　　　　　　　　　　　(b)

图 8-8-1　欧洲标准水中称重装置

（a）镫形夹悬浮在平衡机制下；（b）镫形夹的替代形式悬浮在平衡机制下

1—天平；2—镫形夹；3—混凝土试件；4—导向器；5—垂直移动水箱；6—镫形夹侧面

欧洲标准中，采用带镫形夹的天平，分别记录放置了试件的镫形夹和处于平衡状态的空镫形夹在同一水位时的质量差，依此计算试件在水中的质量和体积。欧洲标准还提出，镫形夹可用处于平衡状态的零位设备代替。此外，镫形夹和试件达到平衡状态主要依靠水箱上抬实现。

中国标准中则主要采用带挂钩的天平，但未明确说明挂钩的结构形式，且水箱固定在地面。其本质与欧洲标准中处于平衡状态的零位设备相同（图 8-8-1（b））。

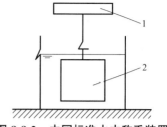

图 8-8-2　中国标准水中称重装置
1—电子天平；2—试件

比较而言，欧洲标准中镫形夹装置能更好地放置试件，中国标准未明确该装置的结构形式。

8.8.4　试验步骤

中欧标准中，硬化混凝土的密度测定均为先称量试件的质量，后采用水中称重法测定试件体积，之后计算密度。中欧标准硬化混凝土密度测定试验步骤对比见表 8-8-2。

中欧标准硬化混凝土密度测定试验步骤对比　　　　表 8-8-2

试验步骤	中国标准内容	欧洲标准内容	异同
试件准备	采用试模成型或切割制作的试件或钻芯试件。 试模成型或切割制作的试件，应为边长不小于 100mm 的立方体或棱柱体试件。 钻芯试件，直径不小于 100mm，高不小于 100mm。 试件的最小体积不小于 $50D^3$，D 为粗骨料的最大粒径。 每组试件 3 块	试模成型或切割制作的试件或钻芯试件。 钻芯试件不得使用压顶试件。 试件的最小体积应为 0.785L，当 $D>25mm$ 时，最小体积不小于 $50D^3$，D 为粗骨料的最大公称粒径	中国标准要求更细致。对于试件的最小体积，中欧标准基本相同
称量原样试件质量	直接称量原样试件质量 m_r，单位为 kg，精确至 0.1g	直接称量原样试件质量 m_r，单位为 kg，精确至 1g	中国标准称量结果的精度更高
称量饱水试件的表干质量	将试件浸没在 20℃±2℃ 的水中，水面至少高出试件顶面 25mm，浸泡 24h，取出后用拧干的湿毛巾擦干表面水分称重，之后继续浸泡 24h。浸泡时间不小于 48h，浸泡至两个连续的 24h 间隔的质量变化小于较大值的 0.2% 时，取出试件后，擦干表面水分后称重 m_s	将试件浸没在 20℃±2℃ 的水中，浸泡至 24h 内质量变化小于 0.2% 时，取出试件后，擦干表面水分后称重 m_s，单位为 kg。如浸泡时间不小于 72h，假定达到恒重	本质相同，但中国标准对水面高度要求更具体，且对饱水浸泡最短时间有规定
称量烘干试件质量	将试件放在 105℃±5℃ 的烘箱中烘干 24h，取出后冷却至室温后称重；继续烘干称重。烘干时间不小于 48h，直至两个连续的 24h 间隔的质量变化小于较小值的 0.2% 时，取出试件，冷却称重 m_d	将试件放在 105℃±5℃ 的烘箱中烘干，至 24h 内质量变化小于 0.2% 时，取出后冷却至室温后称重 m_o	本质相同，中国标准对烘干最短时间有规定，更有利于掌握试验进度

试验步骤	中国标准内容	欧洲标准内容	异同
测定试件体积	将试件浸泡在 20℃±2℃ 的水中饱水,待无气泡时,采用带挂钩的天平测定试件在水中的质量 m_w,之后取出试件,擦干称量其表干质量 m_s,再烘干称重 m_d。根据与试件在水中的质量差,计算表观体积 V_a 或总体积 V_t	将试件浸泡在 20℃±2℃ 的水中饱水;将水箱抬起浸没镫形夹,记录镫形夹的质量 m_{st}。将试件放置于镫形夹上,抬起水箱浸没试件,记录镫形夹上的水位与空镫形夹的水位相同时,试件与镫形夹的质量($m_{st}+m_w$);之后取出试件,擦干称量其空气中的质量 m_a	中国标准中未对水中称重的天平及挂钩进行描述;欧洲标准水中称重法描述更细致
计算试件体积	$$V_a=\frac{m_d-m_w}{\rho_w}$$ $$V_t=\frac{m_s-m_w}{\rho_w}$$	$$V=\frac{m_a-[(m_{st}+m_w)-m_{st}]}{\rho_w}$$	本质相同
计算密度	根据需求,计算所需密度,如表观密度、原样体积密度、饱水体积密度、烘干体积密度	根据需求,计算所需密度	欧洲标准未明确各种密度对应的公式

由表 8-8-2 可知,中欧标准中硬化混凝土的密度测定试验方法与步骤大部分相同,仅水中称重法所采用的装置和试验步骤存在差别,其他方面中国标准在借鉴了欧洲标准的基础上进行了细化、补充,在试件尺寸、称量结果精度、浸泡水面高度、浸泡/烘干时间、不同种类的密度计算公式等方面作了更详细的规定,更有利于试验操作和试验结果的准确性。

8.8.5 试验结果处理

欧洲标准规定使用由试件质量和体积得出的数值和如下公式计算密度,并精确至 10kg/m^3。

$$\rho=\frac{m}{V} \tag{8-8-1}$$

式中:ρ——密度,与试件状况和计算体积的方法相关,单位为 kg/m^3;

m——前文所述三种条件下(原样、饱水、烘干)的试件质量,单位为 kg;

V——使用指定方法测定的体积,单位为 m^3。

中国标准则对不同种类的密度计算公式均有明确的规定,见表 8-8-1,计算结果也精确至 10kg/m^3。且中国标准规定了判定试验结果有效性的方法,以 3 个试件测值的平均值作为该组试件的密度值,当 3 个测值中的最大值或最小值中有一个与中间值的差值超过中间值的 5% 时,应剔除最大值和最小值,取中间值;当最大值和最小值与中间值的差值均超过中间值的 5% 时,该组试件试验结果无效。

8.8.6 总结

综上所述,中国标准《混凝土物理力学性能试验方法标准》GB/T 50081—2019 中,硬化混凝土的密度测定试验方法是与旧版本标准相比新增的内容,是在借鉴了欧洲标准《硬化混凝土试验—第 7 部分:硬化混凝土的密度》EN 12390-7:2019 的基础上进行了细化、补充，试验方法和步骤与欧洲标准绝大部分相同，仅水中称重法所采用的装置和试验步骤存在差别，且在试件尺寸、称量结果精度、浸泡水面高度、浸泡/烘干时间、不同种类的密度计算公式等方面，中国标准作了更详细的规定，更有利于试验操作和试验结果的准确性。

8.9　硬化混凝土压力渗水深度

8.9.1　标准设置

欧洲标准《硬化混凝土试验—第 8 部分：压力渗水深度》EN 12390-8：2019 针对经过水中养护处理的硬化混凝土，给出了确定其在压力作用下渗水深度的测试方法。

中国标准《普通混凝土长期性能和耐久性能试验方法标准》GB/T 50082—2009 第 6 节：渗水高度法适用于以测定硬化混凝土在恒定水压力下的平均渗水高度来表示的混凝土抗水渗透性能。该标准还提出了一种抗水渗透试验方法——逐级加压法，通过逐级施加水压力来测定以抗渗等级来表示的混凝土抗水渗透性能。混凝土的抗渗等级以每组 6 个试件中有 4 个试件未出现渗水时的最大水压力乘以 10 来确定，结果以 P 来表示。因欧洲标准无类似试验方法，故此处不予比较。

8.9.2　仪器设备

中欧标准硬化混凝土压力渗水深度检测仪器设备对比见表 8-9-1。

中欧标准硬化混凝土压力渗水深度检测仪器设备对比　　　　　　表 8-9-1

仪器设备	中国标准内容	欧洲标准内容	异同
试模	上口内部直径：175mm 下口内部直径：185mm 高度：150mm 圆柱体	立方体、圆柱体或棱柱体，使待测试件表面尺寸至少为150mm，其他尺寸不得小于100mm；较小的试件亦可（需记录尺寸及测试区域）；钻芯试件直径至少为95mm	欧洲标准试模选择性更广，但中国标准将试模统一后更易操作
密封材料	石蜡、松香或者水泥加黄油等材料，也可采用橡胶套等其他有效密封材料	橡胶或其他类似材料制成的不透水密封垫，只需垫在试件加压表面	材料不一致，但效果类似
渗水高度测量工具	尺寸为 200mm×200mm 的透明材料制成的梯形板，并画有 10 条等间距、垂直于梯形底线的直线	无相关规定	中国标准规定的更为细致，有利于结果的测量

中国标准中统一了测试压力渗水深度的试模，即统一了测试试件尺寸，相比于欧洲标准试模选择太广，中国标准的可操作性更强。另外中国标准在密封材料、渗水高度测量工具等方面描述比欧洲标准更为详尽，有利于结果的测量和准确性。

8.9.3　试验步骤

中欧标准硬化混凝土压力渗水深度试验步骤对比见表 8-9-2。

中欧标准硬化混凝土压力渗水深度试验步骤对比 表 8-9-2

试验步骤	中国标准要求	欧洲标准要求	异同
试件外观处理	用钢丝刷刷去两端面的水泥浆膜	用钢丝刷使承受水压的表面变得粗糙	中国标准表述更为清晰
密封安装过程	用石蜡或水泥加黄油将试件侧面密封后安装在抗渗仪上	未描述试件密封过程,以图例来显示安装过程	
施加水压/MPa	1.2±0.05	0.5±0.05	中国标准施加水压更大
施加时间/h	24	72±2	中国标准施加时间更短
试件个数	6	未作具体要求	
渗水高度测量	用压力机将试件沿纵断面劈裂为两半。试件劈开后,应用防水笔描出水痕。然后将梯形板放在试件劈裂面上,并用钢尺沿水痕等间距测量 10 个测点的渗水高度值,当读数时若遇到某测点被骨料阻挡。可用靠近骨料两端的渗水高度算术平均值作为该测点的渗水高度	以垂直于承受水压表面的方向将试件分为两半。断裂表面干燥后,渗水线清晰可见,此时立即在试件前面标记水线,测量试验区域的最大渗水深度	中国标准描述更为详尽,且测试准确性更高

从试验步骤上比较,中欧标准存在较大差异,表现在:

(1)试件制备过程中,中国标准要求用钢丝刷刷去两端面的水泥浆膜,而欧洲标准要求用钢丝刷使承受水压的表面变得粗糙,同时后期施加水压时不得向抹光面加压。

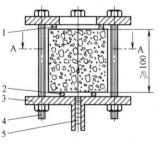

(2)中欧标准中,试件均需至少达到 28d 龄期后才能开始压力渗水试验。中国标准规定,压力渗水试验前应将试件密封、安装,并详细介绍了密封和安装方法。欧洲标准并未对试件密封过程进行描述,但提供了试验安装示例图,以指导试件的密封、安装过程,示例图见图 8-9-1。欧洲标准压力渗水试验实图见图 8-9-2。

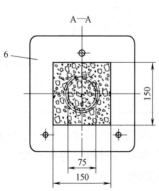

(3)试件施加水压过程中,中国标准要求的水压力为 1.2MPa±0.05MPa,加压时间为持续 24h;欧洲标准要求的水压力为 0.5MPa±0.05MPa,加压时间为持续 72h±2h。两相比较,中国标准要求的水压力约为欧洲标准要求的 2.4 倍,而加压时间为欧洲标准要求的 1/3。硬化混凝土的压力渗水深度与水压力及加压时间均有直接的联系,却无线性关系。因此,虽然中欧标准测试压力渗水深度的原理类似,但因试验参数的不一致会导致结果不一致,而孰优孰劣还需要进一步的试验得知。

图 8-9-1 欧洲试件安装示例(mm)

1—垫片;2—密封圈;3—螺栓连接板;
4—螺纹杆;5—受压水;6—螺栓连接板

图 8-9-2　欧洲标准压力渗水试验实图

8.9.4　试验结果处理

中国标准中试件渗水高度应按下式进行计算（10 个测点）：

$$\overline{h_i} = \frac{1}{10}\sum_{j-1}^{10}h_j \qquad (8\text{-}9\text{-}1)$$

式中：h_j——第 i 个试件第 j 个测点处的渗水高度，单位为 mm；

　　　$\overline{h_i}$——第 i 个试件的平均渗水高度，单位为 mm，应以 10 个测点渗水高度的平均
　　　　　值作为该试件渗水高度的测定值。

一组试件的平均渗水高度应按下式进行计算：

$$\overline{h} = \frac{1}{6}\sum_{i=1}^{6}\overline{h_i} \qquad (8\text{-}9\text{-}2)$$

式中：$\overline{h}$——一组 6 个试件的平均渗水高度，单位为 mm。应以一组 6 个试件渗水高度的
　　　　　算术平均值作为该组试件渗水高度的测定值。

欧洲标准中未限定试验组数，试验结果以试验区域的最大渗水深度表示，单位
为 mm。

相比于欧洲标准，中国标准对硬化混凝土压力渗水深度的结果处理更合理。在测试原
理基本相同的情况下，中国标准更重视测试的细节，有利于压力渗水深度的准确性。

8.9.5　总结

综上所述，混凝土的抗渗性是评价混凝土耐久性的重要指标，包含混凝土的抗水渗透
性和抗氯离子、抗硫酸盐侵蚀等性能。中国标准中提出了两种混凝土抗水渗透性的测试方
法：渗水高度法和逐级加压法。欧洲标准中仅提出了一种方法——压力渗水高度法，该方
法与中国标准中渗水高度法的原理类似，均用在恒定水压力下的平均渗水高度来表示混凝
土的抗水渗透性能，但在试件尺寸、密封过程、压力大小和加压时间等方面存在较大差
异。比较而言，中国标准水压力较欧洲标准大，加压时间较欧洲标准短，试验结果处理较
欧洲标准更合理，对试验细节更重视。欧洲标准压力渗水高度法可采用的试件尺寸更
多样。

8.10 硬化混凝土中氯离子含量

混凝土中的氯离子一般可分为自由氯离子和结合氯离子，其中自由氯离子在混凝土孔隙溶液中仍保持游离状态，可溶于水；结合氯离子包括与水化产物反应以化学结合方式固化的氯离子和被水泥带正电的水化产物所吸附的氯离子，当混凝土碱度降低时，结合氯离子会转化为游离形态的自由氯离子。因此，酸溶性氯离子含量也可称为氯离子总含量，既包含水溶性氯离子，也包含结合氯离子。当混凝土中氯离子含量高于临界阈值，可能引起并加速钢筋的锈蚀。混凝土中氯离子含量的测试对结构安全性的评估有重要作用。

8.10.1 标准设置

欧洲标准《硬化混凝土氯离子含量测定》EN 14629：2007 中描述了两种测定硬化混凝土或砂浆中酸溶性氯离子（总氯离子）含量的方法：化学滴定法（佛尔哈德法）和电位滴定法。

中国标准《混凝土中氯离子含量检测技术规程》JGJ/T 322—2013 规范了混凝土中氯离子含量的检测，适用于混凝土拌合物、硬化混凝土中氯离子含量的检测，较欧洲标准适用范围大。其中，硬化混凝土中氯离子含量的检测分为：化学滴定法测水溶性氯离子含量和电位滴定法测酸溶性氯离子含量。当两种方法测试结果存在争议时，以酸溶性氯离子含量作为最终结果。

因此，本章节仅对比中欧标准测定酸溶性氯离子含量的电位滴定法。

8.10.2 试验原理

中欧标准电位滴定法测定酸溶性氯离子含量的试验原理基本相同，均以银电极或氯离子电极作为指示电极，其电势分别随 Ag^+ 或 Cl^- 浓度而变化，用电位计或酸度计测定电极在溶液中组成原电池的电势，阴离子与氯离子反应生成溶解度很小的氯化银白色沉淀。在等当量点前滴入硝酸银生成氯化银沉淀，两电极间电势变化缓慢，达到等当量点时氯离子全部生成氯化银沉淀，这时滴入少量硝酸银即引起电势急剧变化，可指示出滴定终点。但中国标准中等当量点的判定应按二次微商法计算，而欧洲标准中滴定终点则按一阶倒数法计算。

8.10.3 试剂仪器

采用电位滴定法测定硬化混凝土中酸溶性氯离子含量时，中国标准使用的溶剂为蒸馏水，欧洲标准使用电导率小于 $2\mu s/cm$ 的去离子水。中国标准使用硝酸溶液为分析纯硝酸与蒸馏水按体积比 1：7 配制，欧洲标准使用 5mol/L 硝酸溶液；中国标准使用 0.01mol/L 的硝酸银标准溶液，欧洲标准使用 0.1mol/L 的硝酸银标准溶液；中国标准里使用了 0.01mol/L 的氯化钠溶液和 10g/L 的淀粉溶液，其中淀粉可以防止沉淀絮凝，欧洲标准里未使用这两种溶液。

仪器方面中欧标准没有差异，均采用天平、滴定管、容量瓶、移液管、烧瓶、电磁搅拌器、电位测量仪器、Ag/AgCl 电极、滤纸等。

8.10.4　试验步骤

中欧标准硬化混凝土中氯离子含量检测试验步骤对比见表8-10-1。

中欧标准硬化混凝土中氯离子含量检测试验步骤对比　　　　表8-10-1

试验步骤	中国标准要求	欧洲标准要求	异同
取样	取样范围:标准养护试件、同条件养护试件和既有结构或构件均可。取样方法:以3个硬化混凝土试件(或芯样)为一组,从每个试件(芯样)内部各取不少于200g、等质量试样,去除试样中的石子后,将3个试样的砂浆砸碎混合均匀后,研磨至全部通过筛孔公称直径为0.16mm的筛,之后在105℃±5℃条件下烘干、冷却后制成试验样品	取样范围:既有结构或构件。取样方法: ①钻孔采集粉末,根据骨料最大粒径使用不同钻孔直径和样品数量,且样品数量不少于20g; ②先钻取芯样,再对芯样进行切片或磨削以获得粉末样品,磨削收集的粉末需经105℃±5℃条件下烘干、冷却、研磨过筛(1.18mm筛孔或更小筛孔)、均化制成试验样品	中国标准取样范围更广,粉末更细,欧洲标准取样粉末可能含有骨料粉末
标定硝酸银标准溶液的浓度	取20mL氯化钠溶液于烧杯,加蒸馏水稀释至100mL,再加入20mL淀粉溶液。电磁搅拌下,用硝酸银溶液以电位滴定法测定终点,计算其消耗的体积	—	中国标准更严谨
溶解混凝土(砂浆)中的氯离子	称取磨细的砂浆粉末20g,精确至0.01g,置于三角烧瓶内,加入100mL硝酸溶液,剧烈振摇1min~2min,浸泡24h后,快速定量滤纸过滤,获取滤液。移取20mL滤液于烧杯,加100mL蒸馏水,再加入20mL淀粉溶液	称取混凝土粉末1g~5g,置于烧杯内,用50mL水润湿,并添加10mL硝酸,再添加50mL热水,加热至沸腾3min,期间持续搅拌	欧洲标准所需粉末量较少,对滴定终点判断要求较高
硝酸银溶液滴定	烧杯放在电磁搅拌器上后,开动搅拌器并插入电极,用硝酸银标准溶液缓慢滴定,并记录电势及滴定管读数。接近等当量点时,缓慢滴加硝酸银溶液,每次0.1mL,当电势突变时,继续滴入硝酸银溶液,直至电势趋向变化平缓	用硝酸银标准溶液缓慢滴定,并记录电势及滴定管读数	中国标准滴定过程更详细,可操作性更强
计算消耗的硝酸银溶液体积	用二次微商法计算达到等当量点时硝酸银溶液消耗的体积	用一阶导数法计算滴定终点时硝酸银溶液消耗的体积	中国标准计算方法更准确
空白溶液滴定	测试在无混凝土试样时,达到等当量点时硝酸银溶液消耗的体积	在无混凝土试样的情况进行上述滴定操作	相同
计算酸溶性氯离子含量	计算氯离子在样品质量中的占比	计算氯离子在样品质量中的占比	公式不同

由表8-10-1可知,中欧标准电位滴定法试验步骤大致相同,但具体操作方面存在一些差异。

1) 在取样方面,中国标准取样范围更广,标准养护试件、同条件养护试件和既有结构或构件均可,欧洲标准仅从既有结构或构件中取样;中国标准研磨的粉末更细,需去除石子后再通过 0.16mm 筛孔，欧洲标准中取样粉末可能含有骨料粉末，需通过 1.18mm 筛孔或更小筛孔。

2）中国标准还需标定硝酸银标准溶液的浓度，欧洲标准未作要求，中国标准更严谨。

3）在溶解混凝土（砂浆）中的氯离子方面，中国标准需对样品溶解、浸泡、过滤、稀释、加入淀粉溶液后再进行滴定，欧洲标准仅需对样品溶解、加热后再进行滴定，溶液可以不过滤；此外，欧洲标准所需粉末量较少，对滴定终点判断要求较高。

4）在硝酸银溶液滴定方面，中国标准滴定过程更详细，可操作性更强，更有利于观察到电势变化情况。

5）在计算消耗的硝酸银溶液体积方面，中国标准采用二次微商法计算，欧洲标准使用一阶导数法计算。二次微商法较一阶导数法更为准确。

8.10.5 试验结果处理

中国标准中，硬化混凝土中酸溶性氯离子含量计算公式如下：

$$W_{Cl^-}^A = \frac{C_{AgNO_3} \times (V_{11} - V_{12}) \times 0.03545}{G \times \frac{V_2}{V_1}} \times 100 \qquad (8\text{-}10\text{-}1)$$

式中：$W_{Cl^-}^A$——硬化混凝土中酸溶性氯离子占砂浆质量的百分比（%），精确至 0.001%；

C_{AgNO_3}——硝酸银标准溶液的浓度，单位为 mol/L；

V_{11}——20mL 滤液达到等当量点所消耗硝酸银标准溶液的体积，单位为 mL；

V_{12}——空白试验达到等当量点所消耗硝酸银标准溶液的体积，单位为 mL；

G——砂浆样品质量，单位为 g；

V_1——浸样品的硝酸溶液用量，单位为 mL；

V_2——电位滴定时提取的滤液量，单位为 mL。

当混凝土配合比已知时，酸溶性氯离子含量占胶凝材料质量的百分比计算公式如下：

$$W_{Cl^-}^B = \frac{W_{Cl^-}^A \times (m_B + m_S + m_W)}{m_B} \times 100 \qquad (8\text{-}10\text{-}2)$$

式中：$W_{Cl^-}^B$——硬化混凝土中酸溶性氯离子占胶凝材料质量的百分比（%），精确至 0.001%；

m_B——混凝土配合比中每立方米混凝土的胶凝材料用量，单位为 kg；

m_S——混凝土配合比中每立方米混凝土的砂用量，单位为 kg；

m_W——混凝土配合比中每立方米混凝土的用水量，单位为 kg。

欧洲标准中硬化混凝土中酸溶性氯离子含量计算公式表达方式较简单，见式（8-10-3），但本质与中国标准中式（8-10-1）相同。

$$CC = 3.545 \times f \times (V_4 - V_3)/m \qquad (8\text{-}10\text{-}3)$$

式中：CC——氯离子在样品质量中所占百分比，%；

V_3——滴定过程中使用的 $AgNO_3$ 溶液的体积，单位为 mL；

V_4——空白滴定过程中使用的 $AgNO_3$ 溶液的体积，单位为 mL；

m——混凝土样品的质量，单位为 g；

f——$AgNO_3$ 溶液的摩尔浓度。

8.10.6 总结

综上所述，混凝土中氯离子含量对混凝土的耐久性有着重要的影响，因此混凝土中氯离子含量的测试对结构安全性的评估有重要作用。中国标准对混凝土拌合物和硬化混凝土均规定了氯离子含量测试方法，欧洲标准仅规定了硬化混凝土中氯离子含量测试方法，比较而言，中国标准较欧洲标准适用范围大。通常，电位滴定法测定酸溶性氯离子含量可更准确地反映出硬化混凝土中总氯离子含量。中欧标准中电位滴定法测定酸溶性氯离子含量的试验原理基本相同；试剂方面中国标准采用的试剂种类更多，如氯化钠溶液、淀粉溶液，且中欧标准中同种试剂的浓度不太一致；试验步骤大致相同，但具体操作方面存在一些差异，中国标准取样范围更广、样品粉末更细、待测液更多，滴定过程更详细，试验可操作性更强，结果计算更精确。

8.11　混凝土抗氯离子渗透性

混凝土抗氯离子渗透性反映了混凝土的密实程度以及其抵抗外部介质向混凝土内部侵蚀的能力，是评价混凝土耐久性的重要手段之一。很多环境中都需要提高混凝土的抗氯离子渗透性能，如盐渍土及滨海构筑物、使用除冰盐路段等处。建造于这类区域的混凝土构造物，当环境中的氯离子渗透到混凝土中，会使其内部的钢筋锈蚀，这将严重影响混凝土结构的安全性和耐久性。因此，混凝土的氯离子扩散性或渗透性是需测定的一项重要性能，中欧标准均规定了混凝土抗氯离子渗透性的测试方法。

8.11.1　标准设置

欧洲标准《硬化混凝土试验—第 11 部分：单向扩散法测混凝土的抗氯离子渗透性》EN 12390-11：2015 规定了一种测定硬化混凝土试件单向非稳态氯离子扩散和表面浓度的方法。通过测定氯离子在混凝土中单向扩散不同厚度的氯离子含量，利用最小二乘曲线拟合的非线性回归分析计算氯离子在混凝土中非稳态迁移系数。由于变异系数较大，因此，应增加试件数量，直至获得所需的精度。另外，该试验方法所得的测试数据是基于试件已在标准养护条件下养护 28d，随后又在氯离子溶液中浸泡 90d，所需试验周期较长。因此，欧洲标准委员会制定了一份标准，于 2021 年 3 月 24 日发布，即《硬化混凝土试验—第 18 部分：氯离子迁移系数测定》EN 12390-18：2021，可较快速测定硬化混凝土试件特定龄期非稳态氯离子迁移系数。该标准的拟定标志着抗氯离子渗透性快速测定法已成为发展方向。

中国标准《普通混凝土长期性能和耐久性能试验方法标准》GB/T 50082—2009 第 7 节：抗氯离子渗透试验适用于以测定氯离子在混凝土中非稳态迁移的迁移系数来确定混凝土抗氯离子渗透性能的快速氯离子迁移系数法（RCM 法），以及适用于测定以通过混凝土试件的电通量为指标来确定混凝土抗氯离子渗透性能的电通量法。

欧洲标准与中国标准中 RCM 法的测试原理基本相同，即将混凝土或砂浆试件放置在无氯离子和含有氯离子的碱性溶液中间，在两个外部电极间施加电压，使氯离子渗入混凝土试件。经过预定的一段时间后，将试件劈开，使用适当颜色的指示剂溶液测定自由氯离子的渗透深度。根据测得的渗透深度、外加电压大小和其他参数，计算氯离子迁移系数。因此，本节主要比较这两者的差异，并对欧洲标准《硬化混凝土试验—第 11 部分：单向扩散法测混凝土的抗氯离子渗透性》EN 12390-11：2015 中的单向扩散法以及中国标准中的电通量法作简要介绍。

8.11.2 试剂仪器

中欧标准混凝土抗氯离子渗透性（RCM 法）所用试剂和仪器对比见表 8-11-1。

中欧标准混凝土抗氯离子渗透性（RCM 法）所用试剂和仪器对比　　表 8-11-1

试剂和仪器	中国标准要求	欧洲标准要求	异同
阴极溶液	10%质量浓度的 NaCl 溶液	含 5% NaCl 的 0.2mol/L 的 KOH 溶液或含 5% NaCl 的 0.3mol/L 的 NaOH 溶液	欧洲标准阴极溶液 NaCl 浓度较中国标准低，氯离子迁移慢
阳极溶液	0.3mol/L 的 NaOH 溶液	0.2mol/L KOH 溶液或 0.3mol/L 的 NaOH 溶液	欧洲标准选择范围更广
增强显色溶液	未提及	0.1%荧光化合物乙醇溶液或 5%重铬酸钾溶液	增强显色更容易区分界面
橡胶套筒	直径 100mm	直径为 50mm 或 100mm	此处根据试件来定
电压要求	0～60V	0～40V	外加电压越大，氯离子迁移越快

中欧标准中混凝土抗氯离子渗透性所用迁移试验装置一致，装置示意图见图 8-11-1，装置照片见图 8-11-2，不锈钢套筒夹见图 8-11-3。

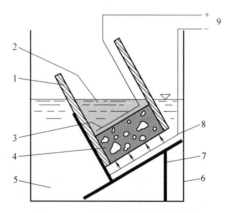

图 8-11-1　迁移试验装置示意图

1—橡胶套管；2—阳极溶液；3—阳极板；4—试件；5—阴极溶液；
6—阴极试验槽；7—迁移槽支架；8—阴极板；9—整流器

图 8-11-2　迁移试验装置照片

图 8-11-3　不锈钢套筒夹

中欧标准测定氯离子迁移系数的原理一致，但在试剂浓度以及电压选择上有所差异。欧洲标准阴极溶液 NaCl 浓度低且通电电压比中国标准小，均会导致氯离子渗透深度相同时所需要的时间更长。

欧洲标准《硬化混凝土试验—第 11 部分：单向扩散法测混凝土的抗氯离子渗透性》EN 12390-11：2015 中单向扩散法的溶剂为 3％质量浓度的 NaCl 溶液；中国标准电通量法中阴极溶液为 3％质量浓度的 NaCl 溶液，阳极溶液为 0.3mol/L 摩尔浓度的 NaOH 溶液。

8.11.3　试验步骤

中欧标准混凝土抗氯离子渗透性（RCM 法）试验步骤对比见表 8-11-2。

中欧标准混凝土抗氯离子渗透性（RCM 法）试验步骤对比　　表 8-11-2

试验步骤	中国标准要求	欧洲标准要求	异同
试件制作	在 21d 龄期时，将试件加工成直径 100mm±1mm、高度 50mm±2mm 的圆柱体，打磨光滑后继续水中养护至 28d 龄期	将试件加工成直径 50mm±1mm、高度 50mm±2mm 的圆柱体或直径 100mm±1mm、高度 50mm±2mm 的圆柱体，打磨光滑后放在室温 20℃±2℃，湿度 40％～70％的条件下养护	欧洲标准中试件尺寸选择更多，打磨后的养护方式不同
试件真空饱水	在 0.001MPa～0.005MPa 真空容器中，浸没在饱和氢氧化钙溶液里 1h，之后恢复常压并继续浸泡 18h±2h	在 0.001MPa～0.005MPa 真空容器中，浸没在饱和氢氧化钙溶液里 1h，之后恢复常压并继续浸泡 18h±2h	相同
试件安装	试件安装前应吹干，表面干净，无油污、灰砂和水珠，将试件装入橡胶套内，并用不锈钢环箍密封。以靠近浇筑面的试件端面或第一次的切口面作为暴露于氯离子溶液中的暴露面	将试件装入橡胶套内，并用不锈钢环箍密封。以切割面作为暴露于氯离子溶液中的暴露面	中国标准在试件安装前进行了简单处理
溶液准备	在橡胶筒中注入约 300mL 的 0.3mol/L 的 NaOH 溶液，使阳极板和试件表面均浸于溶液中。在阴极试验槽中注入含 12L 质量浓度为 10％的 NaCl 溶液，直至与橡胶筒中的 NaOH 溶液的液面齐平	对于直径为 100mm 的试件，在橡胶筒中注入约 300mL 的 0.3mol/L 的 NaOH 溶液，对于直径为 50mm 的试件，则注入 75mL 溶液，使阳极板和试件表面均浸于溶液中。在阴极试验槽中注入含 5％ NaCl 的 0.2mol/L 的 KOH 溶液，直至与橡胶筒中的 KOH 溶液的液面齐平	欧洲标准规定了不同直径的试件所需阳离子溶液量，且中欧标准的阴离子溶液种类和浓度不同
电迁移试验	打开电源，将电压调整至 30V±0.2V，记录时间立即同步测定并联电压、串联电流和电解液初始温度（精确到 0.2℃）。试验需要的时间按测得的初始电流确定。记录阳极溶液最终温度和最终电流。最大电压 60V	打开电源，将电压调整至 30V±0.2V，记录时间立即同步测定并联电压、串联电流和电解液初始温度（精确到 0.2℃）。试验需要的时间按测得的初始电流确定。记录阳极溶液最终温度和最终电流。最大电压 40V	操作相同，但最大电压不同，导致试验持续时间可能不同
测定氯离子渗透深度	通电完毕取出试件，将其劈成两半，利用 0.1mol/L 的硝酸银滴定氯离子的扩散深度	通电完毕取出试件，将其劈成两半，利用 0.1mol/L 的硝酸银滴定氯离子的扩散深度	相同

由表 8-11-2 可知，中欧标准混凝土抗氯离子渗透性（RCM 法）试验步骤基本相同，但存在少量不同之处：①中国标准里试件安装在 RCM 试验装置前需进行处理，使表面干净，无油污、灰砂和水珠，欧洲标准是即取即用，未经处理。②中国标准里明确了不锈钢套筒夹拧紧时的扭矩，欧洲标准里未提及。③欧洲标准规定了不同直径的试件所需阳离子溶液量，且中欧标准的阴离子溶液种类和浓度不同。④中国标准里 100mm 直径试件在 30V 试验电压下不同实测初始电流对应施加最大电压为 60V，而欧洲标准最大电压为 30V，导致中欧标准里电迁移试验持续时间不同。

氯离子迁移系数是根据测得的渗透深度、外加电压大小和其他参数计算得出，因此，虽然中欧标准参数不完全一致，但所测结果大致相同。

欧洲标准《硬化混凝土试验—第 11 部分：单向扩散法测混凝土的抗氯离子渗透性》EN 12390-11：2015 单向扩散法规定：在暴露 90d 后，至少应从截面试件上磨掉氯离子暴露面的 8 个平行层，应测定每层的酸溶性氯离子含量和各层与暴露于氯离子溶液的混凝土表面间的平均深度。初始氯离子含量可通过研磨来自其他子试件的样本和测定的酸溶性氯离子含量来确定。中国标准中电通量法可通过绘制电流与时间的关系图，将各点数据以光滑曲线连接起来，对曲线作面积积分，得到试验 6h 通过的电通量。

8.11.4 试验结果处理

中国标准中试件的各测点的渗透深度测量精度为 0.1mm，欧洲标准为 0.5mm。中国标准中说明了测点被骨料阻挡时的测量方法；明确了应忽略的有明显缺陷的测点数据的判定依据，欧洲标准均未提及。欧洲标准中提出了试件舍弃测量点的数量大于测量点总数的 1/3 或最外侧测量点的氯离子渗透深度大于中间各点所得平均深度的两倍时，应舍弃该试件的试验结果，中国标准中未提及。

中欧标准中氯离子迁移系数计算公式一致，但中国标准规定：每组应以 3 个试样的氯离子迁移系数的算术平均值作为该组试件的氯离子迁移系数测定值。当最大值或最小值与中间值之差超过中间值的 15% 时，应剔除此值，再取其余两值的平均值作为测定值；当最大值和最小值均超过中间值的 15% 时，应取中间值作为测定值。欧洲标准氯离子迁移试验的试验分布以变异系数（标准偏差与均值的比率）来表示，并给出 4 个来源的精度估算值，并未对数值的取舍作具体规定。

8.11.5 总结

混凝土抗氯离子渗透性是混凝土重要的耐久性指标之一，采用客观准确而实用的试验方法显得尤为重要。氯离子对混凝土的渗透可以采取多种方法研究与测试。按照混凝土氯离子渗透试验的测试周期，可将其分为慢速法、快速法以及其他试验方法。欧洲标准《单向扩散法测混凝土的抗氯离子渗透性》EN 12390-11：2015 中，试件经过一定时间的浸泡或扩散，测量其不同深度的氯离子含量，属于慢速法；欧洲标准以及中国标准中 RCM 法均属于快速法，两者间原理类似，计算方式相同，虽然在试剂以及操作步骤中存在着差异，但最终结果影响不大。中国标准中的电通量法亦属于快速法，但其缺陷较多，首先试验结果精度较差，尤其对于抗离子扩散性差的混凝土，由于所加电压偏大，溶液与试件的温度均升高，混凝土受劣化导致试验结果失真；其次混凝土电阻率不仅与孔结构相关，又与孔溶液中的离子浓度相关，而离子浓度与孔结构无关，因而试验反映的是总体离子的运动结果，而非单纯的氯离子运动，欧洲标准中并无相关试验介绍。

8.12　混凝土的碳化试验

混凝土的碳化是指空气中 CO_2 气体渗透到混凝土内，与其碱性物质起化学反应后生成碳酸盐和水，使混凝土碱度降低的过程。混凝土的碳化是引起钢筋锈蚀，影响混凝土耐久性的重要原因之一。因此，混凝土的抗碳化性成为需要测定的一项重要性能。

8.12.1　标准设置

欧洲标准《硬化混凝土试验—第 10 部分：在大气 CO_2 浓度下测定混凝土的抗碳化性》EN 12390-10：2018 中规定了一种将混凝土试件放置在自然暴露场所或标准化的气候控制室进行碳化的自然碳化法。由于该测试方法所需时间周期较长，是一种慢速碳化法。因此，欧洲标准委员会制定了一种加速碳化法的标准—《硬化混凝土试验—第 12 部分：混凝土抗碳化性的测定-加速碳化法》EN 12390-12：2020，于 2020 年 2 月 7 日发布。该标准可用于较快速地评估混凝土试件的抗碳化性。该标准的制定标志着欧洲已越来越重视混凝土的抗碳化性。

中国标准《普通混凝土长期性能和耐久性能试验方法标准》GB/T 50082—2009 第 11 节：碳化试验适用于测定在一定浓度的 CO_2 气体介质中混凝土试件的碳化程度，是一种加速碳化法。

8.12.2　试验原理

欧洲标准中提出的自然碳化法的试验原理为：将立方体/圆柱体试件成型后，表面覆盖不可渗透塑料膜，24h 后揭膜并脱模标准养护，至 28d 龄期后放入温度 20℃±2℃，湿度 65%±5%，CO_2 平均浓度 0.040%±0.001% 的试验室进行碳化或在试件强度达到基准强度的 50% 时，放在自然暴露场地碳化。在碳化后的 90d、180d 和 365d，对碳化试件破形，通过显色剂滴定显色，测量碳化深度，根据有效时间与碳化深度的线性关系，确定碳化速度。该方法总试验周期至少需要 393d。

欧洲标准中提出的加速碳化法是在增加了 CO_2 浓度的受控暴露条件下进行测试。试件经过 28d 标准养护后再在试验室空气环境中养护 14d，随后在温度 20℃±2℃，湿度 57%±3%，CO_2 平均浓度 3.00%±0.50% 的碳化箱中进行加速碳化。在碳化后的 0d、7d、28d 和 70d，对碳化试件破形，通过显色剂滴定显色，测量碳化深度，根据有效时间与碳化深度的线性关系，确定碳化速度。该方法总试验周期至少需要 112d。

中国标准中提出的加速碳化法比欧洲标准中的 CO_2 浓度更高。试件先经过 28d 标准养护，后在温度 20℃±5℃，湿度 70%±5%，CO_2 平均浓度 20%±3% 的碳化箱中进行加速碳化，在碳化后的 3d、7d、14d、28d 龄期，分别破形，通过显色剂滴定显色，测量碳化深度。

中欧标准碳化试验的试验原理大致相同，均为直接破形法，但关键区别在于 CO_2 浓度不同。欧洲标准中倾向于自然碳化或采用低浓度的快速试验方法来模拟混凝土的碳化，CO_2 浓度最高为 $3.00\%\pm0.50\%$，中国标准中加速碳化法所规定的 CO_2 浓度是欧洲标准加速碳化法的 6～8 倍，是否能正确反映大气中混凝土自然碳化的规律还有待深入研究。

8.12.3　仪器设备

图 8-12-1　中国标准混凝土碳化试验箱

中国标准中测定混凝土抗碳化性时采用按《混凝土碳化试验箱》JG/T 247—2009 标准设计的混凝土碳化试验箱，温度 $20℃\pm5℃$，湿度 $70\%\pm5\%$，CO_2 平均浓度 $20\%\pm3\%$。主要由箱体、温湿度及 CO_2 浓度控制系统组成。内部有架空试件的搁架、CO_2 引入口、分析取样用的气体引出口、箱内气体对流循环装置、温湿度测量以及为保持箱内恒湿所需的设施，碳化箱上设有玻璃观察口，可对箱内的温度进行读数。其中，气体分析仪应精确到 $\pm1\%$。中国标准混凝土碳化试验箱见图 8-12-1。

欧洲标准加速碳化法试验采用的碳化试验箱构造与中国标准混凝土碳化试验箱基本相同，均由箱体、温湿度及 CO_2 浓度控制系统组成，见图 8-12-2。中欧标准混凝土碳化试验箱温度均为 $20℃\pm$ $2℃$，但湿度和 CO_2 平均浓度不同，欧洲标准混凝土碳化试验箱中湿度 $57\%\pm3\%$，CO_2 体积分数 $3.00\%\pm0.50\%$，气体分析仪精度至少为 $\pm0.1\%$。欧洲标准碳化试验箱的精度要求更高。

欧洲标准中的自然暴露场地采用史蒂文森式百叶箱试验箱，模拟自然环境的试验室温

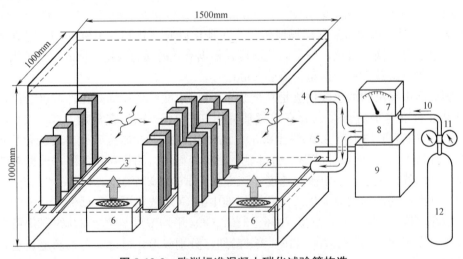

图 8-12-2　欧洲标准混凝土碳化试验箱构造

1—混凝土试件；2—湍流；3—木平台；4—CO_2 引入口；5—蒸汽引入口；6—风扇；7—CO_2 控制器；
8—控制箱；9—除湿器；10—气体输入；11—调节器；12—CO_2 气瓶

度 20℃±2℃，湿度 65%±5%，CO_2 平均浓度 0.040%±0.001%，配备用于测量相对湿度、温度和 CO_2 浓度的仪器。

8.12.4　试验步骤

中欧标准混凝土碳化试验步骤对比见表 8-12-1。

中欧标准混凝土碳化试验步骤对比

表 8-12-1

项目	中国标准 GB/T 50082 要求	欧洲标准 EN 12390-10 要求			异同
试验方法	加速碳化法	加速碳化法	模拟自然碳化法	自然碳化法	欧洲标准方法更多
试件数量	棱柱体 3 块一组，或每个龄期 3 个立方体试件	至少 2 个棱柱体或 8 个立方体或 5 个圆柱体试件	至少 2 个棱柱体或 8 个立方体试件	至少 2 个棱柱体或 8 个立方体试件	中国标准对试块要求比欧洲标准多
试件成型后养护	标准养护 26d，试验前 2d 放 60℃下烘 48h 后，放入试验箱	表面覆盖不可渗透塑料膜，24h 后揭膜并脱模 20℃于水中养护到 28d 后，在试验室自然养护 14d 后，放入试验箱	表面覆盖不可渗透塑料膜，24h 后揭膜并脱模标准养护到 27d 后，自然养护 16h±2h 后，放入试验室	表面覆盖不可渗透塑料膜，脱模后密封，20℃养护至强度基准强度的 50% 时，取出放于自然暴露场地	中欧标准养护方式不同
试件表面处理	除 1 个或相对的 2 个暴露侧面外，其余表面用加热的石蜡密封	—	—	—	中国标准仅 1 或 2 个面可测碳化深度
碳化箱/试验室条件	温度 20℃±2℃，相对湿度 70%±5%，CO_2 浓度 20%±3%	温度 20℃±2℃，湿度 57%±3%，CO_2 平均浓度 3.00%±0.50%	温度 20℃±2℃，湿度 65%±5%，CO_2 平均浓度 0.040%±0.001%	大气环境，自然暴露的史蒂文森式百叶箱中	中国标准 CO_2 浓度远高于欧洲标准
试件存放方式	相邻间距至少 50mm	水平或垂直，相邻间距至少 50mm	水平或垂直，相邻间距至少 50mm	垂直，相邻间距至少 100mm	除欧洲标准自然暴露间距较大外，其他方法间距相同
测试龄期	碳化后的 3d、7d、14d 和 28d	碳化后的 0d、7d、28d 和 70d	碳化后的 90d、180d 和 365d(如 365d 碳化深度<5mm，则延长至 730d)	碳化后的 90d、180d 和 365d(如 365d 碳化深度<5mm，则延长至 730d)	欧洲标准测试时间更长
破形厚度	棱柱体切片厚度为试件宽度的一半，立方体对中劈开	棱柱体切片厚 50mm，立方体对中劈开，圆柱体沿垂直轴对中劈开			相同
劈面的处理	刷去断面上残存的粉末，然后喷或滴上浓度为 1% 的酚酞乙醇溶液(含 20% 的蒸馏水)	将切断面上的粉尘和松散颗粒清除干净，随后喷涂细雾状的指示剂溶液(将 1g 酚酞粉末溶于 70mL 乙醇和 30mL 去离子水溶液中的溶液)。如色变微弱或无色变，半小时后重复喷涂(建议拍照)			基本相同。欧洲标准建议拍照记录

项目	中国标准 GB/T 50082 要求	欧洲标准 EN 12390-10 要求	异同
碳化深度 测量	喷涂后 30s 后开始测量。暴露侧面上沿长度方向用铅笔以 10mm 间距画出平行线,作为预定碳化深度的测量点,测量各点碳化深度,测量应精确至 0.5mm	喷涂后 1h±15min 开始测量,并应立即完成。在每个面的 3 个四等分点上测量各点碳化深度,测量应精确至 0.5mm。并记录每个面的平均碳化深度,以判断结果是否正确	欧洲标准测量点更多,共 12 个点。中欧标准测量精度相同
测量点处有骨料时处理方式	取该颗粒两侧处碳化深度的平均值作为该点深度值	密实骨料取该位置点与颗粒两侧的界限连接线交叉点处;多孔骨料或孔隙需测定碳化深度极值	欧洲标准要求更详细,且有图例说明

由表 8-12-1 可知,中欧标准碳化试验方法在养护方式、试件表面处理、碳化浓度、测试龄期、碳化深度测量和测量点有骨料时的处理方式等方面存在很多差异。

1)养护方式方面,中国标准要求碳化前需烘干试件,欧洲标准仅要求标准养护或自然养护,且欧洲标准加速碳化法试件养护龄期较中国标准长 14d。

2)试件表面处理方面,中国标准采用石蜡密封非测量面,欧洲标准未作处理。

3)CO_2 浓度和测试龄期方面,中国标准中 CO_2 浓度远高于欧洲标准和大气中 CO_2 浓度,因此测试龄期较短,欧洲标准中 CO_2 浓度模拟自然环境,测试龄期较长。

4)碳化深度测量方面,中国标准仅测量 10 个点,欧洲标准需测量 12 个点;中国标准开始测量的时间较欧洲标准早,喷涂完显色剂后 30s 即开始测量。

5)当测量点有骨料时,欧洲标准按骨料为密实骨料或多孔骨料区分处理,并有图示说明不同情形时的处理方式,见图 8-12-3 和图 8-12-4,更形象直观。

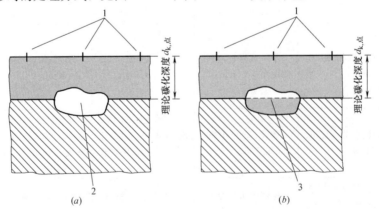

图 8-12-3　欧洲标准中测量点落在密实骨料颗粒内时获得碳化深度的方式

(a)密实骨料阻断了碳化前端;(b)穿过骨料绘制的理论碳化前端

1—测量点;2—密实骨料;3—理论碳化前端

当测量点处有密实骨料时,取该位置点与颗粒两侧的界限连接线交叉点处作为理论碳化深度,见图 8-12-3b。当测量点落在多孔骨料颗粒或孔隙内时,将可能出现碳化深度极

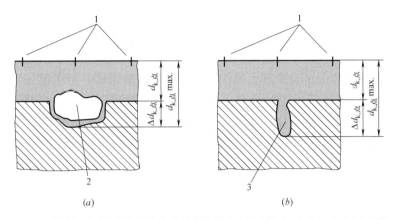

图 8-12-4　欧洲标准中测量点落在多孔骨料颗粒或孔隙内时获得碳化深度的方式

（a）多孔骨料阻断了碳化前端；（b）孔隙阻断了碳化前端

1—测量点；2—多孔骨料；3—孔隙

值（图 8-12-4 中 $\Delta d_{k,点}$），如果 $\Delta d_{k,点}$ 的测定值低于 4mm，则应将其用于计算平均碳化深度，碳化深度增值大于 4mm 的单个点不应使用。

6）欧洲标准中还提供了混凝土的预估碳化深度参考值，普通混凝土 70d 时的预估碳化深度≥4mm，低于该值表示混凝土具有高抗碳化性。

8.12.5　试验结果处理

中欧标准对混凝土碳化试验结果计算和处理对比见表 8-12-2。

中欧标准对混凝土碳化试验结果计算和处理对比　　　　　　　表 8-12-2

项目	中国标准要求	欧洲标准 自然碳化法	欧洲标准 加速碳化法	异同
计算方法	平均碳化深度 $d_t = \dfrac{1}{n}\sum_{i=1}^{n} d_i$ d_i—各测点的碳化深度，单位为 mm； n—测点总数	平均碳化深度 $d = k_c\sqrt{t}$ k_c—碳化速度，单位为 mm/$a^{0.5}$； t—碳化时间，单位为年	平均碳化深度 $d_k = a + K_{AC}\sqrt{t}$ a—常数，单位为 mm； K_{AC}—碳化速度，单位为 mm/天数$^{1/2}$； t—碳化时间，单位为天	欧洲标准中碳化速率与碳化深度的关系可通过公式计算
结果处理	绘制碳化时间与碳化深度的关系曲线，表示该条件下的混凝土碳化发展规律	以年为单位的碳化时间的平方根为 x 轴，绘制碳化深度（y 轴）与碳化时间的线性回归关系曲线，其中回归线的斜率为碳化速度	以天为单位的碳化时间的平方根为 x 轴，绘制碳化深度（y 轴）与碳化时间的线性回归关系曲线。其中，d_k 应在 $t=0$ 时取零。回归线的斜率为碳化速度	中欧标准均用线性曲线表示碳化速度，但中国标准时间单位不明确

中欧标准均需记录各测量点的碳化深度，并计算平均碳化深度，精度为 0.1mm。但在确定碳化速率时，中国标准未明确碳化时间的单位和公式，规定较笼统，欧洲标准较详细，具有更强的参考性。

8.12.6 总结

综上所述，中欧标准混凝土碳化试验存在较大差异，欧洲标准比中国标准规定更为详细。中欧标准碳化试验的试验原理大致相同，均为直接破形法，但关键区别在于 CO_2 浓度不同，欧洲标准中倾向于自然碳化或采用低浓度的快速试验方法，中国标准倾向于高浓度的快速试验法；中欧标准碳化试验箱结构构造基本相同，但欧洲仪器精度更高；在试验步骤方面，欧洲标准要求更细致，测试龄期更长，测量点更多，测量点有骨料时的处理方式更多样；在试验结果处理方面，中欧标准平均碳化深度计算方式和精度相同，但欧洲标准中明确了碳化速率计算的 y 轴—碳化时间的单位。因此，中国的混凝土碳化试验可以模拟欧洲标准检测环境，提高碳化试验数据的准确性、精度，更加严格地控制混凝土的抗碳化性能，提高混凝土的耐久性。

8.13 混凝土的收缩测定试验

混凝土的收缩是指混凝土中所含水分的变化、化学反应及温度变化等因素引起的体积缩小的现象。混凝土的收缩主要包括化学收缩、干燥收缩、自收缩、温度收缩、碳化收缩及塑性收缩等。收缩是混凝土材料的特性之一，较大的收缩会引起混凝土开裂，解决混凝土的有害裂缝是普遍性的难题。精确测试收缩可以为解决收缩裂缝问题提供重要依据。

8.13.1 标准设置

中国标准《普通混凝土长期性能和耐久性能试验方法标准》GB/T 50082—2009 第 8 节：收缩试验规定了两种收缩测试方法：非接触法和接触法。其中，非接触法适用于测定早龄期混凝土的自由收缩变形，也可用于无约束状态下混凝土自收缩变形的测定；接触法适用于测定无约束和规定的温湿度条件下硬化混凝土试件的收缩变形性能。

2019 年 10 月 10 日，欧洲标准委员会发布了一项混凝土收缩试验相关标准—《硬化混凝土试验—第 16 部分：混凝土收缩的测定》EN 12390-16：2019，提出了一种在干燥条件下测定混凝土试件总收缩率（自收缩和干燥收缩的总和）的方法，该方法与中国标准中的接触法原理相同。该标准的制定标志着欧洲已越来越重视混凝土的收缩性能。因此，本节对该标准涉及的收缩试验方法进行简要介绍。

8.13.2 仪器设备

中国标准中收缩测定仪可分为：非接触法混凝土收缩变形测定仪和接触法混凝土收缩变形测定仪。

其中，非接触法混凝土收缩变形测定仪（图 8-13-1）具备自动采集和处理数据、能设定采样时间间隔等功能，测量标距不小于 400mm，传感器测试精度不低于 0.002mm。能获取任意时间段内混凝土试件自由收缩变形，也能准确评价早龄期混凝土自由收缩、自收缩变形特性。

接触法混凝土收缩变形测定仪分为卧式混凝土收缩仪和立式混凝土收缩仪，测量标距均为 540mm，并装有精度为 ±0.01mm 的千分表或测微器。其中，卧式混凝土收缩仪需在试件两端

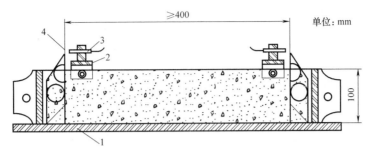

图 8-13-1　非接触法混凝土收缩变形测定仪原理示意图
1—试模；2—固定架；3—传感器探头；4—反射靶

预埋测头，立式混凝土收缩仪需在试件一端中心预埋测头，测头的另外一端采用 M20mm×35mm 的螺栓，并与收缩仪底座固定，且立式混凝土收缩仪的测试台应有减振装置。

欧洲标准中长度变化测量系统测量精度至少为 0.001mm，由游标卡尺或直尺、参考棒、天平、螺柱等组成。

由上可知，中国标准非接触收缩和接触性收缩采用的仪器设备都可实现自动式采点测量，而欧洲标准采用的手动式长度变化测量系统，人为原因造成的误差较大，中国标准比欧洲标准测量更加方便、准确。

8.13.3　试验步骤

中欧标准混凝土收缩测定试验步骤对比见表 8-13-1。

中欧标准混凝土收缩测定试验步骤对比　　　　　　　　　　　　表 8-13-1

试验步骤	中国标准要求		欧洲标准要求
	非接触法	接触法	
成型前准备	试模内刷润滑油，然后在试模内铺设两层塑料薄膜或者放置一片聚四氟乙烯片，将反射靶固定在试模两端	卧式收缩仪上放置的位置和方向均应保持一致。立式混凝土收缩仪应放在不易受外部振动影响的地方	—
试件制备和养护	拌合物浇筑入试模后，振动成型并抹平，然后立即带模移入恒温恒湿室	试模不得使用脱模剂，试件带模养护 1d～2d 后，在 3d 龄期时从标准养护室取出	试件应在浇筑后 24h±1h 脱模
测量变形	当混凝土初凝时，即开始测读试件左右两侧的初始读数，此后至少每隔 1h 或按设定的时间间隔测定试件两侧的变形读数	移入温度 20℃±2℃，相对湿度 60%±5% 的恒温恒湿室，测定其初始长度和 1d、3d、7d、14d、28d、45d、60d、90d、120d、150d、180d、360d（从移入恒温恒湿室内计）的变形读数	将试件放入干燥室后（时间 t0），测定其初始长度 l（t0）和 t0＋7d、14d、28d 和 56d ±1d 的长度
测试注意事项	在整个测试过程中，试件始终保持固定不变。测定混凝土自收缩的试件，应在浇筑振捣后立即采用塑料薄膜作密封处理	安装立式混凝土收缩仪的测试台应有减振装置	如试件已从干燥室或干燥箱中取出，则应在 10min 内完成测量。在试验结束时和每次测量后应称重

由表 8-13-1 可知，中国标准中非接触法可测定混凝土试件的总收缩，当混凝土浇筑振捣后或初凝时，即开始测读试件的变形；接触法主要测定的混凝土试件的干燥收缩，自

3d 龄期起测。欧洲标准主要可测定混凝土试件自 1d 龄期起的自收缩和干燥收缩，但对于 1d 前的自收缩无法测量。中国标准测定的时间周期比欧洲标准测定的周期长，更能体现混凝土收缩的全过程。

8.13.4 试验结果处理

欧洲标准中收缩试验结果处理方式与中国标准中的接触法收缩试验结果处理方式相同，均为变形长度与标距长度的比值，并取每组 3 个试件试验结果的算术平均值作为该组混凝土试件的收缩测试值，精确到 1.0×10^{-6}。欧洲标准规定，当收缩应变达到 $400 \mu m/m$，试验结果范围大于 $60 \mu m/m$ 且超出平均值的 $\pm 15\%$，则需考虑试验结果的有效性。

8.13.5 总结

综上所述，中国标准中混凝土的收缩性能试验方法比欧洲标准要求的更详细，且适用范围更广，试验操作更方便，试验结果更精确。欧洲标准主要可测定混凝土试件自 1d 龄期起的自收缩和干燥收缩，试验方法与中国标准中的接触法基本相同，且需人工测量读取数据，人为原因造成的误差较大；中国标准中的非接触法可测定混凝土试件自浇筑振捣后或初凝时起的总收缩，且实现了自动控制和自动数据采集处理，测试周期长，能够准确测定收缩的全过程。因此，在海外工程中，可以将中国的非接触法收缩测定仪和测试方法推广出去，以便更准确、更便捷地了解混凝土任意时段的收缩变形情况。

8.14 混凝土温升测定试验

温度裂缝不仅会在大体积混凝土中出现，在民用建筑的小尺寸构件中也常出现。混凝土的温度裂缝不仅影响建筑物的美观，而且会影响建筑物的使用功能，缩短建筑物的使用年限，甚至会导致结构破坏，是目前混凝土质量控制的重点和难点。因此对中欧标准中混凝土的温升测定试验方法进行对比，有助于掌握混凝土水化期间的预期温升，有效地控制混凝土裂缝问题，对今后混凝土工程应用有重大指导意义。

8.14.1 标准设置

中国标准《普通混凝土拌合物性能试验方法标准》GB/T 50080—2016 第 19 节：绝热温升试验可用于在绝热条件下，混凝土在水化过程中温度变化的测定。

欧洲现有温升测试方法标准采用半绝热法、绝热法测温升。《硬化混凝土试验—第 14 部分：半绝热法测定混凝土硬化过程中的放热量》EN 12390-14：2018 中规定了在试验室半绝热条件下测定混凝土硬化过程中释放的热量的方法，《硬化混凝土试验—第 15 部分：绝热法测定混凝土硬化过程中的放热量》EN 12390-15：2019 规定了在绝热条件下测定混凝土硬化过程中释放的热量的方法，两种方法均适用于混凝土中实际使用的骨料最大公称粒径不大于 32mm 的试样，但不适用于速凝水泥。

8.14.2 试验原理

混凝土的温升是衡量混凝土本身放热能力的依据，也是大体积混凝土温度控制的一个重要指标。混凝土的温升是混凝土由于胶凝材料的水化放热，使得温度逐步上升达到峰值后逐步下降最终达到稳定的过程，因此，温升的速率与最终温升值是反映混凝土温升过程的主要参数。

中国标准中绝热温升测试的原理为：在绝热环境（试样水化过程与外界介质无热交换的条件）下，使用量热计测试混凝土试样中胶凝材料（水泥、掺合料等）在水化过程中的温度变化及最高温升值。在绝热温升试验前，需对绝热温升试验装置进行绝热性校验。

欧洲标准中，半绝热法测混凝土温升的原理为：在半绝热环境（量热计在与环境有限热交换的条件）下，将新拌混凝土浇筑于模具中，随后将模具放入半绝热量热计中，并测量硬化混凝土的内部温度。在任何给定时间，水化释放的热量等于量热计和试样积累的热量加上自初始时间起耗散至外部的累积热量；绝热法测混凝土温升的原理与中国标准相同。

由上可知，中欧标准混凝土绝热温升测试原理相同，此外欧洲标准还提出了半绝热法。两种方法均能预测混凝土的温升发展趋势，为温度裂缝的控制提供了很好的依据。

8.14.3　仪器设备

中国标准中混凝土绝热温升试验装置应符合行业标准《混凝土热物理参数测定仪》JG/T 329—2011 的规定，该装置示意图见图 8-14-1。其中，温度控制记录仪的测量范围应为 0～100℃，精度不低于 0.05℃。

欧洲标准中混凝土半绝热量热计示意图见图 8-14-2，混凝土绝热量热计示意图见图 8-14-3。

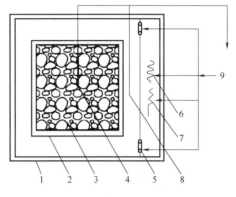

图 8-14-1　中国标准绝热温升试验装置示意图

1—绝热试验箱；2—试样桶；3—混凝土试样；
4—温度传感器；5—风扇；6—制冷器；7—制热器；
8—温度传感器；9—温度测量与仪器控制系统

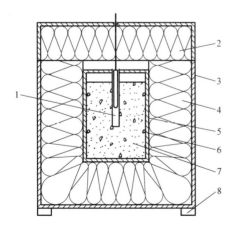

图 8-14-2　欧洲标准半绝热量热计示意图

1—高温流体温度计用探针管；2—盖子（隔热效果
与 4 相似）；3—外部箱体；4—隔热层；
5—量热池；6—样品模具（带盖）；
7—试验样品或对照样品；8—底座

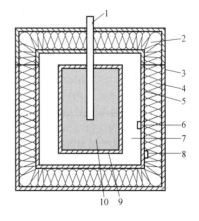

图 8-14-3　欧洲标准绝热量热计示意图

1—高温流体温度计用探针管；2—盖子（隔热效果与
4 相似）；3—外部箱体；4—外保温；5—量热计外壳；
6—外壳内表面上的温度计；7—量热池；8—调节系统；
9—样品模具；10—试验样品

中欧标准绝热温升试验装置均采用水有效地控制环绕试样的温度，根据试样温度来控制内部环境的温度，制造绝热环境；而欧洲标准半绝热法采用半绝热量热计，主要依靠隔热方式尽量减少热量从混凝土试样上损失的速率，与外部环境存在热交换。

8.14.4 试验步骤

中欧标准中混凝土温升试验步骤对比见表8-14-1。

中欧标准中混凝土温升试验步骤对比   表8-14-1

试验步骤	中国标准	欧洲标准		异同
	绝热法	半绝热法	绝热法	
测温要求	0～100℃，精度0.05℃，绝热试验箱空气温度与试样中心温度相差不超过±0.1℃	10℃～100℃，试样的温度和对照试样的温度最大允许误差0.3K	10℃～100℃，试样的温度和量热计的温度最大允许误差0.3K	中国标准对温度精度要求更高
试样模具	钢板制成，顶盖有密封圈，容器尺寸大于骨料最大公称粒径的3倍	立方体或圆柱形模具(带盖)，由壁厚0.1mm～0.2mm的钢材或壁厚约1.9mm硬纸板或类似材料制成，体积至少为5L	立方体或圆柱形模具(带盖)，由绝热材料制成，体积至少3L	欧洲标准模具体积容量更明确
测试前准备工作	试验前24h应将混凝土搅拌用原材料放在20℃±2℃的室内，对绝热温升试验装置进行绝热性试验	量热计、对照试样、原材料应在温度为20℃±2℃的空调室内至少存放24h。试验前测空模具、探针管及模具盖的总质量	原材料应在温度为20℃±2℃的室内至少存放24h。试验前测空模具、探针管及模具盖的总质量	中国标准要求先检测试验装置的绝热性，更严谨
混凝土试件成型装料	分两层装料，每层插捣25次后，轻敲外壁5次～10次，直至捣孔消失	按EN 12390-2的方法成型浇筑到模具中，记录水加入水泥和骨料中时时试验的初始时间、新拌混凝土的初始温度以及对照试样的初始温度和环境温度	按EN 12390-2的方法成型浇筑到模具中，记录水加入水泥和骨料中时时试验的初始时间、新拌混凝土的初始温度	欧洲标准的初始时间与中国标准不同
埋设测温管	在试样容器中心埋入一根测温管，测温管中盛入少许变压器油，然后盖上容器上盖，保持密封	当模具接近填满时，插入探针管。加入混凝土并振实，直到模具完全填满。将模具盖安装在适当位置上并密封，测总质量	—	中国标准在装料完成后埋入测温管，欧洲标准在埋入探针管后还需装料
插入温度计测温	将试样容器放入绝热试验箱内，温度传感器装入测温管中，测混凝土的初始温度。试样从搅拌、装料到开始测读温度，应在30min内完成	将新拌混凝土试样(在其模具中)置于量热池(具有密封可拆卸盖的外部绝缘外壳)中，并将温度计插入探针管中，随后用高温流体填充，封闭量热计并开始温度试验和记录	将新拌混凝土试样(在其模具中)尽快置于量热池中，迅速封闭量热计并开始试验	基本相同，但中国标准规定了整个操作的完成时间
测试时间	测试7d(或根据需要确定)，刚开始每0.5h记录一次试样中心温度，24h后每1h记录一次，7d后每3h～6h记录一次	每隔5min记录温度，试验时间72h，并可至少持续到混凝土24h内温度变化不大于1℃(通常需7d)	每隔5min记录温度，试验时间72h，并可至少持续到混凝土24h内温度变化不大于1℃	欧洲标准测读温度的频率更高
测量结果检验	—	试验结束后，复核试样质量，减少超过1.0%，试验无效	试验结束后，复核试样质量，减少超过1.0%，试验无效	欧洲标准更严谨

由表 8-14-1 可知，中国标准中绝热温升试验方法与欧洲标准中半绝热温升试验方法、绝热温升试验方法除采用的仪器设备不同，试验步骤基本相同，仅在部分细节方面存在差异。

1）中国标准试验前需检测试验装置的绝热性，且对温度精度要求更高、更严谨，试验步骤总体更详细，可操作性更强。

2）欧洲标准记录的初始时间与中国标准不同，欧洲标准以水加入水泥和骨料的时间作为初始时间，中国标准以混凝土试样放入绝热试验箱后装入温度传感器时作为初始时间。

3）欧洲标准要求测定混凝土试样试验前后的质量，并在试验结束后需复核质量减少率，以判断试验结果是否有效，有助于提高试验结果的准确性。

8.14.5　试验结果处理

中国标准中，混凝土绝热温升法因绝热温升试验装置热损失很小并在整个试验过程几乎保持恒定，故只需对测量值进行余差修正即可确定绝热温升值，计算公式简单，见式（8-14-1）。

$$\theta_n = \alpha \times (\theta'_n - \theta_0) \tag{8-14-1}$$

式中：θ_n——n 天龄期混凝土的绝热温升值，单位为℃；

　　　α——试验设备绝热温升修正系数，应大于 1，由设备厂家提供；

　　　θ'_n——仪器记录的 n 天龄期混凝土的温度，单位为℃；

　　　θ_0——仪器记录的混凝土拌合物的初始温度，单位为℃。

欧洲标准中，采用半绝热法时，因混凝土产生的热量一部分为仪器记录的混凝土热量，一部分被量热计吸收，一部分被释放到外部环境中，因此放热量计算公式较复杂，见式（8-14-2）。

$$q(t) = \frac{C_{tot}}{m_{con}} [\theta(t) - \theta(0)] + \frac{1}{m_{con}} \sum_{n-1}^{N} [(a + b \cdot \bar{\theta}(t_n)) \cdot \bar{\theta}(t_n) \cdot (t_n - t_{n-1})]$$

$$\tag{8-14-2}$$

式中：$q(t)$——在时间 t 时，单位质量混凝土的放热量，单位为 J/kg；

　　　C_{tot}——总热容量，单位为 J/K；

　　　m_{con}——混凝土样品的质量，单位为 kg；

　　　t——自试验开始后经过的时间，单位为 h；

　　　$\theta(t)$——在时间 t 时，混凝土试件和对照试件之间的温度差，单位为 K；

　　　a，b——标定系数。

欧洲标准中，采用绝热法时，绝热温升试验装置热损失很小，计算公式见式（8-14-3）。

$$\Delta T_c^*(t) = \left(1 + \frac{C_{cal}}{C_{con}}\right) \cdot [\Delta T_m(t) + \alpha \cdot t] \tag{8-14-3}$$

式中：$\Delta T_c^*(t)$——在时间 t 时，混凝土内部温升，单位为 K；

　　　C_{cal}——量热计的热容量，单位为 J/K；

　　　C_{con}——混凝土试件的总热容量，单位为 J/K；

$\Delta T_{\mathrm{m}}(t)$——在时间 t 时的测量温升，单位为 K；

α——绝热误差，单位为 K/h；

t——自试验开始后经过的时间，单位为 h。

中欧标准均以龄期为横坐标，温升为纵坐标绘制混凝土温升曲线，根据曲线查得各不同龄期的混凝土温升值。但中国标准反映的混凝土绝热温升值，欧洲标准可反映半绝热温升值、绝热温升值。半绝热法测得的温升会低于绝热状态的温升。

8.14.6 总结

综上所述，中欧标准均提供了混凝土绝热温升测试方法，此外欧洲标准还提供了半绝热法测试混凝土温升，两种方法均能反映混凝土在水化过程中温度变化情况，能预测混凝土结构温度变化情况，为最大限度地降低混凝土温度裂缝的风险提供依据。但在实际工程中，真正的绝热条件是不能实现的，更接近工程实际的方法通常为半绝热方法。

在仪器设备方面，中国标准与欧洲标准绝热法均采用绝热温升试验装置，能根据试样温度控制内部环境的温度，制造绝热环境；而欧洲标准半绝热法采用半绝热量热计，主要依靠隔热方式尽量减少热量从混凝土试样上损失的速率，与外部环境存在热交换。在试验步骤方面，中欧标准温升测试基本相同，仅在部分细节方面存在差异，中国标准可操作性更强，欧洲标准对测量结果要求更严谨；在试验结果处理方面，中国标准更简单便捷，欧洲标准更复杂。

第9章 中欧混凝土技术标准比对应用

如前文所述，本文选取欧洲标准为重点研究对象，开展中欧混凝土技术标准比对研究，对欧洲、中国混凝土行业标准体系进行全面、系统的对比分析，包含混凝土技术标准架构体系、混凝土各组成材料的性能和试验方法、配合比设计、混凝土的性能要求、混凝土生产、质量控制、合格性评价、新拌混凝土和硬化混凝土的试验方法等内容。

为了使海外项目中的工程技术人员更好地掌握当地混凝土的性能，本章将以中建西部建设的海外项目—阿尔及利亚民主人民共和国的嘉玛大清真寺和中国电建的海外项目—北马其顿共和国肯切沃-奥赫里德高速公路项目为研究对象，将中欧混凝土技术标准比对的研究成果应用其项目与质量管理中，系统介绍当地混凝土标准特点，分析当地混凝土用原材料性能、混凝土配合比设计等方面与我国的差异。

9.1 阿尔及利亚嘉玛大清真寺项目

9.1.1 阿尔及利亚国基本概况

1. 地理经济环境

阿尔及利亚民主人民共和国（以下简称"阿尔及利亚"）位于非洲西北部，国土面积238万平方公里，是非洲第一大国，沙漠面积约占国土总面积的85%。首都阿尔及尔坐落于地中海沿岸，是阿尔及利亚政治、经济、文化中心，面积共273平方公里，该国所有大公司总部几乎均设于此。该国北部沿海地区属地中海气候，年平均温度约为17℃，1月最低温度约5℃，8月最高温度约38℃。

阿尔及利亚经济规模在非洲位居前列。2016年，阿尔及利亚国内生产总值达1580亿美元，经济增长率约为3.5%，预计未来几年保持3%～4%的发展速度。石油与天然气产业是该国国民经济的支柱，产值占国内生产总值的30%，出口占国家出口总额的97%，原油出口量位居世界第12位，天然气出口量位居世界第3位。为了吸引更多的外来资本参与该国经济建设，该国政府在贸易、投资和工程领域采取了一系列优惠政策。

该国的经济构成中，油气占据比例较高，其单一以能源为主的经济结构形式使其经济发展受国际油价波动影响较大，导致其经济基础差，基础设施建设落后，交通运输极为不便。

2. 建筑工程市场情况

阿尔及利亚的建筑业发展势头向好，在2009～2014年政府曾审批通过数千个项目，其中基础建设类项目总投资额达到1000亿美元，虽因国际油价下跌导致部分项目冻结和推迟，但随着2016年国际油价回升，国家收入增加，部分暂停的施工项目逐渐重启。在第四个五年计划（2015～2019）期间，政府预计将投入约440亿美元用于道路建设，约

60 亿美元用于港口建设，约 4 亿美元用于机场建设。

该国房建市场潜力巨大，为改善民生，该国政府计划投资约 500 亿美元建设 200 万套保障房，虽然该计划受石油价格的影响，和实际完成量可能会有很大差额，但建筑业在未来至少 5 年内仍是该国最为活跃的行业，建筑业及其相关产业将迎来难得的发展机遇。该国住房建设项目资金由政府筹资，所有的住房建设资金是先由政府筹集到位，再签署合同开工建设，所以资金比较充足，基本不存在拖欠工程款的情况。

近几年来，中资企业在阿尔及利亚开展承包工程业务数量大、增速快，并承揽了一批重要的基础设施项目和大量房建项目。预计未来几年，该国住房建设将进入前所未有的发展期，各城市都将住房建设列为民生工程的重中之重，为中资企业进军阿尔及利亚市场提供了很好的契机。

3. 混凝土和原材料市场情况

阿尔及利亚预拌混凝土搅拌站主要分布在阿尔及尔、奥兰、安纳巴等北部重要城市。世界范围来看，其混凝土产业比较落后，商品混凝土普及程度不高（约 20％），市场整体处于待重新开发状态。产品供应主要有两种模式，一种是随项目而迁移的移动式厂站（现场站）模式，另一种是固定式厂站模式。在阿尔及尔混凝土市场，普遍以移动站为主，房建、公建以及基础设施建设中便于现场建站或有技术条件的都会自建搅拌站进行混凝土生产。固定式厂站多为第三方建设，一般向当地中小型项目供应混凝土，但规模都较小，多为 60 型、90 型生产线，120 型生产线较少。

该国混凝土生产、运输、施工设备主要依靠从欧洲和中国进口，设备品种少，维护费用高，尤其是高层泵送设备，必须单独从中国订购。

混凝土用原材料方面，水泥是限制该国预拌混凝土发展的重要因素，该国生产的水泥品质较差，高品质水泥主要依赖进口，且水泥的供应由政府控制，必须由施工项目提交申请按需供给，为高性能混凝土的配制带来不小的麻烦。过去几年，因国际油价波动，当地水泥供应非常紧张，近年来有所缓解但仍然是卖方市场，水泥经常处于供不应求的状况。目前该国水泥生产市场和预拌混凝土市场基本由阿尔及利亚水泥工业集团（GICA）和拉法基阿尔及利亚公司垄断。

其他原材料方面，由于阿国的油气产值在采矿工业总产值中占 90％ 以上，区域无炼铁炼钢厂和火力发电厂，导致阿国矿物掺合料资源十分匮乏。粉煤灰、矿粉、硅灰等矿物掺合料当地无供应资源，如需使用需从其他国家进口；当地砂石材料供应基本能满足混凝土生产需求。当地细骨料分为天然砂和人工砂，天然砂主要为海砂、矿砂和河砂，河砂比例较少且含泥量极高。海砂级配好但氯离子含量高而被禁止用于配制混凝土。矿砂的粒径一般小于 1mm，对混凝土施工性能和强度影响较大。粗骨料多为石灰石，出厂时均为单粒径级配，压碎值一般。外加剂方面，Sika 公司控制了阿尔及利亚大部分外加剂市场，由于当地所用混凝土多为普通强度等级，泵送比例低，因此外加剂产品可选择的品种较少，没有泵送剂、降粘剂等适于配制高强泵送混凝土的外加剂。

由于建筑业的快速增长，近年来水泥和预拌混凝土需求量呈增长趋势。阿尔及利亚全国混凝土市场规模在 3000 万 m^3 ～5000 万 m^3，首都阿尔及尔约 2000 万 m^3，预计中资企业 2020 年在阿尔及利亚对外承包工程混凝土需求量也将达到 700 万 m^3。

9.1.2　工程项目概况

1. 项目基本情况

2011年10月19日，阿尔及利亚宗教部发布公开授标通知，宣布中建股份中标阿尔及利亚嘉玛大清真寺项目。2012年，中建西部建设股份有限公司承接阿尔及利亚嘉玛大清真寺的混凝土生产供应任务，首次走出国门，进军海外市场。

嘉玛大清真寺位于首都阿尔及尔中轴线上，地处地中海畔。该项目建筑面积40万 m²，包括宣礼塔、祈祷厅、伊斯兰学院、图书馆及文化中心等12座建筑，其中宣礼塔分为地上42层，地下2层，从−2层～37层为标准层，38层～42层为观景平台，总高265m，为世界宣礼塔之最。该项目将高超的施工技术和悠久的文化有机结合，不仅规模大，还能抗9级地震，理论寿命达500年，被称为阿尔及利亚"千年工程"（效果图和实景图分别见图9-1-1和图9-1-2）。该项目现已基本完工，宣礼塔成为刷新阿尔及利亚天际线的新地标，且作为国家的名片被印在该国新版的1000第纳尔纸币上，并正式在该国发行流通。

图 9-1-1　阿尔及利亚嘉玛大清真寺效果图

图 9-1-2　阿尔及利亚嘉玛大清真寺实景图

嘉玛大清真寺项目施工过程中主要参与方分别来自非洲、欧洲、亚洲、美洲四大洲，同时有来自意大利、西班牙、葡萄牙、土耳其、阿联酋等超过 12 个国家的设计咨询公司和 78 家分包商（含劳务分包）、88 家供货商。工作语言涉及汉语、法语、英语、阿拉伯语、德语等语言，需要使用的规范包括国际标准、欧洲标准、德国标准、法国标准、中国标准、阿尔及利亚当地标准等，其中涉及的欧洲建筑规范有 1689 部。

2. 所采用的技术标准

该项目主要采用欧洲技术标准，辅以阿尔及利亚标准，涉及的具体欧洲标准见表 9-1-1。

嘉玛大清真寺工程项目采用的欧洲标准清单　　　表 9-1-1

序号	标准名称	标准号
一、结构设计标准		
1	混凝土结构设计—第 1-1 部分：一般规则和建筑规则	EN 1992-1-1
2	混凝土结构设计—第 1-2 部分：一般规则—结构防火设计	EN 1992-1-2
3	混凝土结构设计—第 2 部分：混凝土桥梁—设计和细则	EN 1992-2
二、原材料标准		
4	水泥—第 1 部分：通用水泥的组分、规定和合格标准	EN 197-1
5	混凝土用粉煤灰—第 1 部分：定义、规定与合格标准	EN 450-1
6	混凝土用硅灰—第 2 部分：合格评定	EN 13263-2
7	混凝土、砂浆和水泥浆用外加剂第 2 部分：混凝土外加剂—定义、要求、合格性、标记和标签	EN 934-2
8	混凝土骨料	EN 12620
9	轻骨料	EN 13055
10	混凝土拌合用水—取样、试验和评价其适用性的规范，包括混凝土生产回收水用作拌合水	EN 1008
11	建筑颜料	EN 12878
12	混凝土—规定、性能、生产和合格性	EN 206
13	混凝土结构施工	EN 13670
14	新拌混凝土试验	EN 12350 系列
15	硬化混凝土试验	EN 12390 系列
三、结构测试标准		
16	结构和预制混凝土构件的现场抗压强度评定	EN 13791
17	结构混凝土试验—第 1 部分：钻芯试样—抗压试样的取样、检验和试验	EN 12504-1
18	结构混凝土试验—第 2 部分：无损检测—回弹值的测定	EN 12504-2

3. 项目技术要求与难点

该项目生产施工按照最严苛的欧洲标准和阿尔及利亚宗教标准执行，且由于项目濒临地中海，昼夜温差大，地中海盐度最高时可达 39.5%，该特殊环境对混凝土的施工性能、力学性能、抗硫酸盐侵蚀性能和抗渗性能提出了极高的要求。

该项目中宣礼塔总高 265m，融入了马格里布宣礼塔的传统风格，围绕数字 5 的象征性用法，楼层每 5 层分成一个部分。其结构形式采用了世界上不多见的多筒组合结构形式，即根部是 4 个混凝土核心筒，顶部变为一个混凝土核心筒。每个核心筒的高宽比约为 30：1，远超规范要求。混凝土设计最高强度等级为 C50/60，施工方式为泵送施工，泵送最高高度 250m，核心筒采用 SKE 100 爬模施工。为了保证施工速度，混凝土 24h 抗压强度不低于 25MPa。同时，宣礼塔底板设计采用 C30/C37 混凝土，厚度为 3m，核心筒采用 C50/C60 混凝土，厚度为 1.5m，均属于大体积混凝土结构，项目技术条款要求混凝土中心温度不得高于 70℃。

由于该项目主要使用欧洲标准，辅以阿尔及利亚标准。根据项目的技术条款要求，混凝土强度等级从 C12/15～C50/60，其原材料选择、配合比试验与审批、混凝土生产和施工、质量评定等工作必须严格执行现行欧洲标准。而欧洲标准在原材料的分类、性能指标、评价方法、混凝土力学性能指标和耐久性能指标及评价等方面与中国标准有很大的差异，配合比设计方法也大相径庭。将中国同等强度等级混凝土结构施工标准与嘉玛大清真寺施工关键指标进行对比分析，其主要差异见表 9-1-2。

嘉玛大清真寺项目关键指标在中欧标准中的差异　　　　　表 9-1-2

对比内容	嘉玛大清真寺选用欧洲标准	中国标准	差异
混凝土最高温度	规定：混凝土浇筑温度不得低于 5℃。 除非另有要求，否则暴露于潮湿或循环潮湿环境中的部件内的混凝土峰值温度不得超过 70℃	《大体积混凝土施工标准》GB 50496—2018 规定： 1. 入模温度基础上的温升值不大于 50℃； 2. 里表温差不大于 25℃； 3. 降温速率不大于 2℃/d； 4. 拆模保温覆盖时浇筑体表面与大气温差不大于 25℃。 水工行业标准《水运工程大体积混凝土温度裂缝控制技术规程》JTS 202-1—2010 规定： 1. 浇筑温度不高于 30℃，不低于 5℃； 2. 内表温差不大于 25℃； 3. 内部最高温度不高于 70℃； 4. 降温速率不大于 2℃/d	欧洲标准规定了混凝土核心最高温度不得超过 70℃；而中国国家标准仅规定了混凝土内外温差和温升，要求内外温差≤30℃，温升≤50℃，未明确规定最高温度。仅水工标准中限定了混凝土最高温度不高于 70℃
抗硫酸盐侵蚀能力	采用残余膨胀试验 RSI 对长期暴露在水中或者极度湿润环境下的混凝土内部硫酸盐反应进行验证，以保证工程的安全性	中国行业标准《混凝土耐久性检验评定标准》JGJ/T 193—2009 采用抗硫酸盐等级作为抗硫酸盐侵蚀试验的评定指标，分为 KS30、KS60、KS90、KS120、KS150 和＞KS150 6 个等级，以抗压强度耐蚀系数或干湿循环次数为判定依据。中国暂无残余膨胀试验 RSI 评价方法	中欧标准抗硫酸盐侵蚀试验方法和评价指标不同

由表 9-1-2 可知，该项目中宣礼塔核心筒使用的 C50/60 高强混凝土配制技术、大体积混凝土控温技术和混凝土抗硫酸盐侵蚀性，是该项目混凝土技术的三大重点。由于中欧标准的差异性，极容易出现因不熟悉当地标准而导致混凝土质量不合格的情况。且阿尔及利亚混凝土技术发展滞后，商品混凝土应用比例低于 25％，高强、泵送等高性能混凝土应用技术几乎为空白，没有任何经验可借鉴，使得 C50/60 高强混凝土配制技术、大体积混凝土控温技术成为项目的难点，是在施工过程中需重点关注和解决的内容。

9.1.3　标准应用情况

由于欧洲标准和中国标准分属两个不同的体系，两套标准在编写思路、侧重点方面有极大不同，尽管已经辨识并提炼出混凝土领域的技术难点，但如果不深入地理解欧洲标准并运用欧洲标准指导混凝土开发工作，可能会在实际生产和验收过程中陷入非常窘迫的境地。因此，本章结合实际项目，对欧洲标准与中国标准的异同进行分析。

1. 原材料差异

(1) 胶凝材料

因阿尔及利亚胶凝材料品种单一，粉煤灰、矿粉、硅灰等矿物掺合料当地无供应资源，所以混凝土配制只能采用水泥单一材料。欧洲标准中水泥按照化学成分进行分类，共有5类27种：CEMⅠ硅酸盐水泥、CEMⅡ混合硅酸盐水泥、CEMⅢ矿渣水泥、CEMⅣ火山灰水泥和CEMⅤ复合水泥，具体品种见前文第4章内容。阿尔及利亚工业不发达，水泥品种较少，主要为CEMⅡ混合硅酸盐水泥。

水泥检测指标主要有化学组分、强度、水化热、细度、安定性等，与中国标准基本相同。强度等级分为32.5N、32.5R、42.5N、42.5R、52.5N、52.5R共六类，N表示一般型，R表示早强型。水泥抗压强度要求为2d和28d龄期。水泥富余强度很低，因此相对同强度等级混凝土，阿尔及利亚水泥用量要偏高。

(2) 细骨料

欧洲标准中细骨料包括天然砂和人工砂，天然砂主要有海砂、矿砂和河砂，海砂粒形、级配非常好，但因氯离子含量超标而无法使用，矿砂粒度一般小于1mm，河砂含泥量很高，均不能作为配制高性能混凝土的主要材料。阿尔及利亚当地用量最多的细骨料是人工砂，当地称石粉，为生产粗骨料时筛余的石屑和石粉。与国内砂规格为0~5mm不同，欧洲标准要求砂的规格为0~3mm，性能指标包括颗粒级配、砂当量。阿尔及利亚砂子产量少，且坚固性不佳，砂子的干净程度以砂当量来控制，砂当量普遍较低。

(3) 粗骨料

阿尔及利亚河流数量少，因此混凝土生产中几乎不用卵石，在配制混凝土时需全部采用碎石。石子规格一般为3/8、8/15、15/25，粒径比较小，划分较细，软弱颗粒含量较多。石子主要以洁净度、洛杉矶系数为控制指标，没有压碎指标概念。

在混凝土配合比设计过程中，需要将不同粒径单级配碎石进行搭配使用，形成连续级配碎石方可正常使用。

(4) 外加剂

阿尔及利亚混凝土外加剂包括减水剂、缓凝剂、早强剂、防水剂等。检测指标包括含固量、密度、碱含量、氯离子含量、凝结时间、减水率等。由于当地混凝土搅拌站大多为现场站，混凝土出站到施工多在1h内完成，因此缓凝剂使用不普及，大多混凝土配合比设计中仅使用减水剂即可，在搅拌站生产线也仅设置一个外加剂罐。

对于水化热较高的高强混凝土，仅使用一种减水剂显然无法满足配合比设计的需要，为了满足高性能混凝土生产和工作度保持性能，需要调整减水剂配方或者额外增加外加剂品种。

2. 混凝土工作性能差异

新拌混凝土的工作性能是保证施工顺利的必要条件。中国标准《混凝土质量控制标准》GB 50164—2011规定，可采用坍落度和扩展度表示新拌混凝土的工作性能，并对坍落度和扩展度的等级进行分类，见表9-1-3。

欧洲标准《混凝土—规定、性能、生产和合格性》EN 206：2013＋A1：2016 也规定可采用坍落度和扩展度来表示新拌混凝土的工作性能，其等级分类见表 9-1-3。

中国（欧洲）标准混凝土工作性能的分类　　　　　　　　　　表 9-1-3

类别	坍落度/mm	类别	扩展度/mm
S1	10～40	F1	≤340
S2	50～90	F2	350～410
S3	100～150	F3	420～480
S4	160～210	F4	490～550
S5	≥220	F5	560～620
—	—	F6	≥630

由表 9-1-3 可知，中欧标准混凝土工作性能指标及分类完全相同。

项目技术条款要求 C50/60 混凝土工作性能指标≥S4F5，同时坍落度不低于 180mm，即 C50/60 混凝土坍落度应为 180mm～210mm，扩展度应为 560mm～620mm。

3. 力学性能差异

（1）抗压强度

力学性能是保证混凝土结构安全的根本。欧洲标准中普通混凝土抗压强度以 ϕ150mm×300mm 圆柱体试件测得的 28d 抗压强度特征值或 150mm×150mm×150mm 立方体试件测得的 28d 抗压强度特征值进行分类，欧洲标准普通和重混凝土抗压强度等级分类见表 9-1-4。

欧洲标准普通和重混凝土抗压强度等级分类　　　　　　　　　表 9-1-4

抗压强度等级	最低圆柱体特征强度/MPa	最低立方体特征强度/MPa
C8/10	8	10
C12/15	12	15
C16/20	16	20
C20/25	20	25
C25/30	25	30
C30/37	30	37
C35/45	35	45
C40/50	40	50
C45/55	45	55
C50/60	50	60
C55/67	55	67
C60/75	60	75
C70/85	70	85
C80/95	80	95
C90/105	90	105
C100/115	100	115

以中国国内立方体试件强度等级 C30 为例，若采用欧洲标准的圆柱体试件评价，强度等级达到 C25/30 即可满足标准要求。欧洲标准对混凝土力学性能的评定也与中国标准

不同，具体要求见表 9-1-5。

欧洲标准对混凝土抗压强度的评定标准　　　　　　　　　　　　　表 9-1-5

生产	每组中 n 个抗压强度测试结果	标准 1 n 个结果的平均值(f_{cm})/MPa	标准 2 任一测试结果(f_{ci})/MPa
初始生产	3	$\geqslant f_{ck}+4$	$\geqslant f_{ck}-4$
连续生产	不少于 15	$\geqslant f_{ck}+1.48\sigma$	$\geqslant f_{ck}-4$

根据中国标准《混凝土强度检验评定标准》GB/T 50107—2010，混凝土强度评定方法有统计法和非统计法两种。若按统计法评定，在少数试块强度低于设计值的情况下，仍可能判定该批次混凝土强度合格。在非统计法下，试块平均强度需大于 1.15 倍设计强度（C60 以下）或 1.10 倍设计强度（C60 及以上），且最低一组强度不低于 0.95 倍设计强度，才能判定该批次混凝土强度合格。

由上述分析可知，在欧洲标准体系下，运用非统计法评定混凝土强度对于推进工程进展，减少质量争议比较有利；而在中国标准体系下，运用统计法评定混凝土对于我们更加有利。由此可知，在海外工程中，应提前与监管机构协调，尽量选用对我方更加有利的质量评定方法，以减少不必要的麻烦和风险。

阿尔及利亚当地标准强度评定要求混凝土试件为圆柱体：直径×高为 ϕ150mm×300mm，混凝土强度表示方式为 RN12、RN15、RN20……。圆柱体试件体积约为中国国内标准立方体试件体积的 2 倍，因此成型时需要的材料用量较多。由于圆柱体试件成型面即为受压面，表面不平整，测试前 24h 需要在其上表面镀一层硫磺，测试过程比较烦琐。为了对比立方体试件和圆柱体试件的差异，采用相同的国内混凝土强度等级，用同一盘混凝土分别成型立方体试件和圆柱体试件，用于抗压强度测试，以确定其相关性和转换系数，从而建立欧洲标准与中国标准在配合比设计强度上的关系，见图 9-1-3。

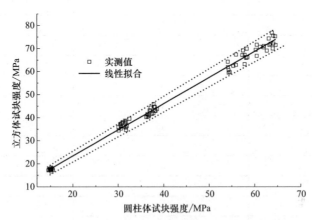

图 9-1-3　欧洲标准与中国标准混凝土强度等级的关联性

由图 9-1-3 可知，低强度混凝土所测强度值较为集中，而高强度混凝土测试值离散性较大；中国标准立方体标准试件与欧洲标准圆柱体试件的比值为定值，其值在 1.09～1.19，拟合直线的斜率 λ 为 1.135，即欧洲标准与中国标准在定义混凝土强度等级上存在约 λ 倍的差异。

综上所述，在基于欧洲标准设计一定强度等级的混凝土时，可折算为中国标准设计强度，并参考中国标准进行配合比设计，配制出满足欧洲标准的混凝土，基于此可大量减少混凝土试配工作量。

（2）劈裂抗拉强度

欧洲标准中混凝土劈裂抗拉强度测试原理是在沿试件长度方向上狭窄区域内施加压力，由此产生的正交拉应力使得试件在拉伸作用下产生破坏。欧洲标准中劈裂抗拉试验可以采用 $\phi150mm \times 300mm$ 的圆柱体试件或边长为 150mm 的立方体试件测试。

劈裂抗拉强度的测值与所用试件的形状、尺寸有关。根据统计测试结果，立方体试件的实测劈裂抗拉强度比圆柱体试件高约 10%。由于某些国家仍然采用立方体或棱柱体试件进行试验，所以其使用方法仍保留于欧洲标准规范性附录中。在有争议的情况下，以 $\phi150mm \times 300mm$ 的圆柱体试件的劈裂抗拉强度值为准。

因此，在评价混凝土劈裂抗拉强度时，必须提前同项目方沟通确定测试试件尺寸，选用立方体试件还是圆柱体试件作为评价手段，否则实际测试结果可能会有明显的差异，甚至导致产品劈裂抗拉强度不合格。

4. 耐久性能差异

（1）混凝土耐久性能分级

欧洲标准对不同环境下混凝土的耐久性能提出了明确的规定，对结构所处的环境进行明确的分类，包括"无腐蚀或侵蚀风险""碳化引起的腐蚀""非海水氯化物引起的腐蚀""海水氯化物引起的腐蚀"……等暴露环境，见表 9-1-6。

欧洲标准中混凝土所处的暴露环境和等级 表 9-1-6

等级标志	暴露环境	环境等级	描述
X0	无腐蚀或侵蚀风险	—	—
XC	碳化引起的腐蚀	XC1/XC2/XC3/XC4	干燥或长期湿润/潮湿/中等潮湿/干湿交替
XD	非海水氯化物引起的腐蚀	XD1/XD2/XD3	中等潮湿/潮湿，极少干燥/干湿交替
XS	海水氯化物引起的腐蚀	XS1/XS2/XS3	暴露在盐雾中/长期浸泡在海水中/潮汐、冲刷和浪溅区
XF	冻融侵蚀	XF1/XF2/XF3/XF4	无除冰剂中度饱和水/有除冰剂中度饱水/无除冰剂高度饱水/有除冰剂高度饱水
XA	化学侵蚀	XA1/XA2/XA3	根据 SO_4^{2-}、pH 值、有效的 CO_2、NH_4^+、Mg^{2+}、土壤酸度等含量或比例区分

对于不同环境下使用的混凝土，配合比设计时水胶比和最低水泥用量要求也不同。项目使用环境为海滨区域，通过查阅欧洲标准，混凝土结构处于"海水氯化物引起的腐蚀"中 XS1 等级暴露环境，即"暴露于盐雾中，但不与海水直接接触"。对应欧洲标准中技术要求为"混凝土最低强度等级为 C30/37，最大水胶比为 0.5，水泥最低用量为 $300kg/m^3$"。另通过地下水成分检测结果，该结构处于"化学侵蚀"中的 XA2 等级暴露环境，对应欧洲标准中的技术要求为"混凝土最低强度等级为 C30/37，最大水胶比为 0.5，水泥最低用量为 $320kg/m^3$"。故在配合比设计中不仅需要考虑力学性能指标，在耐久性能指标上也必须满足欧洲标准要求。

由此可见，中国一般房建工程对耐久性能的重视程度低于欧洲，一般除了需要防水的部位需检测混凝土抗渗性能外，其他部位只检测力学性能。而在欧洲标准体系下，在开始设计混凝土配合比之前，就根据结构所处环境的不同，划分了暴露等级，根据暴露等级预先确定配合比中材料品种与用量的极限值。

(2) 抗硫酸盐侵蚀测试

在耐久性能评价方法上，中欧标准也有很多差异。在中国抗外部硫酸盐侵蚀性能的研究主要通过干湿循环试验基于混凝土抗蚀系数以及膨胀率进行评价；硫酸盐侵蚀从侵蚀方式可分为外部硫酸盐侵蚀和内部硫酸盐侵蚀，而内部硫酸盐反应 RSI 主要表现为由延迟性钙矾石引起混凝土工程裂缝及结晶压力导致的典型的病变紊乱，这将会危及工程的长期耐久性。欧洲标准中规定，对于长期暴露在水中或者极度湿润环境下的混凝土，需对内部硫酸盐反应进行验证，以保证工程的安全性。

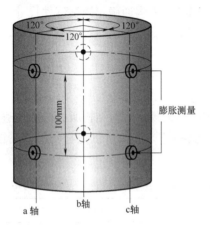

图 9-1-4 试样应力应变测定点分布

欧洲标准中残余膨胀试验要求以钻芯取样的方式获得混凝土试样，并采用干湿循环方法对混凝土试样进行预处理，再进行残余膨胀试验。试样干湿循环预处理（试样先在 20℃±2℃的水中养护 5d，随后在 38℃±2℃，相对湿度＜30％的环境中养护 2d）目的是加速 RSI 的发展。预处理 2 个周期后，试样被保存于封闭的水箱中，水量和试样体积的比例遵循低于 1.5 的原则，以限制浸滤作用，在此期间对试样进行尺寸和单位质量的定期跟踪：跟踪时间规定为 1 周、2 周、4 周、6 周、8 周，然后每四周进行测试，测定 64 周内试样残余膨胀值。图 9-1-4 为试样膨胀应力应变测定点分布。

残余膨胀试验在中国无类似评价方法，需要引起特别关注。对于大体积混凝土，因水化温升过高导致大量单硫型水化硫铝酸钙的产生，尽管混凝土表面未出现明显裂缝，该试验也极容易测试不合格。

(3) 抗水渗透性能测试

欧洲标准中抗水渗透试验原理和中国标准相同，均为向硬化混凝土表面施加水压力，然后劈开试件，并测量渗水情况，但试验方法和结果评价与中国标准均不相同。欧洲标准中抗水渗透试件可以是立方体、圆柱体或棱柱体，待测试件表面尺寸至少为 150mm，任何其他尺寸不得小于 100mm。

试件脱模后应立即用钢丝刷，使拟承受水压的表面变粗糙，并按照欧洲标准要求将试件置于水中养护。

试件至少水养 28d 龄期后才能开始试验。利用橡胶或其他类似材料制成的不透水密封垫将试件四面密封（图 9-1-5）。将试件置入仪器中，并施加 0.5MPa±0.05MPa 的水压，持续 72h±2h。试验过程中，应定期观察试件未承受水压表面的情况，注意是否有水。如果观察到泄漏，则考虑结果的有效性，并记录事实情况。

所加水压持续规定时间后，将试件从仪器中取出。擦拭承受水压的表面，去除多余水分。以垂直于承受水压表面的方向将试件分为两半。断裂表面干燥后，渗水线清晰可见，此时立即在试件断裂面标记渗水线。测量试验区域的最大渗水深度，并将其四舍五入记录至最接近的 mm。最大渗水深度（以 mm 表示）即为试验结果。欧洲标准中混凝土抗渗试验结果单个试件渗水深度最大值不得超过 50mm。

由于欧洲标准中对混凝土耐久性能的要求和测试方法与中国标准不同，不通过试验无法判定两者的区别，因此在混凝土配合比设计过程中除了工作性能和力学性能，在耐久性能方面也需要重点关注，否则极容易出现配制出的混凝土施工和强度完全满足设计要求，在抽样检测耐久性能指标时却不满足标准要求的局面。

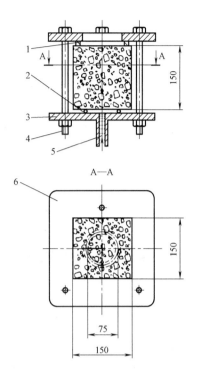

图 9-1-5　抗水渗透试验图例（mm）
1—垫片；2—密封圈；3—螺栓连接板；
4—螺纹杆；5—受压水；6—螺栓连接板

9.1.4　基于欧洲标准体系的高强混凝土配制技术

1. 原材料优选

（1）水泥

水泥作为混凝土中最重要的胶凝材料，其质量直接影响工程质量和工程进度。项目用水泥为 Lafarge 公司生产的 CHF-CEM Ⅲ/A 42.5 级水泥（矿渣水泥）和 Chlef 公司产品 CPJ CEM Ⅱ/A 42.5 级水泥（矿渣硅酸盐水泥），该两种水泥均为抗硫酸盐水泥，其中添加有高炉矿渣粉，并且严格控制了铝酸三钙的含量。因此，它们与普通硅酸盐水泥相比，显著提高了硫酸盐侵蚀性，降低了水化放热。为了控制因水泥质量引发的风险，每月都需对水泥化学成分和性能进行检测，分析其各组分波动。

（2）其他胶凝材料

阿尔及利亚没有火山灰质掺合料，为了实现混凝土高早强和低热性能，分别从中国、欧洲引入微珠、硅灰作掺合料。微珠作为火山灰质超细粉体，中位径比水泥低一个数量级，掺入混凝土中可以起到微集料作用，减少混凝土用水量，优化孔结构，降低混凝土粘度，有效提高混凝土的密实性、强度和耐久性能。微珠的化学组分含量以及物理参数均符合中国标准和欧洲标准；硅灰能提高混凝土的早期强度，同时改善混凝土的工作性能、力学性能以及耐久性。

（3）细骨料

项目细骨料选用天然矿砂和机制砂。天然矿砂（当地称黄砂或黄面砂）粒径小，中位径小于 1mm，机制砂（当地称石粉）为生产粗骨料时颗粒小于 3mm 的石屑和石灰石粉，粒径范围 0～3mm，两种材料基本性能见表 9-1-7，筛分结果见表 9-1-8。

（4）粗骨料

项目粗骨料选用产地 Mila 的石灰岩，密度 2750kg/m³，压碎值 8%。级配分别为 3/8（3mm～8mm），8/15（8mm～15mm）。

细骨料的基本物理性能   表 9-1-7

种类	密度/(kg/m³)	细度模数	砂当量/%	含泥量/%
黄砂	2630	0.89	—	0.1
机制砂	2630	3.84	70.5	0.2

细骨料的筛分结果   表 9-1-8

筛孔尺寸/mm	8	6.3	5	2.5	1.25	0.63	0.31	0.16	0.063
黄砂通过率/%	0	0	0	100	99.4	99.1	90.2	22.3	2.0
机制砂通过率/%	100	99.4	95.8	57	33.1	20.6	13.9	10.5	7.9

(5) 外加剂

项目选用 Sika TM12 型聚羧酸减水剂，含固量 29.6%。为了延缓水化温峰出现的时间，另外添加一种 GM10 高效缓凝剂，可以延缓水泥水化数小时而不影响水泥 24h 强度，该缓凝剂含固量 9.1%。

2. 配合比设计

在配合比设计方面，阿尔及利亚主要采用欧洲（法国）标准。欧洲（法国）标准中普通混凝土配合比设计方法主要有 Bolomey 法、Faury 法、Vallette 法、Fuller 法和 Joisel 法等。阿尔及利亚习惯采用的是 Faury 法。这种设计方法与中国标准《普通混凝土配合比设计规程》JGJ 55—2011（以下简称 JGJ 55）中的设计方法有很大的区别。相比较而言，Faury 法在水泥混凝土配合比设计中比较注重固体材料（水泥、掺合料和粗细骨料）的级配的合理性，中国标准 JGJ 55 给出的基于水泥胶砂强度和混凝土水胶比的配合比设计方法主要依靠经验数据。Faury 法设计原理是通过确定各固体成分混合后的"最佳曲线"，根据水泥、骨料等固体成分的级配情况进行调整比例，找到最接近"最佳曲线"的混合级配曲线，由此确定一个最合理的混凝土配合比。Faury 法是一种研究混凝土密实性的设计方法，所以级配的良好搭配也使得混凝土的密实程度得以提高，这对提高混凝土的强度和耐久性有很好的效果。该方法没有明确的水泥用量的计算方法和水灰比的计算方法，确定水泥用量和水灰比需要设计人员积累大量的经验，对于不熟悉当地原材料及配合比设计的人员并不适用，由于材料性能的差异，中国标准 JGJ 55 的混凝土配合比设计方法也不完全适用阿尔及利亚。因此，结合欧洲标准设计要求和中国标准 JGJ 55 混凝土配合比设计方法，基于混凝土原材料全体系下骨架密实度堆积法，提出一种新的混凝土配合比设计方法。具体步骤如下：

(1) 确定强度等级

欧洲（法国）标准中混凝土强度计算方法与国内一样，均采用鲍罗米公式，但算法和公式有一定差异。欧洲（法国）标准采用公式为：

$$F_{ce} = K \times C_e (C/E - 0.5) \tag{9-1-1}$$

式中：K——系数，与水泥和骨料有关，一般为 0.45～0.50；

C_e——水泥 28d 胶砂抗压强度；

F_{ce}——混凝土配制强度，为满足立方体试件的抗压强度（MPa）。

要求：①$F_{ce} \geqslant F_{c28} + \lambda(C_e - C_{min})$，②$F_{ce} \geqslant 1.1 F_{c28}$，其中 F_{c28} 为设计龄期强度。

根据 JGJ 55 确定混凝土配制强度。

$$f_{cu,0} = f_{cu,k} + 1.645\sigma \qquad (9\text{-}1\text{-}2)$$

式中：$f_{cu,0}$——混凝土配制强度，单位为 MPa；

　　　$f_{cu,k}$——混凝土设计强度，单位为 MPa；

　　　σ——混凝土强度标准差。

C60 混凝土强度标准差 σ 为 6MPa。则根据 JGJ 55，计算出混凝土配制强度为：

$$R_{28} = R_{28,0} + 1.645 \times \sigma = 60 + 1.645 \times 6 = 69.9\text{MPa}$$

计算结果高于 $1.15 f_{cu,k}$（69MPa），为了保证混凝土强度，确定配制混凝土强度为 73.6MPa。

(2) 水胶比确定

中国标准规定混凝土配合比水胶比计算公式为：

$$W/B = \alpha_a \times f_b / (f_{cu,0} + \alpha_a \times \alpha_b \times f_b) \qquad (9\text{-}1\text{-}3)$$

式中：$f_{cu,0}$——混凝土配制强度；

　　　α_a、α_b——回归系数，与粗骨料品种有关；

　　　f_b——胶凝材料 28d 胶砂抗压强度。

根据项目试验结果，水泥胶砂平均强度为 44.0MPa。阿尔及利亚使用的骨料同样为石灰岩碎石，与中国国内材料相同，水胶比可套用中国标准，计算得出混凝土水胶比为 0.3。

(3) 全体系密实堆积法确定砂石和胶凝体系

根据前面材料介绍，阿尔及利亚骨料主要有细砂 0/1（0～1mm）、粗砂 0/3（0～3mm）、细石 3/8（3mm～8mm）、中石 8/15（8mm～15mm）、大石 15/25（15mm～25mm）。为了获得良好的级配和强度，参照高强混凝土配合比设计经验，骨料选用细砂、粗砂、细石和中石。确定各材料比例的步骤为：①确定黄砂填充机制砂的比例→②确定细骨料（含细砂与粗砂）填充粗骨料的最大堆积因子→③得出细砂、粗砂、粗骨料的最大单位质量→④分别确定最大单位质量中的粗骨料、细砂、粗砂的质量→⑤得出最小空隙率→⑥计算混凝土中所需填塞空隙和润滑的水泥浆量→⑦计算骨料的总体积→⑧调整骨料质量。通过以上计算步骤，即可得到混凝土密实骨架堆积法配合比。

通过计算与试验验证，当碎石 3/8 与 8/15 的比例在 3：7～4：6 时松散堆积密度最大，即碎石 3/8 与 8/15 的最佳搭配比例约 3：7。

(4) 用水量和胶材总量的确定

根据水胶比计算水泥浆体密度，并通过试验验证，结合水泥浆用量计算用水量和胶材总量。由于欧洲标准对于最小水泥用量也有要求，例如，RN27 水泥用量应大于等于 350kg/m³，RN35 水泥用量应大于等于 400kg/m³，但实际生产配合比中水泥用量高于欧洲标准中规定的最小水泥用量。

(5) 外加剂用量的确定

Faury 设计方法仅采用填充法计算各材料比例，未考虑减水剂的减水作用和混凝土流动性，外加剂的掺量需由试验确定。根据水泥净浆流动度试验，确定减水剂掺量为 1.4%。

通过上述步骤计算出 C50/60 混凝土的基准配合比见表 9-1-9。

C50/60 混凝土基准配合比（kg/m³）　　表 9-1-9

强度等级	水	水泥	0/1 细砂	0/3 粗砂	3/8 细石	8/15 中石	外加剂
C50/60	143	470	105	735	300	695	6.58

（6）配合比的试拌与调整

根据初步配合比在室内进行试拌工作，根据试拌情况，当满足设计要求时可继续进行下一步的工作，当不满足条件时则适当调整用水量和骨料的比例重新计算初步配合比。

对基准高强混凝土的工作性能和力学性能进行测试，测试结果见表 9-1-10 和图 9-1-6。

基准高强混凝土的工作性能和力学性能　　表 9-1-10

强度等级	坍落度/mm	扩展度/mm	倒筒时间/s	立方体试件抗压强度/MPa			
				R1	R3	R7	R28
C50/60	240	520	10.5	16.5	36.9	52.8	70.5

图 9-1-6　C50/60 混凝土初步配合比的工作性能

由表 9-1-10 可知，混凝土初步配合比砂石级配较为合理，混凝土坍落度/扩展度为 240mm/520mm，28d 抗压强度基本满足要求，但强度富余率低，早期强度低，1d 抗压强度达不到 25MPa 的设计要求，故开展配合比优化试验。具体措施包括：①进一步增加胶材总量，提高混凝土强度；②引入硅灰掺合料提高混凝土早期强度；③引入微珠改善混凝土和易性，降低混凝土粘度和水化热；④引入缓凝剂降低水泥水化速率，延缓水化温峰出现时间。

通过水泥-超细灰密实度试验确定微珠最佳掺量为 25%，硅灰比例为 5%。调整后高强混凝土配合比见表 9-1-11，工作性能和力学性能测试结果见表 9-1-12。

综合表 9-1-11 和表 9-1-12 中的新拌混凝土工作性能可知，微珠的应用极大地降低了混凝土的粘度，硅灰也具有良好的降粘效果，但当微珠掺量较高时，混凝土早期强度提升不明显。硅灰对混凝土早期强度和后期强度均有较大的贡献，但硅灰掺量增加会明显提高混凝土的水化放热量，对大体积混凝土温度控制不利。

调整后高强混凝土配合比（kg/m³）　　表 9-1-11

配合比编号	水泥	微珠	硅灰	0/1 砂	0/3 砂	3/8 碎石	8/15 碎石	水	减水剂	缓凝剂
C50/60-1	540	0	0	100	710	290	660	158	9.18	2.16
C50/60-2	570	0	0	100	710	290	660	160	9.69	2.28
C50/60-3	430	140	0	100	710	290	660	150	8.55	1.71
C50/60-4	400	140	30	100	710	290	660	150	9.12	1.71
C50/60-5	390	150	30	120	690	280	640	150	8.55	1.71
C50/60-6	400	130	50	120	690	270	620	155	9.28	1.74
C50/60-7	410	130	30	270	540	270	620	153	9.12	1.71
C50/60-8	440	100	30	270	540	270	620	153	9.12	1.71

高强混凝土工作性能和力学性能　　　　　　表 9-1-12

配合比编号	新拌混凝土性能			立方体试件抗压强度/MPa			
	坍落度/mm	扩展度/mm	倒坍时间/s	1d	2d	7d	28d
C50/60-1	230	530	12.1	19.9	26.7	56.8	72.0
C50/60-2	240	570	12.1	21.1	28.9	57	74.0
C50/60-3	245	690	6.2	18.3	22.2	49.9	75.7
C50/60-4	240	540	8.0	20.8	27.2	64.6	81.1
C50/60-5	250	650	4.2	—	26.6	51.8	73.0
C50/60-6	250	700	3.6	—	34.2	70.2	86.0
C50/60-7	245	680	3.0	21.9	36.2	67.0	85.6
C50/60-8	240	660	3.0	26.1	41.7	72.9	85.5

综合各组配合比工作性能和力学性能参数，选择微珠掺量为 17.5%，硅灰掺量为 5.3% 的 C50/60-8 作为最终配合比时，28d 立方体抗压强度 85.5MPa，混凝土综合性能满足宣礼塔混凝土相应的技术要求。以宣礼塔核心筒为例，剪力墙拆模后墙体表面无可见裂缝，实施效果良好，具体实施效果见图 9-1-7。

图 9-1-7　宣礼塔核心筒剪力墙施工效果

9.1.5　大体积混凝土温控技术

该项目宣礼塔底板厚度为 3m，属于大体积混凝土结构。欧洲标准《混凝土结构施工》EN 13670：2009 第 8.5 节第 13 条规定，当最小截面尺寸大于 0.8m 的混凝土暴露在潮湿或干湿循环的环境下时，混凝土最高温度不应超过 70℃。

大体积混凝土结构浇筑，需要考虑两个温度控制：第一，控制内外温差或温度梯度，因为受内部（自身）约束，过高温度梯度会导致温度应力裂缝；第二，控制混凝土最大温升，因为混凝土峰值温度越高，降温过程的收缩就越大，受到外部约束产生裂缝的危险性也就越大。欧洲标准的混凝土最高温度限值直接影响到宣礼塔底板混凝土的开发，要求项目实施单位采取严格控温措施。

1. 混凝土绝热温升计算

由于欧洲标准中仅有《混凝土结构施工》EN 13670：2009 中提出混凝土中心最高温度不超过 70℃ 的规定，暂未发现其他大体积混凝土相关标准，故混凝土绝热温升计算参考中国标准《大体积混凝土施工标准》GB 50496—2018 要求。

由于阿尔及利亚本土市场没有粉煤灰和矿粉，首先尝试用纯水泥（低水化热的抗硫酸盐水泥）的配合比进行理论计算，见表 9-1-13。

纯水泥 C30/C37 混凝土配合比（kg/m³）　　　　　表 9-1-13

水	水泥	15/25 石子	8/15 石子	黑砂	黄砂	减水剂	缓凝剂
156	390	420	620	302	562	4	2

依据该配合比，根据式（9-1-4）进行绝热温升计算：

$$T(t) = \frac{WQ}{C\rho}(1 - e^{-mt})$$
（9-1-4）

式中：$T(t)$——混凝土龄期为 t 时的绝热温升，单位为 ℃；

　　　W——每方混凝土的胶凝材料用量，单位为 kg；

　　　C——混凝土的比热，一般为 0.92～1.00，单位为 kJ/(kg·℃)；

　　　ρ——混凝土的密度，2400kg/m³～2600kg/m³；

　　　m——与水泥品种、浇筑温度等有关的系数，0.3～0.5d⁻¹；

　　　t——混凝土龄期，单位为 d；

　　　Q——胶凝材料水化热总量，单位为 J/g。

式（9-1-4）中 Q 依据式（9-1-5）、式（9-1-6）计算得出：

$$Q_0 = \frac{4}{7/Q_7 - 3/Q_3}$$
（9-1-5）

$$Q = kQ_0$$
（9-1-6）

式中：Q_0——单位质量水泥水化产生的总热量，单位为 J/g；

　　　Q_3——单位质量水泥水化 3d 累计产生的热量，为 182.91J/g；

　　　Q_7——单位质量水泥水化 7d 累计产生的热量，为 232.2J/g；

　　　Q——胶凝材料水化热总量，单位为 J/g；

纯水泥 k 取值 1。

根据式（9-1-5）、式（9-1-6）计算，胶凝材料水化热总量 $Q=290.9$J/g。

把相应数据代入式（9-1-4）计算，得出混凝土 7d 绝热温升为：

$$T_{(7)} = 390 \times 290.9 \times (1 - e^{-0.5 \times 7})/(0.92 \times 2456) = 48.8℃$$

则混凝土入模温度不应超过 70℃ − 48.8℃ = 21.2℃。

由于当地气温（5 月）的影响，在不采取降温措施的情况下混凝土入模温度在 23℃～25℃，因此纯水泥的配比不能满足要求。

由于影响混凝土绝热温升的因素主要为胶凝材料的品种和用量，抗硫酸盐水泥自身水化热已较低，但仍无法满足温度控制要求，故需从胶凝材料的品种入手，引入矿物掺合料，减少水泥用量，降低胶凝材料的水化热。为解决该问题，平抑水化温峰，经过多次试验，选择引入粉煤灰作为掺合料，降低温度的同时还能改善和易性并增强耐久性。最后确定基准配合比见表 9-1-14。

C30/37 大体积混凝土基准配合比（kg/m³）　　　　表 9-1-14

水	水泥	15/25 石子	8/15 石子	黑砂	黄砂	减水剂	缓凝剂	粉煤灰
145	295	640	500	590	240	5	2	98

掺加粉煤灰 k 取 0.93，根据式（9-1-5）、式（9-1-6）计算，胶凝材料水化热总量 $Q=270.5$J/g。

把相应数据代入式（9-1-4），计算混凝土 7d 绝热温升为：

$$T_{(7)}=393\times270.5\times(1-e^{-0.5\times7})/(0.92\times2515)=44.6℃$$

粉煤灰的引入将水化温升降低了 48.8℃－44.6℃＝4.2℃

此时，混凝土入模温度不应超过 70℃－44.6℃＝25.4℃

在不采取降温措施的情况下，勉强可满足要求，适当采取必要降温措施即可确保混凝土中心最高温度不超过 70℃。

2. 混凝土入模温度计算

根据上述理论计算，混凝土入模温度不超过 25.4℃。由于混凝土原材料初始温度有一定的差异，需确定混凝土拌合时的温度，其计算公式为：

$$T_0\times\sum W_i\times c_i=\sum T_i\times W_i\times c_i \tag{9-1-7}$$

式中：T_0——混凝土拌合温度，单位为℃；

W_i——各种材料重量，单位为 kg；

c_i——各种材料的比热，单位为 kJ/(kg·℃)；

T_i——各种材料的初始温度，单位为℃。

根据实地测量，5 月当地材料温度见表 9-1-15。

原材料温度信息　　　　表 9-1-15

原材料	比热/[kJ/(kg·℃)]	热当量/(kJ/℃)	温度/℃	热量/kJ
水泥	0.92	274	21	5754
水	4.2	609	18	10962
石	0.84	958	22	21076
砂	0.84	697	22	15334
粉煤灰	0.84	82	21	1722

结合基准混凝土配合比和原材料温度，按式（9-1-7）计算混凝土拌合温度：

$$T_0=(5754+10962+21076+15334+1722)/(298+145+1140+830+98)=22℃$$

运输和等待过程中升温预计为 1℃，故可计算出混凝土入模温度为 23℃，小于 25.4℃，可满足混凝土中心温度低于 70℃ 的要求。

3. 混凝土绝热温升验证

为验证基准配合比混凝土的绝热温升，开展了大体积混凝土绝热温升试验。采用脚手架和木模板拼接成内槽为 2m×2m×2m 的支架，外部采用 36cm 厚聚苯板保温，制作出内边长为 2m 的立方体模具，使模具内混凝土处于准绝热状态。浇筑前安置好测温探头，在混凝土立方体正中心设置两个温度探头，间距 5cm；沿着从混凝土中心到混凝土表面中心的虚线再设两个探头，第一个探测点位于混凝土表面下 5cm 处虚线上，第二个探测点与上表面有 50cm 距离（图 9-1-8）。混凝土浇筑完毕后立即开始测温，并每间隔 2h 采集一次温度数据，持续 7d，测温结果见图 9-1-9。

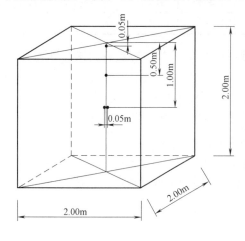

图 9-1-8 混凝土温控试验（左：测温点位置；右：试验浇筑实物）

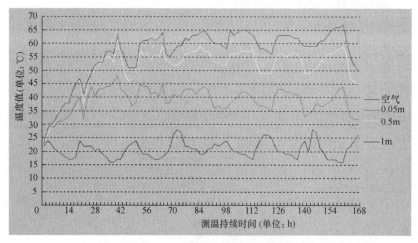

图 9-1-9 模拟温升测温结果图

如图 9-1-9 所示模拟测温试验时，空气温度为 22℃，混凝土入模温度为 23℃，中心最高温度为 67℃，绝热温升为 44℃，与计算基本相符。

然而，如在夏季，当实际气温高达 28℃，材料温度会随之上升，混凝土入模温度将超过 25.4℃，如需将最高温度控制在 70℃ 以内需采取降温措施。结合项目实际情况，通过对原材料进行控温处理，并采用冷凝水管辅助降温，在空气温度为 28℃，实现混凝土入模温度为 25℃，绝热温升从 44.6℃ 降到了 42℃，中心最高温度为 67℃，满足欧洲标准低于 70℃ 的要求。

综上所述，对于宣礼塔底板，由于混凝土强度等级不高，掺入少量粉煤灰替代抗硫酸盐水泥，降低混凝土水化过程中的放热，并将混凝土入模温度控制在不超过 25.4℃，即可满足混凝土最高温度要求，C30/37 大体积混凝土的性能完全满足设计要求，见表 9-1-16。当气温低于 20℃时，不需要对原材料采取任何降温措施即可实现混凝土入模温度低于 25℃。当气温高达 30℃时，需采取原材料控温，并在底板中央预埋循环冷却水管的方法，将混凝土中心温度控制在低于 70℃的范围。采取以上措施浇筑的宣礼塔底板内部最高温度满足要求，表面无可见裂缝，实施效果良好。宣礼塔底板施工现场图见图 9-1-10。

C30/37 大体积混凝土性能　　　　　　　　　　　　　　　　表 9-1-16

新拌混凝土性能		立方体试件抗压强度/MPa			28d 抗折强度/MPa	28d 弹性模量/GPa	压力渗水高度/mm
坍落度/mm	扩展度/mm	3d	7d	28d			
200	480	28.1	38.6	49.4	3.76	40.79	35.3（技术条款要求＜50）

图 9-1-10　宣礼塔底板施工现场图

2017 年 3 月 11 日，嘉玛大清真寺宣礼塔主体结构正式封顶，以 250m 的高度刷新了非洲最高建筑的纪录，同时创造了非洲单体体积最大混凝土浇筑等多项纪录。2018 年 9 月 5 日，嘉玛大清真寺项目混凝土工程完美收官。

9.1.6　工程项目中需关注的问题

1）在混凝土配合比设计方面，阿尔及利亚习惯采用的是 Faury 法，工作量较大。实际操作中，可采用中国标准与欧洲标准相结合的方式，对欧洲标准进行补充。

2）欧洲标准有混凝土最高温度不超过 70℃的规定，中国标准尚无此要求，中国企业在海外施工，尤其在使用欧洲标准的项目时需重视该要求。尤其对于大体积混凝土，因结构尺寸较大，最高温度控制具有一定的难度，需采取配合比设计和物理降温措施相结合的方式，降低混凝土最高温度，并辅以必要的模拟试验为施工提供借鉴和指导。

3）阿尔及利亚对混凝土的抗硫酸盐侵蚀性提出了极高的要求，需对混凝土内部硫酸盐反应进行验证，以保证工程的安全性。

4）阿尔及利亚监理方为欧洲监理，严格执行欧洲标准，当混凝土的坍落度不符合欧洲标准或合同条款中的某项指标要求时，混凝土将作废。

9.2 北马其顿肯切沃-奥赫里德高速公路项目

9.2.1 北马其顿共和国基本概况

1. 地理经济环境

北马其顿共和国（以下简称"北马其顿"）是位于东南欧的巴尔干半岛南部的内陆国家，东临保加利亚，北临塞尔维亚，西临阿尔巴尼亚，南临希腊。首都与最大城市是斯科普里。原为南斯拉夫社会主义联邦共和国（以下简称"南斯拉夫"）的成员国之一，1991年南斯拉夫解体后获得独立，当时国名为马其顿共和国，由于在"马其顿"名称的使用上与邻邦希腊长期存在争议，2019年2月12日起国名改为现名。

北马其顿气候以温带大陆性气候为主，夏季最高气温达40℃，冬季最低气温达−30℃，西部受地中海气候影响，夏季平均气温27℃，全年平均气温为10℃。

2. 建筑工程市场情况

早在南斯拉夫时期，北马其顿的建筑公司就在其他几个加盟共和国里参与基础设施建设，并代表南斯拉夫在中东、苏联、巴尔干等地开展承包工程和劳务合作，锻炼了一批队伍并积累了经验。该国独立后，由于经济状况不佳，政府在承包工程市场投资不多，加上政府进行企业私有化，许多国营建筑公司倒闭。企业改制后，该国只剩下Granit、Beton和Mavrovo三家最大的建筑公司。目前，这三家建筑公司几乎承揽了该国境内所有的大型建设项目，包括国际社会对该国的援助项目。其中Granit建筑公司效益最好，该公司也在国外承建一些国际招标项目。

目前中国在该国承建的已完工项目有中国水电建设集团国际工程有限公司承建的MS高速公路，该高速公路为双向四车道，全长47km，于2019年7月顺利通车，这是"中国-中东欧国家合作100亿美元专项贷款"的首批落地项目，它与肯切沃-奥赫里德高速公路（简称KO高速公路）一起成为迄今为止中马合作的最大项目，获得中国"两优"贷款资金支持，均由中国水电建设集团国际工程有限公司中标承建。

3. 混凝土和原材料市场情况

在该国混凝土市场，普遍以移动站为主，基础设施建设中便于现场建站或有技术条件的都会自建搅拌站进行混凝土生产，型号主要是60型和90型。商品混凝土搅拌站一般向当地中小型项目供应混凝土，但规模都较小，多为60型，少量90型生产线。该国混凝土生产、运输、施工设备主要依靠欧洲进口。该项目混凝土搅拌站设备是直接从中国进口的。

当地建筑行业的水泥的主要供应商是位于首都斯科普里的Cementarnica Usje AD-Skopje，同时靠近阿尔巴尼亚的地区也有采用从阿尔巴尼亚进口水泥，水泥厂家主要是Albania Elbasan。当地细骨料主要为机制砂，由于环保、水保的要求，都是采用干法生产，实际使用中石粉含量较多；粗骨料主要为石灰石，出厂时均为单粒径级配，从各大小私有骨料场采购，价格及质量均有差异。该国外加剂供应商基本上被 Ading 一家公司垄断，主要产品包括高效减水剂、缓凝剂、速凝剂等。当地混凝土中一般只使用水泥作为胶凝材料，基本上不使用矿物掺合料。混凝土用水主要为市政供应的饮用水或地下水。

9.2.2 工程项目概况

1. 项目基本情况

KO 高速公路项目全长 56.6km，设计由业主（北马其顿国家公路局）提供，设计标准为双向四车道高速公路，路基宽 25.2m～26.5m，行车道宽 3.5m。桥梁为分离式桥梁，单幅宽 11.65m。沥青混凝土路面厚度 19cm。全路段桥梁（桥梁、下穿通道、上跨天桥）54 座；桥梁结构形式为箱形梁、T 形梁和实心板 3 种，下部结构为扩大基础或桩基础，最大跨径达 163m；双向分离式隧洞 1 座，单条隧洞长度分别为 2016m、1995m；管箱涵 200 座。其中新建段桥梁隧洞总长 7.2km，桥隧比 32%。开挖边坡最高达 90m，单个山头最大开挖量达 72 万 m³。该项目共分为 5 个标段，中方自营段 1 个标段，北马其顿当地 3 个分包商 3 个标段，阿尔巴尼亚 1 个分包商 2 个标段。监理公司为北马其顿当地公司。

1 标段分包商为北马其顿当地分包商 Granit，总长度 10.42km，包含预制桥 12 座（预制梁全部采用后张法施工），现浇桥 2 座（结构形式为连续刚构桥），另有互通式立交桥 1 座。

2-1 标段分包商为北马其顿当地分包商 Transmet，总长度 11.82km，包含预制桥 8 座（其中 5 座采用先张法施工预制梁，3 座采用后张法施工预制梁），现浇桥 3 座（其中 1 座为连续梁桥，2 座为连续刚构桥）。已完工的现浇桥主体工程及边坡开挖的施工效果图见图 9-2-1。

图 9-2-1 KO 项目现浇桥及边坡开挖

2-2 标段为中方自营标段，主要是双向分离式隧洞 1 座，其中左洞 2016m、右洞 1995m，另有互通式立交桥 1 座。Preseka 隧道二衬混凝土施工效果图见图 9-2-2。

3 标段分包商为北马其顿当地分包商 Ilinden，标段长度为 11.50km，上下穿及过水桥等小型结构物 10 个，另有互通式立交桥 2 座。

4、5 标段分包商为阿尔巴尼亚公司 Victoria，其中 4 标段总长 12.60km，包含高架桥 1 座（预制简支梁桥），上下穿及过水桥等小型结构物 7 个，另有互通式立交桥 3 座。5 标

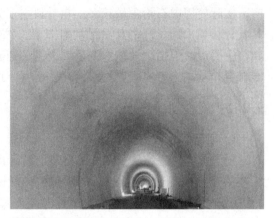

图 9-2-2　北马其顿 Preseka 隧道二衬混凝土

段长度 10.26km，包含上下穿及过水桥等小型结构物 8 个，另有互通式立交桥 2 座。KO 高速公路施工面貌见图 9-2-3。

图 9-2-3　KO 高速公路施工面貌

2. 所采用的技术标准

该项目主要采用该国标准及欧洲标准，由于北马其顿本国标准有不完善的地方，同时也想早日加入欧盟，对一些欧洲标准进行了当地化，涉及的具体欧洲标准见表 9-2-1。

北马其顿 KO 高速公路工程项目采用的欧洲标准清单　　　　　　　表 9-2-1

序号	标准名称	标准号
一、结构设计标准		
1	混凝土结构设计—第 1-1 部分：一般规则和建筑规则	MKC EN 1992-1-1
2	混凝土结构设计—第 1-2 部分：一般规则—结构防火设计	MKC EN 1992-1-2
3	混凝土结构设计—第 2 部分：混凝土桥梁设计和细则	MKC EN 1992-2
二、原材料标准		
4	水泥—第 1 部分：通用水泥的组分、规定和合格标准	MKC EN 197-1
5	混凝土、砂浆和水泥浆用外加剂第 2 部分：混凝土外加剂—定义、要求、合格性、标记和标签	MKC EN 934-2
6	混凝土骨料	MKC EN 12620
7	混凝土拌合用水—取样、试验和评价其适用性的规范，包括混凝土生产回收水用作拌合水	MKC EN 1008

续表

序号	标准名称	标准号
8	混凝土—规定、性能、生产和合格性	MKC EN 206
9	混凝土结构施工	MKC EN 13670
10	新拌混凝土试验	MKC EN 12350 系列
11	硬化混凝土试验	MKC EN 12390 系列
12	喷射混凝土—第 1 部分:定义、规格和合格性	MKC EN 14487-1
13	喷射混凝土试验	MKC EN 14488 系列
三、结构测试标准		
14	结构和预制混凝土构件的现场抗压强度评定	MKC EN 13791
15	结构混凝土试验—第 1 部分:钻芯试样—抗压试样的取样、检验和试验	MKC EN 12504-1
16	结构混凝土试验—第 2 部分:无损检测—回弹值的测定	MKC EN 12504-2

3. 项目技术要求与难点

KO 项目为北马其顿近 30 年以来最大的基础建设项目，项目工期 45 个月，其中包含 54 座桥梁及一条 2km 长的双向分离式隧道的施工。生产施工执行按照最严苛的欧洲标准和该国当地标准。由于设计采用的数据是 2000 年左右的，而且没有详细地勘，所以很多地质资料不全，具体而言，在原始设计中隧道的围岩以Ⅱ、Ⅲ类为主，而实际开挖中则发现洞内围岩均以Ⅳ、Ⅴ类较为薄弱的页岩为主。这对开挖后的喷射混凝土（初支）和后期二衬混凝土的施工质量提出了较高要求，如何设计配合比以确保喷射混凝土的早期强度及凝结时间达到隧洞安全进尺的要求成为一大难点。此外，在隧洞二衬的原始设计中，二衬混凝土厚度仅有 30cm，但钢筋网分布比较密集，顶拱网片最多处可达 8 层之多。二衬混凝土相对中国的要求更高，同时要求在达到设计龄期后现场进行钻芯检测强度，结果必须满足设计强度。

该项目使用标准为北马其顿标准，辅以欧洲标准。根据项目的技术条款要求，混凝土强度等级从 MB10 到 MB50，其原材料选择、配合比试验与审批、混凝土生产和施工、质量评定等工作必须严格执行现行北马其顿标准及欧洲标准。该项目当地分包商施工合同段中主要使用的有 C35/45（MB45）现浇梁、C40/50（MB50）预制梁等；自营段隧洞初支喷射混凝土 C25/30（MB30）、二衬混凝土 C25/30（MB30）不仅要求满足一般的抗冻、抗渗要求，同时要求满足抗盐冻要求，为该项目混凝土技术的几大难点，也是在施工过程中需重点关注和解决的内容。

9.2.3　标准应用情况

由于北马其顿属于原南斯拉夫国家，在独立后引用欧洲标准进行了当地化，和中国标准具有较大的不同。在施工前和施工过程中必须熟悉当地标准，找出与中国标准的异同，才能对现场各项工作更有指导意义。结合该项目，对北马其顿标准与中国标准的异同进行简单分析。

1. 原材料差异

（1）胶凝材料

因为北马其顿国家很小，同时自然资源方面比较匮乏，该国胶凝材料品种单一，粉煤

253

灰、矿粉、硅灰等矿物掺合料当地无供应资源，所以混凝土配制只能采用水泥。该国工业不发达，水泥厂家不多，同时水泥品种也较少，主要采用 CEM Ⅰ 硅酸盐水泥、CEM Ⅱ 混合硅酸盐水泥，且大部分为 CEM Ⅱ 混合硅酸盐水泥。

该国对水泥检测指标主要有化学组分、强度、水化热、细度、安定性等，与中国标准基本相同。一般使用的水泥强度等级分为 32.5N、32.5R、42.5N、42.5R、52.5N 共五类，N 表示一般型，R 表示早强型。水泥抗压强度要求为 2d（中国为 3d）和 28d 龄期。水泥富余强度较高，因此对于同强度等级的混凝土，该国水泥用量比中国要偏低。

(2) 细骨料

欧洲标准中细骨料包括天然砂和机制砂，由于该国对环保、水保要求很高，开采河床料来生产砂石骨料成本很高，所以在当地目前使用的细骨料主要为机制砂。机制砂为生产粗骨料时筛余的石屑和石粉。与中国砂子规格为 0~5mm 不同，该国标准要求砂子的规格为 0~4mm，性能指标包括颗粒级配、石粉含量。机制砂的产量能够满足该国需求，主要由灰岩破碎而成，砂子的质量比较稳定，但也存在较大的质量隐患。由于砂石骨料采用干法生产，在雨季机制砂的质量稳定性不能有效保证，特别是生产过程中有下雨时，石粉容易堆积在一起，对拌合站混凝土的质量控制很不利。

(3) 粗骨料

该国环保、水保要求高，一般都禁止开采河床料来生产砂石骨料，因此混凝土生产中几乎不用卵石，在配制混凝土时须全部采用碎石。石子规格一般为 4/8、8/16、16/31.5，小粒径划分很小，粗粒径与中国基本一致。

在混凝土配合比设计和施工过程中，根据现场的施工要求，可以采用单级配或将不同粒径单级配碎石组合成连续级配碎使用。

(4) 外加剂

该国混凝土外加剂包括减水剂、缓凝剂、早强剂、防水剂、引气剂、速凝剂等。检测指标包括含固量、密度、碱含量、氯离子含量、凝结时间、减水率等。

由于该项目线路较长，每个标段的距离不一，同时当地对环保、水保的要求很高，对设立混凝土拌合站的地点选址很苛刻，所以运距相对较远，混凝土从出站到施工现场通常超过 1h，同时当地夏天气温很高，可以达到 35℃，因此在夏季施工时一般都要掺缓凝剂。由于拌合站都是小型搅拌机，在夏季施工时，缓凝剂一般都是在混凝土出机口拌合物满足要求的条件下后掺，掺量根据温度以及运距进行调整，一般为 0.1%~0.3%。

该国使用的减水剂厂家有 Ading 和 Sika 两家，减水率均在 13% 左右，和中国高效减水剂减水率≥14% 的标准相比还有一定的差距。

2. 混凝土工作性能差异

北马其顿对混凝土拌合物的工作性能划分与阿尔及利亚采用的欧洲标准和中国标准相同。

根据现场实际施工条件，在二衬混凝土正式施工前，首先采用 S4 等级（160mm~210mm）混凝土进行了试生产，混凝土拌合物性不能满足施工需要。主要原因是混凝土在满足坍落度设计要求的情况下，其流动性不能满足施工要求。通过跟监理业主沟通后，该项目二衬混凝土采用扩展度指标来控制，工作性能指标应满足 F5（560mm~620mm）。

混凝土扩展度测定仪由一个跳桌、一个小型坍落度筒和一个木制捣棒组成（图 9-2-4），仪器总重量约为 30kg。其中，跳桌是一个 700mm×700mm 的双层木板（桌），一侧通过铰链固定。上部的木板（桌）上覆盖有一个 2mm 厚的金属板。钢制的小型坍落度筒的顶部直径 130mm，底部直径 200mm，高 200mm。所有金属部件都须防腐蚀。现场实际测试的混凝土扩展度见图 9-2-5。

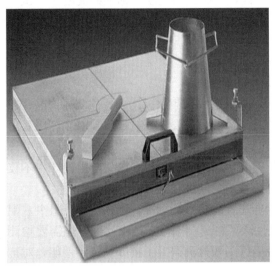

图 9-2-4　混凝土扩展度测定仪

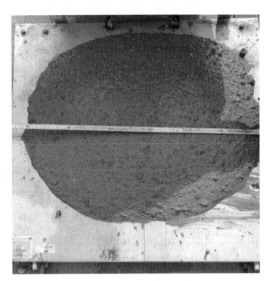

图 9-2-5　现场实际测试的混凝土扩展度

3. 力学性能差异

在北马其顿标准中，普通混凝土抗压强度的表达方式与欧洲标准相同，均以 ϕ150mm×300mm 圆柱体试件测得的 28d 轴心抗压强度特征值或者 150mm×150mm×150mm 立方体试件测得的 28d 抗压强度特征值进行分类，见表 9-1-5。

北马其顿标准中对混凝土力学性能的评定与欧洲标准中混凝土家族抗压强度的评定标准相同，但与中国标准不同，具体要求见表 9-2-2。

北马其顿标准抗压强度的评定标准　　　　　　　　　　表 9-2-2

样品	每组中 n 个抗压强度测试结果	标准 1	标准 2
		n 个结果的平均值（f_{cm}）/MPa	任一测试结果（f_{ci}）/MPa
初始生产	3	$\geq f_{ck}+4$	$\geq f_{ck}-4$
连续性生产	2	$\geq f_{ck}-1.0$	$\geq f_{ck}-4$
	3	$\geq f_{ck}+1.0$	$\geq f_{ck}-4$
	4	$\geq f_{ck}+2.0$	$\geq f_{ck}-4$
	5	$\geq f_{ck}+2.5$	$\geq f_{ck}-4$
	6	$\geq f_{ck}+3.0$	$\geq f_{ck}-4$
	7~9	$\geq f_{ck}+3.5$	$\geq f_{ck}-4$
	10~12	$\geq f_{ck}+4.0$	$\geq f_{ck}-4$
	13,14	$\geq f_{ck}+4.5$	$\geq f_{ck}-4$
	不少于 15	$\geq f_{ck}+1.48\sigma$	$\geq f_{ck}-4$

北马其顿对混凝土强度评定采用轴心抗压强度和立方体抗压强度未作具体要求，在设计指标是 C25/30 的情况下，跟监管机构沟通后的意见是：设计指标包含了圆柱体试件的 RN25 轴心抗压强度，同时也包含了立方体试件 C30 抗压强度，可以根据承包商自己的需要来选择指标控制。现场采用立方体标准强度进行评定，使用马其顿当地对强度的标识方法 MB30。现场施工参考中国标准进行配合比设计，配制出满足欧洲标准的混凝土，试验检测工作效率有效提高。

4. 耐久性能差异

（1）混凝土耐久性能分级

北马其顿标准中对暴露环境等级分类与欧洲标准相同。

该项目使用环境为内陆山区，冬季气温低，降雪量大且频繁。结合这一实际情况，通过查阅欧洲标准，隧道二衬混凝土结构处于"有/无除冰剂的冻融侵蚀"中 XF2 等级暴露环境，即"中度饱水，使用除冰剂"。对应欧洲标准中的技术要求为"混凝土最低强度等级为 C25/30，最大水胶比为 0.55，水泥最低用量为 $300kg/m^3$"。故在配合比设计中不仅需要考虑力学性能指标，在耐久性能指标上也必须满足欧洲标准要求。

该国当地设计单位在设计技术要求中的标准还要高出欧洲标准，结构混凝土最少水泥用量为 $350kg/m^3$，最大水胶比为 0.45，耐久性除了检测抗冻性和抗渗性外，还需要检测抗盐冻性能。中国普通隧道和道路工程在寒冷地区一般检测混凝土抗冻和抗渗性能，对抗盐冻一般不作要求。

（2）抗盐冻测试

北马其顿标准规定，隧道进口 150m 范围内和道路的路缘石除了强度和抗冻、抗渗指标外，必须检测抗盐冻性，以保证工程的安全性。

混凝土抗盐冻试验试件至少达到 28d 龄期。4 个试件的尺寸为 $150mm \times 150mm \times 150mm$，从中随机抽 3 个试件加工成 $150mm \times 150mm \times 50mm$。混凝土表面抗盐冻的试验步骤按照 MKS U. M1.055 标准进行。

在试验开始前，将进行试验的试件放置在温度为 20℃±2℃、相对湿度为 65％±5％的环境中。然后将一个高度为 15mm 的框放置在试件的上表面。往框里面倒入浓度为 3％的普通盐水（溶液）。试件在浓度为 3％的盐溶液环境下处理 7d 后，观察试件有无明显的质量损失和外观破坏。

7d 后试验继续进行，按照标准 MKS U. M1.055 t. 5.2 加工成的 $150mm \times 150mm \times 50mm$ 的试件在温度 -20℃±2℃ 的条件下进行 25 个持续时间为 16h～18h 的冰冻过程，在温度为 20℃±2℃ 的条件下进行 25 个持续时间为 6h～8h 的融化过程。

25 次冻融循环后，目测混凝土试件表面有无破损。如无明显破损，则表明试件抗盐冻性能合格，反之则不合格。混凝土抗盐冻试验见图 9-2-6。

经试验，一般立方体抗压强度达到 40MPa 以上的混凝土，抗盐冻性检测均可以合格。

（3）抗水渗透性能测试

北马其顿标准中抗水渗透试验原理和中国标准相同，均为向硬化混凝土表面施加水压力，然后劈开试件，并测量渗水情况，但试验方法与中国标准不相同。北马其顿标准中抗水渗试件可以是立方体、圆柱体或棱柱体，待测试件表面尺寸至少为 150mm，任何其他尺寸不得小于 100mm。北马其顿标准抗渗试件每组为 3 个；水压为固定水压，水压大小

图 9-2-6　混凝土抗盐冻试验

为 0.5MPa±0.05MPa，持续 72h±2h。

(4) 抗冻性测试

根据北马其顿标准 MKS U. M1.016 对混凝土的抗冻性进行试验，项目设计的抗冻等级为 M-150。试验在龄期大于 28d 的试件上进行。试件尺寸为 150mm×150mm×150mm，试件的数量按照标准 MKS U. M1.016 表 1 中抗冻等级为 M-150 的规定来确定。在一个恒定温度为−20℃±2℃的冷冻设备里面，饱水试件先冰冻 4h，然后在 20℃±2℃的水中融化 4h，在 24h 之内应完成 3 个冻融循环。试验开始后，试件暴露在冰冻环境中，在 100 个循环时结束暴露；随后继续暴露在冰冻环境中，直至 150 个循环结束为止。试验结束后，分别对比相同龄期下基准试件和经受过 100 次和 150 次冻融循环试件的抗压强度，并观察经过 150 次冻融循环的试样是否有外观损失。计算经受特定冻融循环后的试件与基准试件的抗压强度相比损失系数是否大于 25%，如果不超过 25%，则抗冻性满足 M-150 的设计要求，反之则不满足要求。

北马其顿标准中抗冻性是检测抗压强度损失率，而中国标准中慢冻法是检测质量损失率和强度损失率，快冻法是检测动弹模量损失和质量损失率。

9.2.4　基于欧洲标准体系的高流动性混凝土配合比设计

1. 原材料优选

(1) 水泥

水泥的质量对混凝土质量的影响很大，在选用水泥时，尽量选用当地质量最好的，更有利于保证施工质量。通过比选，该项目用水泥为 Cementarnica Usje AD-Skopje 公司生产的 TITAN CEM Ⅱ/A-V42.5R 水泥。

(2) 其他胶凝材料

该国没有粉煤灰、矿渣粉等掺合料，只能用纯水泥来进行混凝土配合比设计。设计技术要求结构混凝土中水泥用量最低为 350kg/m³、最高为 420kg/m³，因此针对高强度等级和低强度等级混凝土，有可能需要采用两种不同的水泥，如 CEM Ⅰ硅酸盐水泥和 CEM Ⅱ混合硅酸盐水泥，拌合站水泥筒仓数量则需适当增加。该项目 MB50 混凝土采用 CEM

Ⅰ硅酸盐水泥，而 MB40 及以下混凝土均采用 CEMⅡ混合硅酸盐水泥。

(3) 细骨料

选用机制砂，机制砂为生产粗骨料时颗粒粒径小于 4mm 的石屑和石灰石粉，粒径范围 0/4（0～4mm），基本性能见表 9-2-3，筛分结果见表 9-2-4。

细骨料的基本物理性能　　　　　表 9-2-3

种类	密度/(kg/m³)	堆积密度/(kg/m³)	<0.09mm 颗粒含量/%
机制砂	2660	1560	8.4

细骨料的筛分结果　　　　　表 9-2-4

筛孔尺寸/mm	8	4	2	1	0.5	0.25	0.125	0.09
通过率/%	100	99.6	56.1	32.0	18.3	14.4	11.6	8.4

(4) 粗骨料

选用产地 Ilinden-Struga 的石灰岩，骨料粒形较好，密度 2680kg/m³，吸水率 0.50%。级配分别为 4/8（4mm～8mm）、8/16（8mm～16mm）。

(5) 外加剂

选用 Ading 公司生产的 Superfluid 21M1M Eko 型聚羧酸减水剂，固含量 22.1%；夏季施工为了延缓水化温峰，另外添加了一种 Retarder-D2 高效缓凝剂，可以延缓水泥凝结时间数小时而不影响水泥 24h 强度及后期强度值，该缓凝剂固含量 15.0%。

2. 配合比设计

北马其顿项目监理和业主对施工单位具体采用哪种配合比试验方法未作明确要求，由于材料性能的差异，中国标准《普通混凝土配合比设计规程》JGJ 55—2011 中混凝土配合比设计方法也不完全适用北马其顿。通过沟通后，同意项目以中国标准 JGJ 55 的混凝土配合比设计方法为主，同时结合北马其顿标准设计要求进行混凝土配合比设计，以最终混凝土拌合物和硬化后的各项性能满足设计和施工要求为标准，有效提高了混凝土配合比设计效率。

(1) 确定强度等级

根据《普通混凝土配合比设计规程》JGJ 55—2011 确定混凝土配制强度。

$$f_{cu,0} = f_{cu,k} + 1.645\sigma \tag{9-2-1}$$

式中：$f_{cu,0}$——混凝土配制强度，单位为 MPa；

　　　$f_{cu,k}$——混凝土设计强度，单位为 MPa；

　　　σ——混凝土强度标准差。

C30 混凝土强度标准差保守取值 σ 为 5.0MPa，计算出混凝土配制强度为：

$$f_{28,0} = 30 + 1.645 \times 5.0 = 38.2\text{MPa}$$

(2) 水胶比确定

中国标准规定混凝土配合比水胶比计算采用公式为：

$$W/B = \alpha_a \times f_b / (f_{cu,0} + \alpha_a \times \alpha_b \times f_b) \tag{9-2-2}$$

式中：$f_{cu,0}$——混凝土配制强度，单位为 MPa；

　　　α_a、α_b——回归系数，与粗骨料品种有关；

　　　f_b——胶凝材料 28d 胶砂抗压强度，单位为 MPa。

北马其顿使用的骨料为灰岩碎石，与中国多数地区的骨料岩性相同，故水胶比可套用中国标准，计算得出混凝土水胶比为 0.55。

（3）全体系密实堆积法确定砂石和胶凝体系

北马其顿骨料主要有机制粗砂 0/4（0～4mm）、细石 4/8（4mm～8mm）、中石 8/16（8mm～16mm）、大石 16/31.5（16mm～31.5mm）。为了获得良好的级配和强度，参照高流动度混凝土配合比设计经验，考虑现场施工条件的限制，骨料选用机制砂、细石和中石三种。

通过计算与试验验证，当碎石 4/8 与 8/16 的比例在 32∶68 时松散堆积密度最大，即碎石 4/8 与 8/16 的最佳搭配比例约 3∶7。

（4）用水量和胶材总量的确定

由于该项目技术要求对水泥最小用量也有要求，水泥用量应≥350kg/m³。

（5）外加剂用量的确定

外加剂的掺量需由试验确定，根据水泥净浆流动度试验，确定减水剂最佳掺量为 0.9%。

通过上述步骤计算出 C25/30（MB30）混凝土的基准配合比见表 9-2-5。

高流动性混凝土基准配合比（kg/m³）　　表 9-2-5

强度等级	水	水泥	0～4 砂	4～8 小石	8～16 中石	减水剂
MB30	195	355	1001	255	546	3.19

（6）配合比的试拌与调整

对基准高流动性混凝土的工作性能进行测试，混凝土初步配合比砂石级配较为合理，混凝土扩展度为 530mm，达不到设计值。增加用水量，同时在基准水胶比的基础上将水胶比分别增加 0.02 和减少 0.02，砂石骨料相应调整。为保证施工效果，掺加一定量的缓凝剂。调整后高流动性混凝土配合比见表 9-2-6，混凝土工作性能和力学性能测试结果见表 9-2-7。

调整后高流动性混凝土配合比（kg/m³）　　表 9-2-6

配合比编号	水泥	水胶比	0/4 砂	4/8 碎石	8/16 碎石	水	减水剂	缓凝剂
MB30-1	364	0.55	1017	254	525	200	3.28	0.73
MB30-2	351	0.57	1024	256	549	200	3.16	0.70
MB30-3	377	0.53	1009	252	541	200	3.39	1.13

混凝土工作性能和力学性能　　表 9-2-7

配合比编号	新拌混凝土性能	立方体试件抗压强度/MPa			耐久性		
	扩展度/mm	1d	7d	28d	抗冻性	抗渗性	抗盐冻性
MB30-1	610	10.9	29.7	38.2	合格	合格	不合格
MB30-2	620	9.1	24.2	33.5	不合格	合格	不合格
MB30-3	610	12.1	33.3	44.3	合格	合格	合格

采用 0.53 水胶比，混凝土流动性好，28d 抗压强度较配制强度有较大的富余，耐久性检测也能满足要求。

9.2.5 工程项目中需关注的问题

（1）该项目技术标准要求结构混凝土水泥用量最低为 $350kg/m^3$，最高为 $420kg/m^3$，当地基本上没有掺合料，对配合比设计时的要求很高，针对高强度等级和低强度等级混凝土，有可能需要采用两种不同的水泥，如 CEM I 硅酸盐水泥和 CEM II 混合硅酸盐水泥，拌合站所需水泥储存罐变多。

（2）由于机制砂的石粉（<0.09mm）含量一般在 8% 以上，减水剂的减水率只有 13%，造成配合比设计时用水量居高不下，一般 S4 等级混凝土（坍落度 160mm～210mm）掺减水剂的用水量不低于 $190kg/m^3$，而相关标准要求结构混凝土水胶比不应大于 0.45，所以造成 MB30 混凝土水泥用量很高，强度也明显超过配制强度。（该项目混凝土配合比设计时水胶比都超过了标准的要求，跟监理沟通后同意采用，C30 跳桌法混凝土扩展度 610mm，用水量 $200kg/m^3$，水胶比 0.53，水泥用量 $377kg/m^3$，减水剂掺量 0.8%，28d 立方体试件抗压强度 45MPa）。

（3）隧道初支除了按照正常的频次喷射大板取样检测抗压强度外，即使 28d 强度合格，也必须按照每 $200m^3$ 喷射混凝土在现场钻芯检测抗压强度。现场钻芯对施工的干扰影响很大，试验检测工作量也大幅提高。

（4）欧洲隧道施工对环保、水保要求特别严格，每天都必须对隧道内空气质量进行检测，包括 CO、CO_2、SO_2、SO_4、粉尘等，如果出现不合格，就要求撤出人员，暂停施工。监理工程师对进入隧道的车辆检查也特别严格，车辆的任何一个灯坏了就严禁进入。

（5）欧洲监理更注重检测的随机性，初始阶段检测频次都是采用标准和设计中的最大频次，在合格率稳定的情况下，后期可以适当降低频次，但是质量必须稳定，当出现质量不稳定情况（不合格现象）时，检测频次必须按照最大频次来检测，试验检测工作量较大。

9.3 总　结

本章针对阿尔及利亚嘉玛大清真寺项目和北马其顿肯切沃-奥赫里德高速公路项目工程设计要求，开展了当地标准、欧洲标准与中国标准混凝土及原材料差异性对比分析，利用当地原材料结合相关标准开展了 C50/60 高强度混凝土制备技术、大体积混凝土温控技术、MB30 高流动性混凝土制备技术等研究，将中欧混凝土技术标准比对的研究成果应用于实际工程中，以指导海外工程中混凝土的开发工作。

通过该成果的应用，深刻认识到以下几点：

1）在海外工程开工前，必须认真辨识技术难点，提前做好技术储备，做到有备无患；

2）应认真分析当地标准，做到熟练运用当地标准评价和指导专业工作；

3）当遇到难以实现的技术指标时，应采取"由易到难"的策略，对混凝土逐步改性，最终实现所有技术指标。在成本可接受、质量可控的情况下，可大胆尝试新技术，确保实现合同与标准所要求的性能指标；

4）我国混凝土相关标准规范在多年研究和实践的基础上，通过借鉴和吸收国外发达国家的成功经验，已基本建立较先进的标准规范体系框架，与国外先进的标准体系间的差距在不断缩小，一些方面已与国际接轨，某些方面甚至超越了国外标准，更具有先进性，在合适的时机，应推动我国标准"走出去"。

参 考 文 献

[1] EN 1992-1-1：2004＋A1：2014 混凝土结构设计—第 1-1 部分：一般规则和建筑规则 [S].

[2] EN 1992-1-2：2004＋A1：2019 混凝土结构设计—第 1-2 部分：一般规则—结构防火设计 [S].

[3] EN 1992-2：2005 混凝土结构设计—第 2 部分：混凝土桥梁—设计和细则 [S].

[4] EN 1992-3：2006 混凝土结构设计—第 3 部分：储水和挡水结构 [S].

[5] EN 197-1：2011 水泥—第 1 部分：通用水泥的组分、规定和合格标准 [S].

[6] EN 197-2：2020 水泥—第 2 部分：合格评定 [S].

[7] EN 196-1：2016 水泥试验方法—第 1 部分：强度测定 [S].

[8] EN 196-2：2013 水泥试验方法—第 2 部分：水泥化学分析 [S].

[9] EN 196-3：2016 水泥试验方法—第 3 部分：凝结时间和安定性测定 [S].

[10] EN 196-5：2011 水泥试验方法—第 5 部分：火山灰质水泥火山灰活性测定 [S].

[11] EN 196-6：2018 水泥试验方法—第 6 部分：细度测定 [S].

[12] EN 196-7：2007 水泥试验方法—第 7 部分：水泥试样的取样和制备方法 [S].

[13] EN 196-8：2010 水泥试验方法—第 8 部分：水化热-溶解热法 [S].

[14] EN 196-9：2010 水泥试验方法—第 9 部分：水化热-半绝热法 [S].

[15] EN 196-10：2016 水泥试验方法—第 10 部分：水泥中水溶性铬（Ⅵ）含量测定 [S].

[16] EN 196-11：2018 水泥试验方法—第 11 部分：水化热-等温热传导热量计法 [S].

[17] EN 450-1：2012 混凝土用粉煤灰—第 1 部分：定义、规定与合格标准 [S].

[18] EN 450-2：2005 混凝土用粉煤灰—第 2 部分：合格评定 [S].

[19] EN 451-1：2017 粉煤灰试验方法—第 1 部分：游离氧化钙含量测定 [S].

[20] EN 451-2：2017 粉煤灰试验方法—第 2 部分：细度测定（湿筛法）[S].

[21] EN 15167-1：2006 混凝土、砂浆和净浆中用粒化高炉矿渣粉—定义、规定和合格标准 [S].

[22] EN 15167-2：2006 混凝土、砂浆和净浆中用粒化高炉矿渣粉—合格评定 [S].

[23] EN 13263-1：2005＋A1：2009 混凝土用硅灰—第 1 部分：定义、要求和合格标准 [S].

[24] EN 13263-2：2005＋A1：2009 混凝土用硅灰—第 2 部分：合格评定 [S].

[25] EN 12620：2002＋A1：2008 混凝土骨料 [S].

[26] EN 13055：2016 轻骨料 [S].

[27] EN 933-1：2012 骨料的几何性能试验—第 1 部分：粒径分布测定-筛分法 [S].

[28] EN 933-2：2020 骨料的几何性能试验—第 2 部分：粒径分布测定-试验筛 [S].

[29] EN 933-3：2012 骨料的几何性能试验—第 3 部分：颗粒形状的测定-片状指数 [S].

[30] EN 933-4：2008 骨料的几何性能试验—第 4 部分：颗粒形状的测定-形状指数 [S].

[31] EN 933-5：1998 骨料的几何性能试验—第 5 部分：粗骨料颗粒中破碎和断裂表面比例的测定 [S].

[32] EN 933-6：2014 骨料的几何性能试验—第 6 部分：表面特性评估-骨料的流动系数 [S].

[33] EN 933-7：1998 骨料的几何性能试验—第 7 部分：贝壳含量测定-粗骨料中的贝壳百分比 [S].

[34] EN 933-8：2012＋A1：2015 骨料的几何性能试验—第 8 部分：微粉评价-砂当量试验 [S].

[35] EN 933-9：2009＋A1：2013 骨料的几何性能试验—第 9 部分：微粉评价-亚甲蓝试验 [S].

[36] EN 1097-1：2011 骨料的力学和物理性能试验—第 1 部分：耐磨性测定 [S].

[37] EN 1097-2：2020 骨料的力学和物理性能试验—第 2 部分：耐碎裂性测定方法 [S].

[38] EN 1097-3：1998 骨料的力学和物理性能试验—第 3 部分：松散堆积密度和空隙率测定 [S].

[39] EN 1097-5：2008 骨料的力学和物理性能试验—第 5 部分：采用烘箱干燥法测定含水量 [S].

［40］ EN 1097-6：2013 骨料的力学和物理性能试验—第 6 部分：骨料密度和吸水率测定［S］.

［41］ EN 1097-10：2014 骨料的力学和物理性能试验—第 10 部分：吸水高度测定［S］.

［42］ EN 934-1：2008 混凝土、砂浆和水泥浆用外加剂—第 1 部分：一般要求［S］.

［43］ EN 934-2：2009＋A1：2012 混凝土、砂浆和水泥浆用外加剂—第 2 部分：混凝土外加剂—定义、要求、合格性、标记和标签［S］.

［44］ EN 934-3：2009＋A1：2012 混凝土、砂浆和水泥浆用外加剂—第 3 部分：砌筑砂浆外加剂—定义、要求、合格性、标记和标签［S］.

［45］ EN 934-4：2009 混凝土、砂浆和水泥浆用外加剂—第 4 部分：预应力筋水泥浆外加剂—定义、要求、合格性、标记和标签［S］.

［46］ EN 934-5：2007 混凝土、砂浆和水泥浆用外加剂—第 5 部分：喷射混凝土外加剂—定义、要求、合格性、标记和标签［S］.

［47］ EN 934-6：2019 混凝土、砂浆和水泥浆用外加剂—第 6 部分：取样、合格性控制及合格性评估［S］.

［48］ EN 480-1：2014 混凝土、砂浆和水泥浆用外加剂试验方法—第 1 部分：试验用基准混凝土和基准砂浆［S］.

［49］ EN 480-2：2006 混凝土、砂浆和水泥浆用外加剂试验方法—第 2 部分：凝结时间测定［S］.

［50］ EN 480-4：2005 混凝土、砂浆和水泥浆用外加剂试验方法—第 4 部分：混凝土泌水测定［S］.

［51］ EN 480-6：2005 混凝土、砂浆和水泥浆用外加剂试验方法—第 6 部分：红外分析［S］.

［52］ EN 480-8：2012 混凝土、砂浆和水泥浆用外加剂试验方法—第 8 部分：含固量测定［S］.

［53］ EN 480-10：2009 混凝土、砂浆和水泥浆用外加剂试验方法—第 10 部分：水溶性氯离子含量测定［S］.

［54］ EN 480-11：2005 混凝土、砂浆和水泥浆用外加剂试验方法—第 11 部分：硬化混凝土孔隙特性测定［S］.

［55］ EN 480-12：2005 混凝土、砂浆和水泥浆用外加剂试验方法—第 12 部分：外加剂碱含量测定［S］.

［56］ EN 480-14：2006 混凝土、砂浆和水泥浆用外加剂试验方法—第 14 部分：通过恒电位电化学试验测定钢筋对腐蚀敏感性的影响［S］.

［57］ EN 1008：2002 混凝土拌合用水—取样、试验和评价其适用性的规范，包括混凝土生产回收水用作拌合水［S］.

［58］ EN 12878：2014 建筑颜料［S］.

［59］ EN 206：2013＋A1：2016 混凝土—规定、性能、生产和合格性［S］.

［60］ EN 13670：2009 混凝土结构施工［S］.

［61］ EN 12350-1：2019 新拌混凝土试验—第 1 部分：取样和常用仪器［S］.

［62］ EN 12350-2：2019 新拌混凝土试验—第 2 部分：坍落度试验［S］.

［63］ EN 12350-3：2019 新拌混凝土试验—第 3 部分：维勃稠度试验［S］.

［64］ EN 12350-4：2019 新拌混凝土试验—第 4 部分：密实度［S］.

［65］ EN 12350-5：2019 新拌混凝土试验—第 5 部分：扩展度试验［S］.

［66］ EN 12350-6：2019 新拌混凝土试验—第 6 部分：密度试验［S］.

［67］ EN 12350-7：2019 新拌混凝土试验—第 7 部分：含气量-压力法［S］.

［68］ EN 12350-8：2019 新拌混凝土试验—第 8 部分：自密实混凝土-坍落扩展度试验［S］.

［69］ EN 12350-9：2010 新拌混凝土试验—第 9 部分：自密实混凝土-V 形漏斗试验［S］.

［70］ EN 12350-10：2010 新拌混凝土试验—第 10 部分：自密实混凝土-L 形箱试验［S］.

［71］ EN 12350-11：2010 新拌混凝土试验—第 11 部分：自密实混凝土-离析率筛析试验［S］.

［72］ EN 12350-12：2010 新拌混凝土试验—第 12 部分：自密实混凝土-J 环试验［S］.

[73] EN 12390-1：2012 硬化混凝土试验—第 1 部分：试件和模具的形状、尺寸和其他要求 [S].

[74] EN 12390-2：2019 硬化混凝土试验—第 2 部分：强度试验用试件的制作和养护 [S].

[75] EN 12390-3：2019 硬化混凝土试验—第 3 部分：试件的抗压强度 [S].

[76] EN 12390-4：2019 硬化混凝土试验—第 4 部分：抗压强度-试验机的规格 [S].

[77] EN 12390-5：2019 硬化混凝土试验—第 5 部分：试件的抗折强度 [S].

[78] EN 12390-6：2009 硬化混凝土试验—第 6 部分：试件的劈裂抗拉强度 [S].

[79] EN 12390-7：2019 硬化混凝土试验—第 7 部分：硬化混凝土的密度 [S].

[80] EN 12390-8：2019 硬化混凝土试验—第 8 部分：压力渗水深度 [S].

[81] EN 12390-10：2018 硬化混凝土试验—第 10 部分：在大气 CO_2 浓度下测定混凝土的抗碳化性 [S].

[82] EN 12390-11：2015 硬化混凝土试验—第 11 部分：单向扩散法测混凝土的抗氯离子渗透性 [S].

[83] EN 12390-12：2020 硬化混凝土试验—第 12 部分：混凝土抗碳化性的测定-加速碳化法 [S].

[84] EN 12390-14：2018 硬化混凝土试验—第 14 部分：半绝热法测定混凝土硬化过程中的放热量 [S].

[85] EN 12390-15：2019 硬化混凝土试验—第 15 部分：绝热法测定混凝土硬化过程中的放热量 [S].

[86] EN 12390-16：2019 硬化混凝土试验—第 16 部分：混凝土收缩的测定 [S].

[87] EN 12390-18：2021 硬化混凝土试验—第 18 部分：氯离子迁移系数测定 [S].

[88] EN 14629：2007 硬化混凝土氯离子含量测定 [S].

[89] EN 13791：2019 结构和预制混凝土构件的现场抗压强度评定 [S].

[90] EN 12504-1：2019 结构混凝土试验—第 1 部分：钻芯试样—抗压试样的取样、检验和试验 [S].

[91] EN 12504-2：2012 结构混凝土试验—第 2 部分：无损检测—回弹值的测定 [S].

[92] EN 1169：1999 预制混凝土制品—玻璃纤维增强水泥厂进行生产控制的一般规则 [S].

[93] GB 175—2007 通用硅酸盐水泥 [S].

[94] GB/T 200—2017 中热硅酸盐水泥、低热硅酸盐水泥 [S].

[95] GB 748—2005 抗硫酸盐硅酸盐水泥 [S].

[96] GB/T 12573—2008 水泥取样方法 [S].

[97] GB/T 1346—2011 水泥标准稠度用水量、凝结时间、安定性检验方法 [S].

[98] GB/T 2419—2005 水泥胶砂流动度测定方法 [S].

[99] GB/T 2847—2005 用于水泥中的火山灰质混合材料 [S].

[100] GB/T 1345—2005 水泥细度检验方法 筛析法 [S].

[101] GB/T 8074—2008 水泥比表面积测定方法 勃氏法 [S].

[102] GB/T 12959—2008 水泥水化热测定方法 [S].

[103] GB/T 176—2017 水泥化学分析方法 [S].

[104] GB/T 17671—1999 水泥胶砂强度检验方法（ISO 法）[S].

[105] GB/T 1596—2017 用于水泥和混凝土中的粉煤灰 [S].

[106] GB/T 50146—2014 粉煤灰混凝土应用技术规范 [S].

[107] GB/T 18736—2017 高强高性能混凝土用矿物外加剂 [S].

[108] GB/T 18046—2017 用于水泥、砂浆和混凝土中的粒化高炉矿渣粉 [S].

[109] GB/T 27690—2011 砂浆和混凝土用硅灰 [S].

[110] GB/T 14684—2011 建设用砂 [S].

[111] GB/T 14685—2011 建设用卵石、碎石 [S].

[112] JC/T 622—2009 硅酸盐建筑制品用砂 [S].

[113] TB/T 2140.2—2018 铁路碎石道砟 第 2 部分：试验方法 [S].

[114] GB/T 17431.1—2010 轻骨料及其试验方法 [S].

[115] JGJ 52—2006 普通混凝土用砂、石质量及检验方法标准 [S].

[116] JTG E42—2005 公路工程集料试验规程 [S].

[117] GB/T 8075—2017 混凝土外加剂术语 [S].

[118] GB 8076—2008 混凝土外加剂 [S].

[119] GB 50119—2013 混凝土外加剂应用技术规范 [S].

[120] GB/T 23439—2017 混凝土膨胀剂 [S].

[121] GB/T 31296—2014 混凝土防腐阻锈剂 [S].

[122] GB/T 33803—2017 钢筋混凝土阻锈剂耐蚀应用技术规范 [S].

[123] GB/T 35159—2017 喷射混凝土用速凝剂 [S].

[124] GB/T 8077—2012 混凝土外加剂匀质性试验方法 [S].

[125] JGJ 63—2006 混凝土用水标准 [S].

[126] GB 5749—2006 生活饮用水卫生标准 [S].

[127] GB/T 14902—2012 预拌混凝土 [S].

[128] GB 50164—2011 混凝土质量控制标准 [S].

[129] GB/T 50107—2010 混凝土强度检验评定标准 [S].

[130] JGJ 55—2011 普通混凝土配合比设计规程 [S].

[131] GB/T 50080—2016 普通混凝土拌合物性能试验方法标准 [S].

[132] GB/T 50081—2019 混凝土物理力学性能试验方法标准 [S].

[133] GB/T 50082—2009 普通混凝土长期性能和耐久性能试验方法标准 [S].

[134] GB/T 50476—2019 混凝土结构耐久性设计标准 [S].

[135] JGJ/T 283—2012 自密实混凝土应用技术规程 [S].

[136] JG/T 248—2009 混凝土坍落度仪 [S].

[137] JG/T 250—2009 维勃稠度仪 [S].

[138] JG 237—2008 混凝土试模 [S].

[139] GB/T 3159—2008 液压式万能试验机 [S].

[140] JGJ/T 322—2013 混凝土中氯离子含量检测技术规程 [S].

[141] JG/T 247—2009 混凝土碳化试验箱 [S].

[142] JG/T 329—2011 混凝土热物理参数测定仪 [S].

[143] GB 50496—2018 大体积混凝土施工标准 [S].

[144] JTS 202—1—2010 水运工程大体积混凝土温度裂缝控制技术规程 [S].

[145] 陶洪辉. 欧洲规范最新体系的研究 [J]. 红水河, 2009, 28 (5): 50-54.

[146] 严建峰. 欧洲混凝土结构技术标准研究 [J]. 施工技术, 2012, 41 (359): 96-99.

[147] 周永祥, 冷发光, 何更新, 纪宪坤. 欧盟混凝土工程技术标准体系略览 [J]. 工程建设标准化, 2008, (6): 18-21.

[148] 郭万江, 刘明, 刘彤. 中美欧混凝土原材料标准对比 [J]. 天津建设科技, 2013, 23 (4): 39-40.

[149] 颜碧兰, 王幼云, 刘晨. 中国 VS 欧美—各国水泥标准对比分析 (上) [J]. 中国水泥, 2005, (5): 22-24.

[150] 颜碧兰, 王幼云, 刘晨. 中国 VS 欧美—各国水泥标准对比分析 (下) [J]. 中国水泥, 2005, (6): 25-27.

[151] 王旭方, 颜小波, 刘晨等. 我国水泥产品标准与欧美标准的对比分析 [J]. 水泥, 2014, (11): 8-12.

[152] 杨德福. 国外混凝土外加剂技术标准综述 [J]. 工业建筑, 1983, (8): 7-12.

[153] 贡金鑫, 魏巍巍, 胡家顺. 中美欧混凝土结构设计 [M]. 北京: 中国建筑工业出版社, 2007.

[154] 韩秀星, 刁波. 中国与欧洲混凝土结构规范耐久性设计异同 [J]. 混凝土, 2010, (3): 54-57.

[155] 王玉倩, 程寿山, 李万恒等. 国内外混凝土桥梁耐久性指标体系调查分析 [J]. 公路交通科技, 2012, 29 (2): 67-72.

[156] 穆祥纯. 中外技术标准体系的比较及倡议思考 [J]. 工程建设标准化, 2013, (10): 25-30.

[157] 严建峰. 我国混凝土结构技术标准体系对比及分析 [J]. 建筑技术, 44 (7): 603-606.

[158] 陈玉, 曾庆东. 国内外粒化高炉矿渣粉标准及产业发展概况（上）[J]. 混凝土世界, 2018, (4): 16-25.

[159] 王阳, 蒋玉川, 高永刚. 硅灰对高性能混凝土长期耐久性能的影响 [J]. 中国建材科技, 2010, (S2): 121-124.

[160] 高超, 彭小燕, 周永祥等. 粉煤灰与硅灰复合抑制碱骨料反应的试验研究 [J]. 混凝土世界. 2016, (9): 76-78.

[161] 彭杰, 徐永模. 两个一致的欧洲外加剂标准: DIN EN 934-2 和 DIN EN 934-4 与德国国家技术许可指导书的对比 [J]. 商品混凝土, 2005, (5): 28-34.

[162] 王军, 刘明, 毕耀等. 中欧混凝土外加剂标准比对 [J]. 中国混凝土外加剂, 2019, (1): 42-45.

[163] 魏小胜, 严捍东, 张长清. 工程材料 [M]. 武汉: 武汉理工大学出版社, 2008.

[164] 王军, 吴媛媛, 曾维等. 国内外硬化混凝土性能测试方法标准对比研究 [J]. 混凝土与水泥制品, 2019, 277 (05): 74-79.

[165] 吴建华, 张亚梅. 混凝土抗氯离子渗透性试验方法综述 [J]. 混凝土, 2009, (2): 38-46.

[166] 吴建华, 张亚梅, 孙伟. 混凝土碳化模型和试验方法综述及建议 [J]. 混凝土与水泥制品, 2008, (6): 1-7.

[167] 朱伯芳. 考虑温度影响的混凝土温升表达式 [J]. 水力发电学报, 2003, (2): 69-73.

[168] 张君, 祁锟, 侯东伟. 基于温升试验的早龄期混凝土温度场的计算 [J]. 工程力学, 2009, 26 (8): 155-160.

[169] 汪冬冬, 周士琼. 大体积混凝土温升试验研究 [J]. 粉煤灰, 2006, (5): 3-6.

[170] 江守恒, 李家和, 朱卫中等. 大体积混凝土水化温升影响因素分析 [J]. 低温建筑技术. 2006 (2): 7-9.

[171] P. Morabito, 赵筠（翻译）, 廉慧珍（校对）等. 测定混凝土水化热的方法 [J]. 混凝土世界, 2014, (6): 28-36.

[172] 向卫平, 兰聪, 陈景等. 基于欧洲标准设计与制备混凝土的方法研究 [J]. 施工技术, 2017, 46 (12): 11-15.

[173] 向卫平, 兰聪, 陈景等. 基于欧洲标准研究内部硫酸盐反应对混凝土体积稳定性的影响 [J]. 新型建筑材料, 2017, (6): 5-8.

[174] 张传增, 肖建庄, 雷斌. 德国再生混凝土应用概述. 首届全国再生混凝土研究与应用学术交流会论文集 [C]. 2008 年, 44-50.